# 中国古代服饰造物文化及其工匠精神

## 从传承到创新

教育部人文社会科学研究青年基金项目资助
「中国古代服饰造物中的工匠精神及其当代传承研究」（项目批准号：18YJC760103）

中国传统服饰文化系列丛书

肖宇强 著

中国纺织出版社有限公司

## 内 容 提 要

本书以中国古代服饰造物文化及其工匠精神的表达、联系、发展为切入点，探讨了自上古至明清时期，在自然经济背景下我国的服饰造物活动与手艺工匠精神。然后，以不同的时代特征为线索，依次阐述了工业经济时期的服饰制造与机械工匠精神、虚拟经济时期的服饰创造与数字工匠精神、传统服饰手艺工匠精神与造物文化的当代创新转化。最后，落脚于“迈向未来的大国工匠精神与服饰设计”。

本书角度新颖、语言流畅，可供服饰设计与文化专业方向师生、传统服饰文化爱好者阅读、借鉴。

**图书在版编目（CIP）数据**

中国古代服饰造物文化及其工匠精神：从传承到创新 / 肖宇强著 . -- 北京：中国纺织出版社有限公司，2023.4

（中国传统服饰文化系列丛书）

ISBN 978-7-5229-0318-7

Ⅰ. ①中… Ⅱ. ①肖… Ⅲ. ①服饰文化－研究－中国－古代 Ⅳ. ①TS941.742.2

中国国家版本馆 CIP 数据核字（2023）第 020788 号

---

责任编辑：苗 苗　　责任校对：寇晨晨　　责任印制：王艳丽

---

中国纺织出版社有限公司出版发行
地址：北京市朝阳区百子湾东里 A407 号楼　邮政编码：100124
销售电话：010—67004422　传真：010—87155801
http://www.c-textilep.com
中国纺织出版社天猫旗舰店
官方微博 http://weibo.com/2119887771
北京华联印刷有限公司印刷　各地新华书店经销
2023 年 4 月第 1 版第 1 次印刷
开本：787 × 1092　1/16　印张：13.5
字数：235 千字　定价：78.00 元

---

## 下篇　中国传统服饰造物及其工匠精神的传承与创新

# 绪 论

## 一、研究背景与研究意义

近年来，在我国兴起了一阵阵穿戴传统服饰的风潮，各种汉服赛事和仪式典礼都将我们拉回到了古代时空，体会着古人的着装范式与审美情趣。的确，我国服饰文化博大精深，服饰类别多种多样、寓意深刻，特别是在历代工匠的精缝细绣下，中国古代服饰集实用与审美于一体，闪耀着夺目的光彩。传统服饰穿戴只是我们了解古代服饰形制的一个方面，若要深入分析中国古代服饰的形成与发展演变过程，则需对服饰造物文化进行系统性研究。

人类文明是从造物开始的。中国古代服饰造物活动是由“纺、染、织、绣”等环节共同组成的一系列过程，这些过程、环节离不开各领域、各部门工匠的参与，由此也便形成了纺织服饰行业中的“工匠精神”。“工匠精神”是“工匠文化”核心价值观的体现，是“工匠文化”得以延续、发展的动力。通俗地说，古代工匠精神是工匠群体在长期劳作过程中形成的一丝不苟、认真细致、追求卓越、精益求精、专业敬业的态度和品格。中国古代服饰造物中的“工匠精神”是整个中华民族传统造物文化与工匠精神中的一个缩影。通过挖掘中国古代工匠精神的内涵，探索古代服饰造物的特征、类别与工匠精神之间的关系，有助于梳理、总结我国传统服饰文化及工匠造物理论体系，这对于指导当代服装、服饰设计行业中工匠精神的传承具有重要意义。

## 二、研究目的与研究价值

“工匠精神”是中华优秀传统文化中的重要内容，它包括技艺传承的“道乘精神”、存乎一心的“志业精神”、笃行信道的“伦理精神”、追求极致的“超越精神”和致知力行的“实践精神”。[1]在2016~2019年的我国《政府工作报告》和党的十九大报告中均提出要大力培育与弘扬工匠精神；2017年中共中央办公厅、国务院办公厅联合印发的《关于实施中华优秀传统文化传承发展工程的意见》（2017年第6号）中提出“按照一体化、分学段、有序推进的原则，把中华优秀传统文化全方位融入思想道德教育、文化知识教育、艺术体育教育、社会实践教育各环节，贯穿于启蒙教育、基础教育、职业教育、高等教育、继续教育各领域”“实施中华节庆礼仪服装服饰计划，设计制作展现中华民族独特文化魅力的系列服装服饰”。服装、服饰产业作为我国传统且具

---

[1] 刘自团，李齐，尤伟．“工匠精神”的要素谱系、生成逻辑与培育路径[J].东南学术，2020(4):80.

有优势的产业，在当下，应如何紧随信息化、数字化的发展，以智能化、科技化为手段来实现产业结构转型，从而助推“中国创造”，都需要新时代工匠的助力。2017年10月，上海获得第46届世界技能大赛的举办权，这是世界技能组织对我国工匠技艺与工匠精神的充分肯定。可以说，工匠精神不仅是个人职业生涯中应有的工作态度（理念），也成为行业发展、社会创新与国家建设的需要。为响应《中国制造2025》[1]中的号召，早日实现“创造强国”的目标，将传统工匠精神融入当代行业发展、制度管理、高校人才培养等环节，对于创新型国家的建设具有重大意义。

## 三、国内外相关研究述评

中国古代典籍如《考工记》《天工开物》中都记载了当时各种手工艺产品、器物制作的标准、规范与造物思想。张道一先生基于对传统工艺典籍的研究，于20世纪80年代提出了“造物”概念；[2]而后，李砚祖在《装饰之道》（1993）中对中国古代手工艺造物及其装饰类别提出了深刻见解，[3]并相继完成了《造物之美：产品设计的艺术与文化》（2000）[4]等著作；许平《造物之门：艺术设计与文化研究文集》（1998）[5]、诸葛铠《造物与自然——“天人合一”思想的再思考》（2004）[6]、《“造物艺术论”的学术价值》（2006）[7]揭示了我国古代造物与文化、自然、宗教之间的关系；高丰《中国设计史》（2008）[8]、夏燕靖《中国艺术设计史》（2011）[9]、李立新《中国设计艺术史论》（2014）[10]等著作从现代设计视角探寻传统造物艺术，为笔者的研究提供了学理参考。

从具体的服饰造物来看，刘群《传统服饰中造物思想的探析》（2010）总结了我国传统服饰设计中体现的“备物致用”（实用、适用、巧用）三层次造物理念，提出了“共生”与“对称性和非对称性”的造物原则，归纳了服饰造物活动中“器”与“饰”的关系及“器以载道”的造物价值观；[11]苏小燕《中

[1] 《中国制造2025》是国务院于2015年5月印发的部署全面推进实施制造强国的战略性文件，也是中国实施制造强国战略第一个十年的行动纲领。

[2] 张道一.造物的艺术论[M].福州:福建美术出版社，1989.

[3] 李砚祖.装饰之道[M].北京:中国人民大学出版社，1993.

[4] 李砚祖.造物之美:产品设计的艺术与文化[M].北京:中国人民大学出版社，2000.

[5] 许平.造物之门:艺术设计与文化研究文集[M].西安:陕西人民美术出版社，1998.

[6] 诸葛铠.造物与自然——“天人合一”思想的再思考[J].设计艺术，2004(4):8-10.

[7] 诸葛铠.“造物艺术论”的学术价值[J].山东社会科学，2006(4):55-58.

[8] 高丰.中国设计史[M].杭州:中国美术学院出版社，2008.

[9] 夏燕靖.中国艺术设计史[M].南京:南京师范大学出版社，2011.

[10] 李立新.中国设计艺术史论[M].北京:人民出版社，2011.

[11] 刘群.传统服饰中造物思想的探析[D].无锡:江南大学，2010.

国古代纺织工具造物思想及美学特征》(2008)[1]、付丽娜《浅析传统汉服中的“天人合一”的造物文化精神》(2016)[2]分别探讨了古代纺织服装制作工具和汉服中的造物思想与文化。随着“工匠精神”概念的提出，诸多对于中国传统造物文化与工匠精神之关系的研究也开始涌现，如邹其昌《论中华工匠文化体系——中华工匠文化体系研究系列之一》(2016)[3]、彭兆荣《论“大国工匠”与“工匠精神”——基于中国传统“考工记”之形制》(2017)[4]、栗洪武《论大国工匠精神》(2017)[5]等分别对工匠精神的定义、内涵、文化体系、当代价值进行了探究。可以说，上述研究多偏向于广义的造物文化或造物形式与思想之关系，较少从特定的服饰领域挖掘其蕴含的工匠精神，故对中国古代服饰中造物文化的梳理及其工匠精神表征的探讨是本课题关注的第一个问题。

关于中国古代服饰造物中工匠精神的当代传承是本课题所要探讨的第二个问题，其包含两方面内容：其一，用传统工匠精神引导当代服饰设计与产业的发展，助推制造、创造强国的建设。这方面，李砚祖《工匠精神与创造精致》(2016)[6]从古代造物文明、传统手工业到现代制造业中工匠精神的传承进行了梳理，强调工匠精神是我国从制造大国走向制造强国的保证。吉嘉慧(2016)[7]、汪燕翎(2017)[8]、郭线庐(2017)[9]等分别提出了工匠精神对于现代设计、制造产业、国家经济发展所起的积极作用；彭翔飞在《简论中国现代服装设计更需“工匠精神”》(2015)[10]中介绍了工匠精神在我国现代服装行业中的存续情况，提出要重视匠人、传承匠心，以使中国服装企业获得更好的发展。2016年底，《装饰》杂志与西安美术学院共同举办了“工匠精神与当代设计”学术论坛，学者们围绕论坛主题展开了诸多讨论，给予本课题研究较多启发。其二，将工匠精神融入高校服装与服饰设计专业的教育教学体系中，以培养“创新型服装设计工匠人才”。在这一方面，程雪松(2017)[11]、郭

---

[1] 苏小燕.中国古代纺织工具造物思想及美学特征[J].艺术与设计(理论), 2008(3):202-204.

[2] 付丽娜，谷联磊.浅析传统汉服中的“天人合一”的造物文化精神[J].轻纺工业与技术，2016(1):42-44.

[3] 邹其昌.论中华工匠文化体系——中华工匠文化体系研究系列之一[J].艺术探索，2016(5):74-78.

[4] 彭兆荣.论“大国工匠”与“工匠精神”——基于中国传统“考工记”之形制[J].民族艺术，2017(1):18-25.

[5] 栗洪武，赵艳.论大国工匠精神[J].陕西师范大学学报(哲学社会科学版), 2017(1):158-162.

[6] 李砚祖.工匠精神与创造精致[J].装饰，2016(5):12-14.

[7] 吉嘉慧.“工匠精神”对当今设计的指导意义[J].科技与创新，2016(20):34-35.

[8] 汪燕翎.中国设计需要怎样的“工匠精神”?[J].美术观察，2017(1):26-27.

[9] 郭线庐，赵战.重振工匠精神，让中国设计赢得世界尊重[J].装饰，2017(1):71-73.

[10] 彭翔飞，李强.简论中国现代服装设计更需“工匠精神”[J].大众文艺，2015(8):44.

[11] 程雪松，李松.“工匠精神”视角下的设计人才培养[J].中国艺术，2017(9):56-59.

清（2015）[1]、代秀萍（2016）[2]、伏虎（2017）[3]等分别提出了工匠精神与现代艺术设计专业教学、人才培养、岗位需求之间的对接、方法与意义；郭霄霄《服装设计专业现代“工匠精神”培养模式探讨》（2017）以日、英、美三国的服装设计教育为例，探析了我国服装专业工匠人才培养的三个参照；[4]张继荣《服装专业卓越“芙蓉工匠”人才培养的内容和途径研究》（2017）总结了以“工匠精神+创新思维”为核心，以“校企合作”“中高职衔接”“第三方评价模式”为内容的人才培养模式。[5]在上述学者研究的基础上，本课题将继续围绕这些问题作进一步探讨，以为我国服装与服饰设计专业工匠人才的培养出谋划策。

在国外，工匠、技师等职业人士都被称为“匠人”，说明其拥有一定的技术。幕府时代，日本社会就很敬重怀有技能的人才，并尊称其为“匠人”，匠人们技艺高超，他们以师徒的方式传承毕生所学。[6]德川时期，禅师铃木正三根据佛教中的“佛法即世法”论，发展出了自己的“劳动即佛行”主张，此理论记录在其撰写的《万民德用》之中。[7]而日本现代匠人文化及其思想的形成可以追溯至江户时代。明治维新之后，为适应国内资本主义的发展，政府废除了江户时代的“士农工商”等级制度，并在1868年的《五条誓约》中载入：“广兴会议，万机决于公论；上下一心，大展经纶；官武一体以至庶民，各遂其志，务使人心不倦；破历来之陋习，基于天地之公道；求知识于世界，大振皇基”。[8]意在打破职业身份地位的局限，以宣扬通过个人努力建功立业的“立身出世”体制，积极引导国人向近代国民转型。

“二战”后，日本进行了全面的民主化改革，社会各领域均极为重视匠人、匠作及其精神。日本政府于1950年颁布了《文化财保护法》，对那些“身怀绝技”的匠人或艺人实行“人间国宝”认定制度。入选者均有一门及以上足以影响日本社会发展的手工技艺，甚至能对当时的经济发展起到促进作用。[9]日本民艺研究者柳宗悦在《工艺文化》中提出“工艺之正宗存在于手工

[1] 郭清.继承传统工艺精华 培育现代工匠精神[J].理论与当代，2015(7):41-42.

[2] 代秀萍.培养学生的“工匠精神”与岗位有效对接[J].纺织科学研究，2016(7):86-87.

[3] 伏虎.艺术设计教学中的“工匠”精神[J].艺术与设计(理论)，2017(7):142-144.

[4] 郭霄霄.服装设计专业现代“工匠精神”培养模式探讨[J].艺术科技，2017(6):5-6.

[5] 张继荣，李洁.服装专业卓越“芙蓉工匠”人才培养的内容和途径研究[J].艺术科技，2017(6):41.

[6] 刘崇进，潘丽红.浅谈日本的传统匠人文化及其现代化[J].中外企业文化，2020(10):9.

[7] 张萌玥. 铃木正三的职业伦理的再探讨[D].北京:北京外国语大学，2015:iii，11。还有学者认为，日本工匠精神的源头是中国思想文化。如在意识形态上，日本形成了尊崇自然、以人为本的“天人合一”价值观，以及受儒家思想影响的讲求敬业、敏行的“家职伦理”观。(参见周菲菲.日本的工匠精神传承及其当代价值[J].日本学刊，2019(6):151.)

[8] 帝国修史会.帝国议会通鉴[M].东京:帝国修史会出版部，1908:2.

[9] 普书贞，崔迎春.日本匠人文化的形成、发展与当代意义[J].今日科苑，2020(4):20.

艺中，……是属于“民众的工艺”。[1]这种工匠精神与日本国家工业体系的发展一脉相承，造就了日本世界经济强国、创造强国的地位。至现代，秋山利辉、根岸康雄、本田宗一郎、阿久津一志等日本学者和企业家著书立说，他们撰写的《匠人精神：一流人才育成的30条法则》（2015）[2]、《精益制造：工匠精神》（2015）[3]、《匠人如神：本田宗一郎的人生进阶课》（2016）[4]、《如何培养工匠精神：一流人才要这样引导、锻炼和培养》（2017）[5]，对日本传统工匠精神的传承与发扬起到了积极作用。

此外，在日本的中小学教育中，学校都极为重视培养学生们对于技术钻研的兴趣。日本富士电视台还开设了一档蓝领技术对抗节目《矛盾》，节目以展现各领域技术工人的精湛技艺和对垒竞赛为内容，实质上是延续了一种宝贵的“匠人精神”。

质言之，日本匠人精神的发展体现在两个维度：一是传统手工艺匠人精神依旧焕发光彩，二是现代工业制造与匠人文化融合后产生的变革。[6]日本相信，匠人的技术是具有国际竞争力的，所以他们以“造物国家”的复兴为目标，加大对于匠人匠作的扶持力度。此外，多地还时常举办工匠技能大赛等活动，表彰那些对社会进步起推动作用的团体或个人，以至于在日本现代企业中，其“造物”DNA一直生生不息。[7]如今，日本正在着力构建“循环型经济社会”，并以“最优生产、最优消费和最少废弃”为可持续发展理念，这值得我们参考。

德意志制造同盟（Deutscher Werkbund）的成立是如今广受赞誉的“德国工匠精神与德国制造”的起点，而新教伦理的“天职”观是德国工匠精神的思想源泉。[8]科隆大学学者罗多夫（Rodof）将德式工匠精神的特点总结为“慢”——慢工出细活。“稳健第一、速度第二”的理念让德国制造成为高质量、耐用与可靠的代名词。德国制造业取得的成就与其工匠精神的形成和德

---

[1] 柳宗悦.工艺文化[M].徐艺乙，译.桂林:广西师范大学出版社，2006.

[2] 秋山利辉.匠人精神:一流人才育成的30条法则[M].陈晓丽，译.北京:中信出版社，2015.

[3] 根岸康雄.精益制造:工匠精神[M].李斌瑛，译.北京:东方出版社，2015.

[4] 本田宗一郎.匠人如神:本田宗一郎的人生进阶课[M].孙曼，译.北京:民主与建设出版社，2016.

[5] 阿久津一志.如何培养工匠精神:一流人才要这样引导、锻炼和培养[M].张雷，译.北京:中国青年出版社，2017.

[6] 陈斌.造物为荣，从社会刚需到精神信仰——读《工匠之国:日本制造如何走向卓越》[J].现代国企研究，2019(Z1):126.

[7] 北康利.工匠之国:日本制造如何走向卓越[M].徐艺乙，译.北京:中信出版社，2018:188-191.

[8] 马克斯·韦伯(Max Weber)认为，在所有新教占统治地位的民族中，都存在“天职”一词，其代表一个特定的劳动领域，具有一种终身的使命的含义，……个人应当永远谨守上帝所赋予的地位和职业。(参见马克斯·韦伯.新教伦理与资本主义精神[M].黄晓京，彭强，译.成都:四川人民出版社，1986:55-61.)

国教育体系、制度息息相关。19世纪，“学徒制”被拓展到德国所有的行业、领域，并在“二战”后逐渐发展成如今的“双元制”职业教育模式。德国的大学分为综合性大学、应用技术大学、技术学校等，德国的著名工匠被政府认可，其社会地位颇高，受人尊重，鉴于此，绝大多数学生都愿意进入应用技术大学和技术学校，期望日后能成为一名优秀工匠。这种“职业化”教育模式是首先让学生在校学习与本职业有关的专业理论知识，然后将学生派往相应企业接受职业技能培训。具体来说，学生在校的理论学习时间只有1/3，其余2/3的时间均要在企业从事实践活动。在此背景下，学生可提前了解行业规范与社会所需，企业里“师傅”传授给学徒的也都是在生产一线最为实用的新知识与新技术，于是，工匠精神也就在此双向互动的教学方式中内化为个体的职业精神。[1]可以说，德国分门别类的差异化教育体系、双元制教育模式及其将工匠精神融入专业教学的举措值得我们学习。

作为美国艺术与手工艺运动的主要代表人物，古斯塔夫·斯蒂克利（Gustav Stickley）、路易斯·沙利文（Louis Sullivan）和弗兰克·劳埃德·赖特（Frank Lloyd Wright）等设计师一起，主张通过将手工艺融入设计，促使一种新的造物方式与生活方式的形成。[2]斯蒂克利还提出了他心目中产品设计的原则，即设计师不能仅以艺术、美观作为产品设计的主导因素，还需将务实、简洁和实用，特别是以合理的结构、简洁的形式、耐用的材料、悦目的色彩作为产品设计的重要原则。[3]

此外，美国作为一个历史不长的移民国家，其工匠精神还表现为一种科学精神。例如，学者亚力克·福奇（Alec Foege）的《工匠精神：缔造伟大传奇的重要力量》（2014）[4]从美国几位著名科学家、发明家的生平事迹着手，讲述了工匠精神在美国是如何从萌芽走向高峰，如何随着国家工业的发展陷入低谷，又如何凭借新一代工匠的努力得到复兴的。他还提出工匠精神是引领美国成为“创新者国度”的重要引擎，[5]这有赖于美国倡导一种拼搏、好奇、潜精研思的创造精神，以发挥“创新者崇拜”的作用，并借此培养民众对于工匠精神的认同。理查德·桑内特（Richard Sennett）的《匠人》（2015）更是一部描述和褒扬“工匠精神”的名著，他基于历史的溯源，对匠人群体和

[1] 唐林涛.设计与工匠精神——以德国为镜[J].装饰，2016(5)：23-27.

[2] 陈淼.斯蒂克利与美国艺术与手工艺运动的“工匠”风格[J].装饰，2014(6)：74.

[3] 陈淼.斯蒂克利与美国艺术与手工艺运动的“工匠”风格[J].装饰，2014(6)：75.

[4] 亚力克·福奇.工匠精神:缔造伟大传奇的重要力量[M].陈劲，译.杭州:浙江人民出版社，2014.

[5] 亚力克·福奇提到，工匠的本质就在于他们认为通过在已有事物上创造一些新的东西可以让事情变得更好。(参见亚力克·福奇.工匠精神:缔造伟大传奇的重要力量[M].陈劲，译.杭州:浙江人民出版社，2014:113.)

匠艺活动展开了深层次的分析和思考，给予匠人在文明史中极高的地位与评价。[1]

19世纪下半叶在英国兴起的“工艺美术运动”较早地在现代性语境中提出了传统手工艺的价值问题。约翰·拉斯金（John Ruskin）和威廉·莫里斯（William Morris）作为该运动的理论代表和实践推动者，从不同层面阐发了“工匠精神”作为疗救现代性精神困境的独特意义，并极力倡导传统手工艺的复兴。另外，在瑞士的钟表制造行业，法国的时尚设计，意大利的纺织品、皮具制造、家具设计行业，北欧多国的室内设计、环境设计行业中同样能见到他国传统工匠精神在当代设计产业中的传承与弘扬。

总的来说，上述国外学者基于对本国传统造物文化、设计产业与工匠精神之间关系展开的探讨与总结，给予笔者诸多启发。

## 四、概念界定及研究范围

“工匠”（Craftsman）是古代社会手工业发展到一定阶段的产物，其伴随着自给自足的自然经济和传统农业发展而形成。“工匠”一词由“工”与“匠”合成，“工”本为矩，衍生为职业；“匠”指有手艺的人，或在某方面具有较高造诣的人。[2]在中国古代，从事手工行业的熟练工人就被称作“工匠”或“匠人”（匠人在民间亦被尊称为“师傅”）。他们通过“父子相传”或“师徒相承”的方式，将几十年学习甚至上百年传承下来的技术（技能）一代代向下延续。在此过程中，形成了各具特色的行业规范，培育出了兢兢业业、一丝不苟、精益求精的“工匠精神”。

提到“工匠精神”，人们首先联想到的便是“精益求精”。事实上，工匠精神远不止于精益求精一种态度内涵。当我们深入发掘、层层梳理，就会发现它是一个非常丰满的精神价值结构。[3]工匠精神的构成要素表现为技艺在经验、知识、器物和审美四个层面的相互统一，这亦是在历史长河中所形成的工匠行业的伦理关系、制度规范和文化模式。[4]中国古代工匠，从其身份类别来看，主要有官府工匠和民间工匠两大类。官府工匠主要根据皇室及官宦阶层使用、馈赠、玩赏、收藏的需要进行物资生产。这类工匠技艺高超，造物活动管理严格、组织严密、不计成本和工时，其所造物件常选用珍贵材料，

---

[1] 理查德·桑内特.匠人[M].李继宏，译.上海:上海译文出版社，2015.

[2] 曹前满.新时代工匠精神的存在逻辑:载体与形式[J].暨南学报(哲学社会科学版)，2020(2):121.

[3] 吕品田.手工艺“工匠精神”略谈[C]//邱春林.工艺美术理论与批评(丙申卷).北京:文化艺术出版社，2016:9.

[4] 张琴.工匠精神助推制造业发展的作用机制及政策研究[J].经济师，2017(6):292.

运用复杂的工艺，极尽装饰之能事。所谓“一杯棬用百人之力，一屏风就万人之功”（《盐铁论·散不足》）即是对此造物方式的形容。官府工匠所造之物往往代表了中国古代匠作技艺的最高水平，“举国之力而御于一人”是官府手工艺造物的本质。

所以，今天在谈到“工匠精神”的“精益求精”时，多半可能是对官府工匠造物的形容，这亦是官府工匠造物的态度和价值追求。相比官府工匠，民间工匠的人数较多，却地位较低，他们是无名的工匠、普通的劳动者。民间工匠所造之物既不是历史上被著录的经典器物，也非上层人士所使用的器具，而是百姓在日常生活中所用的简易的、廉价的物品，由于其未使用昂贵的材料，未花费更多的时间制作而显得简陋、质朴。因此，在讨论中国传统造物活动中蕴含的“工匠精神”时，如果只关注或是过分强调“精益求精”是有失偏颇的。正所谓，民间造物虽无“精益求精”之特质，但却是为了“用”而造物，体现出“致用节用”“物为人用”“不为淫巧”“因材施技”的理念，此种注重器物功能、效用的造物方式和理念是向善的、节制的。

中国古代工匠文化根植于传统农业社会，从事民间造物的手工艺人具有农业文明的“内倾性”，他们安居乐业、敬重贤能、勤于劳作、踏实诚恳，其造物活动注重“吉庆祥和”“崇德向善”“与自然亲和”，相信“积善之家，必有余庆”。故民间工匠的造物实践活动蕴含有诚实与谦逊、良知与奉献，那些为了“用”而真心创造的物件也被赋予了美——一种自然质朴又充满活力的美。所以，民间造物与官府造物是中国传统造物活动平行发展的两条路线。如果说官府造物主要体现的是“精益求精”的“工匠精神”，那么，民间造物体现的则是“诚实质朴”的“工匠精神”。对于今天的造物活动来说，既需要“精益求精”的“工匠精神”，也需要“诚实质朴”的“工匠精神”，如若一名工匠缺乏最基本的“诚实质朴”精神，再多的“精益求精”也是枉然。

实际上，中国古代工匠的身份地位也经历了一个从低到高的过程。在封建社会，人身依附关系的存在使作为工匠的劳作者只能集中在官营或私营作坊进行劳作，他们的经济收入不太稳定，人身自由也受到极大限制，加上儒家“奇技淫巧”“玩物丧志”等思想观念的影响，导致“炫技”被视为祸国殃民的不义之举。在此背景下，“奇技淫巧”被斥为“艺成而下”扰乱社会礼乐秩序的“小道”，手工艺人自然难受尊敬。[1]至宋代，这一局面才有所改善，“奇技工巧”成为对手工艺的正面评价，工匠及其职业性质也重新得到了人们的认识。到了南宋，“工”“商”业者的地位更是有了大幅提升，一些士大夫

[1] 夏燕靖.斧工蕴道：“工匠精神”的历史根源与文化基因[J].深圳大学学报(人文社会科学版)，2020(5):18.

甚至开始从事工商贸易等活动。明朝时，社会上还出现了大规模的“匠人入仕”，即工匠可以凭借“匠艺”拔擢入仕；晚明的文人甚至还为匠人提供创意思路，亲自参与到匠人的造物活动之中，二者建立起良好的关系。有明一代亦出现了记载当时造物制度与方法事项的诸多典籍，如《园冶》《天工开物》《长物志》《髹饰录》等，这为我们研究古代造物文化与工匠精神提供了丰富的参考素材。

质言之，正是由于技艺的出现和生产的变革，才推动了社会经济文化的发展。早期，不少人类学家正是从这一角度来看待文明的进步与发展的。对于古代工匠来说，技艺是其生存的基本保障，匠人们一旦选择了某一工种，便只能从一而终，这也是其不断传承与发展家族技艺的责任使然。因此，我们要以辩证的眼光和以事实为依据，对古代工匠对我国传统行业的发展延续和精神文明进步所起的作用进行正确评判，对古代工匠精神的当代价值进行挖掘，让工匠精神在新时代继续发光发热。

## 五、研究思路与研究内容

如果说“自在”是自然的根本特性，那么造物便使人成为真正“自为”的存在者。造物活动将在思想上外化于造物者的世界变成了为我的世界，即一种可以为人“上手”的周围世界。有赖于造物之事，人作为造物者的主体地位才得以确立。而正是在人与其为自身所造的周围世界的关系中，作为主体的造物者才得到了阐明。[1]人与低级动物的本质区别就在于人能够根据自身的需要创造不同的器物——人类以造物这一行为划开了其与低级动物之间的界限，走上了文明之路。以服饰为对象的造物活动是人类造物文化中的一个缩影。人类要生存、生活，就必须不断地造物，此种人造物的世界成了一种“人工界”，又可称为“第二自然”。人作为自然界的一部分，不仅置身于自然之中，在利用自然的同时改造着自然，同时又建造着另一个人化的“自然”，在利用自然、改造自然的行为活动中，人类的自我意识不断觉醒，并创造着一个又一个奇迹。

马克思曾将人类社会的发展历程划分为三个阶段。他指出，“人的依赖关系（起初完全是自然发生的），是最初的社会形态，在这种形态下，人的生产能力只是在狭窄的范围内和孤立的地点上发展着；以物的依赖性为基础的人的独立性，是第二大形态，在这种形态下，才形成普遍的社会物质交换，全面的关系，多方面的需求以及全面的能力的体系；建立在个人全面发展和他

---

[1] 胡志强.工匠传统的伟大复活[J].自然辩证法通讯，2002(6):87-88.

们共同的社会生产能力成为他们的社会财富这一基础上的自由个性，是第三个阶段”。[1]根据马克思对于人类社会发展阶段的科学分析，我们对于造物文化与工匠精神的历史形态划分也可以此为参考，即依据人类社会、经济、文化发展的历史规律，将造物文化与工匠精神划分为自然经济时期的手艺工匠精神、工业经济时期的机械工匠精神和虚拟经济时期的数字工匠精神（这也是本书的研究思路）。基于这一划分，我们可以从历史性的视野中透视不同社会文明形态下造物文化与工匠精神的发展，以及人类取得的进步。

通常说来，上述三种造物文化与工匠精神类别也对应着人类历史发展阶段的三种文明形态，这亦是三种主导性文化模式的衍生和反映，即传统农业文明背景下的造物模式、近现代工业文明背景下的造物模式、当代数字文明背景下的造物模式。在农业文明时期，对工匠造物活动产生影响的是神话、图腾、巫术思想，以及物我不分的表象化、直觉化的观念形态与由经验、常识、习俗、天然情感等交织而成的自然主义、经验主义；在工业文明时期，对工匠造物活动产生影响的是科学技术的发展，以及以机械化生产为内核的理性主义文化模式；在数字文明时期，对工匠造物活动产生影响的是数字技术的发展，信息科学、虚拟经济、互联网络等交叉融合的跨时空文化模式。虽然，工匠造物活动及其文化表征随着时代、技术的发展各有不同，但工匠精神的内涵却是基本稳定的，其包括匠人对职业终其一生的坚守、对技艺近乎完美的追求。[2]

综上，笔者试图从服饰设计角度阐述中国古代各历史时期的服饰“造物文化”及“工匠精神”的表达（第一章至第七章），并以我国古代“工匠精神”为参照，探讨“工匠精神”在当代服装服饰行业及高校专业教学中的传承与发扬（第八章至第十章），希冀通过对“工匠精神”的宣传与践行，为创新型国家的建设和发展助力。

[1] 马克思，恩格斯.马克思恩格斯全集·第三十卷［M］.中共中央马克思恩格斯列宁斯大林著作编译局，北京:人民出版社，1995:107.

[2] 张芙蓉，谢盈盈.人工智能时代工匠精神的内涵流变[J].职教通讯，2021(9):18.

# 上篇

# 中国古代服饰造物·文化与工匠精神

# 第一章
## 萌芽：服饰的起源与工匠造物文化的开端

关于服饰的创制及起源有多种说法，如御寒说、躯体保护说、礼仪遮羞说、美化装饰说等，但无论何种说法，服饰的始创都来自人类的造物活动，即人类的劳动实践。我们的祖先为了适应自然与社会环境的变化，摸索并创造出了纺织器具，学会了缝纫、裁剪，进而促成了服装的形成。诚如马克思所言："我们首先应当确定一切人类生存的第一个前提也就是一切历史的第一个前提，这个前提就是，人们为了能够'创造历史'，必须能够生活。但是为了生活，首先就需要衣、食、住以及其他东西。因此第一个历史活动就是生产满足这些需要的资料，即生产物质生活本身。同时这也是人们仅仅为了能够生活就必须每日每时都要进行的（现在也和几千年前一样）一种历史活动，即一切历史的一种基本条件。"[1]当然，早期的人类造物实践活动还是自在的、蒙昧的、不自觉的行为，但在此"劳动创造人"的过程中已经蕴含了最初的"工匠精神"。

## 第一节
### 服饰造物的起源与工匠精神的萌发

当第一件石器工具打制成型，人类的造物活动也就开始了。此造物活动及行为的产生源于人类对于不同物件使用功能的追求，这既是一切造物活动

[1] 马克思，恩格斯.马克思恩格斯选集·第一卷［M］.中共中央马克思恩格斯列宁斯大林著作编译局，北京:人民出版社，1995:79.

的起点，也是“器以致用”实用价值观的体现。从古籍记载来看，居住在原始山林的早期人类会选用树叶、草皮等常见植物（纤维）以披裹身体，防止荆棘密林对身体的伤害，同时，他们也将狩猎来的动物皮毛进行简单加工后，用来遮体御寒（图1–1）。[1]《韩非子·五蠹》中记载：“古者丈夫不耕，草木之实足食也；妇人不织，禽兽之皮足衣也”，《礼记·礼运》亦有云：“未有火化，食草木之实、鸟兽之肉，饮其血，茹其毛。未有麻丝，衣其羽皮”，这些词句或描绘了最早的“服装”和“衣”概念。

图1–1 茹毛饮血的原始人类

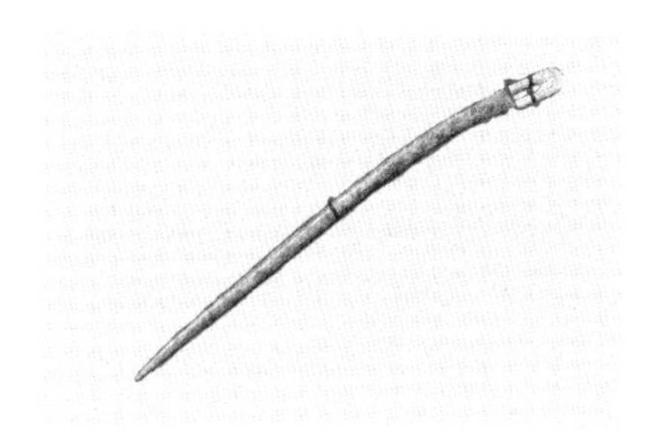
图1–2 出土的骨针实物

有了衣服，人类便从蒙昧时代向文明时代迈出了重要的一步。在近代考古发掘中，考古专家发现了自旧石器晚期以来许多与“制衣”有关的实物。例如，在北京周口店山顶洞人遗址中发现了骨针，可以证实当时的人类已经会将骨头磨制成针，并将狩猎来的兽皮缝制成简单衣物以穿戴，这是华夏服饰起源的佐证（图1–2）。当时的缝线一般为兽筋或兽毛。随着生产力的提高，生活的日渐稳定，人口数量的增多，兽皮毛的来源却有限，这迫使原始人类不得不寻求新的衣物材料替代方式——他们寻找到葛、麻、藤等植物纤维，将其搓捻成丝用作制衣原料。当植物纤维被撕得越来越细，并使织成的衣物穿起来更为舒适时，这种由植物纤维织成的服装便得到了普及。

真正将纺织纤维用作服装制作的材料，还得从人类养蚕、缫丝说起。关于养蚕、缫丝的起源，民间有几种说法，一是《路史·后纪一》据《皇图要览》云：“太昊伏羲氏，化蚕桑为穗帛”，说的是伏羲教人们使用蚕丝、植物纤维纺线织布，蚕丝由此进入了民众的生活；二是关于黄帝和嫘祖的故事。传说在远古时期，黄帝战胜了蚩尤，蚕便将它吐的丝奉献出来以示敬意，黄

[1] 明代诗文作家董斯张编撰的《广博物志·卷九》中记载：“古初之人，卉服蔽体，次民氏没，辰放氏作，时多阴风，乃教民揳木茹皮以御风霜，绚发閶首以去灵雨”。“揳木茹皮”是指上古时期人类所使用的最为原始的天然材料，如树叶、草叶、兽皮等，这些材料制成了当时的“服装”。而成书于战国至秦汉年间的《礼记·礼运》也记载：“未有麻丝，衣其羽皮”，说的是在麻、丝等织物还未出现时，远古先民只能使用动物皮毛作为衣物。

帝随后命人将这些丝织成绢，并以绢缝衣，没想到该衣物穿在身上异常舒适，黄帝的元妃嫘祖便去寻找能吐丝的蚕种，采桑饲蚕。后人为了纪念嫘祖的功绩，便尊称她为“先蚕娘娘”，奉其为蚕神（黄帝亦被誉为织丝的机神），[1]并广建庙宇来祭祀、祭奠。若按照上述传说中的人物及其出现的年代来推算，可知，两者并不矛盾。因为伏羲出现在旧石器时代，而黄帝则是新石器时代的部落领袖。因此，民间传说中的前者可能是指野蚕茧开始被利用的情况，后者可能是指蚕开始被驯化家养的过程。

说来也巧，1926年，我国考古学家在山西夏县西阴村新石器遗址中发现了一枚被刀割破的半只蚕茧（该蚕茧现藏于台北故宫博物院）。1950年，在河南安阳殷墟遗址，考古工作者发现一青铜器上附着有精细的绢纹残迹，这些发现似乎能与上述文献记载和传说相互印证。1958年，在浙江吴兴县（今属湖州市）钱山漾遗址中，考古专家发现了保存较为完好的丝织物残片和人字纹细丝带、绢片、丝线等物品，这些丝织物的密度可达每平方厘米经、纬线各50根，另在江苏吴江梅堰新石器遗址中出土的黑陶上还附着有蚕纹等装饰纹样。1976年，考古专家在浙江余姚河姆渡村的新石器遗址中，又发现了一批纺织用的工具和牙质盅形器，该盅形器周围用阴纹雕刻着类似蠕动的蚕的形象。在良渚文化遗址中，考古专家还发现了已经炭化的丝线、丝带及丝织绢片，经科技手段和切片分析后，他们认为这些炭化的残片是以家蚕丝为原料制成的服装面料。

另外，翻阅史书可以发现，关于养蚕、缫丝、织绸、做衣的记载并不少。在商代的古文献中，已出现有“丝”“桑”“帛”等字样，这显然不是商代才有的记录，因为，文字的形成是需要一定时间的。是故，商代记载的这些文字反映的应该是上古时期的事情。可以说，有关那一时期的神话传说和考古实证均反映出在物资奇缺的年代，人类对于“上天”赐予的物（蚕和丝）的敬仰和崇拜，同时，还映射出古人已经开始懂得利用自然界的生物现象与规律为自我生存、生活创造新的物质条件，这是人类社会文明进步的表现。

值得一提的是，在将植物、蚕丝等纤维搓捻成线的过程中，人类起初是以徒手的形式完成的，但由于人口的增长和需求的增多，迫使人们需要发明

---

[1] 在远古时期，养蚕并无翔实文献可考，直至周代实行“登坛祭蚕神”仪式，以黄帝元妃西陵氏(嫘祖)为始，是为“先蚕”，历代因之所传。《通鉴外纪》记载：“西陵氏劝蚕稼，亲蚕始于此”；元代王祯《农书》中记“蚕事起本”云：“黄帝元妃西陵氏始劝蚕事。月大火而浴种。夫人副祎而躬桑，乃献茧称丝。织纴之功因之广，织以供郊庙之服。所谓‘黄帝垂衣裳而天下治’，盖由此也。然黄帝始置宫室，后妃乃得育蚕，是为起本。西陵氏曰嫘祖，为黄帝元妃”。上述传说、文献记载与考古发现有许多相似之处，可推测，距今六七千年前，先人们就开始了饲养家蚕和缫丝织造。

一种纺织工具来替代缓慢的手工劳作，最早的纺织器具就这样被创造了出来。

经考古发掘，在黄河流域和长江流域的许多新石器遗址中，出土了大量骨针、骨锥、纺轮、纺锤、绕线棒等纺织器具（图1–3）。这些器具的发明与创造，显示出人类的聪颖与智慧，它们让纺织的效率得以极大提升。在半坡、庙底沟、大河庄等仰韶文化遗址出土的陶器底面上，考古专家还发现有隐约可见的麻布纹路，他们推测这可能是古人将湿陶坯放置在织成的麻布上无意间印刻出来的。

图1–3　出土的纺轮实物

在新石器晚期的龙山文化遗址中，还有一些织布用的“骨梭”出土，这些“骨梭”有的为扁平式样、有的为空筒式样；有的一头穿孔、有的两头穿孔。“骨梭”是为了适应越来越细的织造线而被发明出来的，其配合某种织机使用，结束了人类“手经指挂”的原始织造方式。

在那些新石器遗址出土的纺织器具中，最具有代表性的要数纺专。目前，我国发现的最早的纺专出土于山西夏村。随后，考古专家又在山西芮城县西王村仰韶文化遗址、湖北天门石家河某遗址中发现了大量纺专（主要为石制、陶制和铜制，多数还绘有花纹）。这些纺专基本由缚盘（纺轮）和缚杆（捻杆）组成，纺轮中的圆孔用于插缚杆，当人用力使纺盘转动时，缚盘自身的重力会使纤维牵伸拉细，其旋转时产生的力又能使拉细的纤维捻成麻花状。在纺缚不断旋转的过程中，纤维牵伸和加捻的力也就会沿着与缚盘垂直的方向（即缚杆的方向）向上传递，这样，纤维不断被牵伸加捻，当缚盘停止转动时，加捻过的纱线就会缠绕在缚杆上，这样就完成了一次纺纱过程。

有了纱线才能纺织成布，但单凭手工织造，效率是低下的。因此，古人根据织造方法和经验，发明了一种织布机，因人在使用该织机时需要席地而坐，故此器具被称为“踞织机”。作为能提升手工劳动效率的工具，“踞织机”的发明是纺织生产技术革新的重要标志，其亦成为世界上最为古老、构造最为简单的织机之一。在浙江河姆渡遗址、龙山文化遗址、良渚文化遗址、江西鹰潭贵溪春秋战国墓群中都出土了一些“踞织机”的零部件，如打纬刀、分经棍、综杆、骨梭、卷布轴等。

原始“踞织机”的主要构件有：前后两根横木（相当于现代织布机上的卷布轴和经轴。它们之间没有固定距离的支架，而是以人来代替支架，用腰带缚在织造者的腰上）、一把打纬刀、一个杼子、一根较粗的分经棍与一根较细的综杆（图1–4）。织造时，织工席地而坐，依靠两脚的位置及腰力来控制经丝的张力，通过分经棍把经丝分成上下两层，形成一个自然的织口，再用竹制综杆从上层经丝位置用线垂直穿过上层经纱，把下层经纱一根根牵吊起来，然后用手将棍提起，使上下层位置对调，形成新的织口，所有上下层经纱均牵系于一织。当纬纱穿过织口后，还需用打纬刀（木制砍刀）进行打纬。“踞织机”能使纱线纵横交错编织成布，解决了人类对于布匹和衣料的极大需求。诚如英国著名科技史学家李约瑟（Joseph.T.M.Needham）在《中国科学技术史》中提到的：“中国人赋予织造工具一个极佳的名称：‘机’。从此，机成了机智、巧妙、机动敏捷的同义词。”[1]

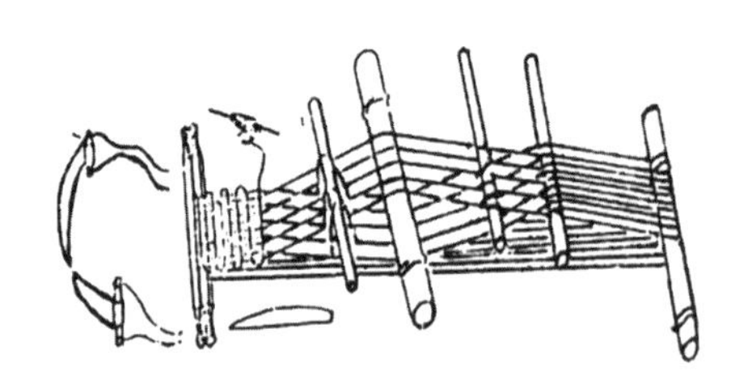
图1–4 “踞织机”的造型与结构图示

由于纺织工具的发明、技术的进步和工艺水平的提升，在新石器时期，已有平纹、斜纹、绞扭、缠绕等织法或组织的布料形成。据考古资料反映，当时黄河流域和长江下游地区的先民就已掌握丝线、丝带和绢的制作技术。随后，考古学家在浙江吴兴钱山漾遗址中的麻布残片中又有了新的发现：那些麻布残片的经线密度已由最初的50根/英寸（1英寸=2.54厘米）增加至76.4根/英寸，纬线也在原有的基础上增加至51根/英寸，[2]这可证实纤维丝线由粗到细的纺织工艺的进步（图1–5）。此外，考古学家在陕西华县（今渭南市华州区）新石器遗址中还发现有染成朱红色的麻布残片，后经验证，这是一种染色衣料。

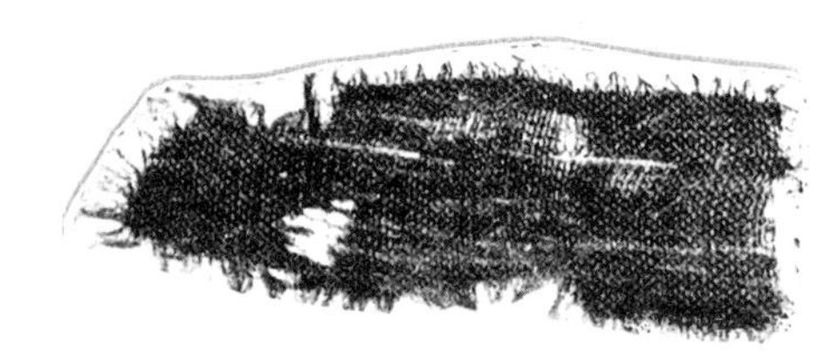
图1–5 钱山漾遗址出土的麻布残片

除丝、麻织物外，在青海都兰县诺木洪地区的新石器晚期遗址中还出土了不少毛织物残片，用于织造毛织物的经线粗0.8毫米，纬线粗1.2毫米。这表明在四千多年前，我国西部少数民族民众已具备一定的毛纺织水平。至此，古人可选的衣用原纺织材料种类大大增加。各纤维、布料的出现不仅使服装的形制发生了变化，服用功能也得到了相应改善。

据史料记载，在原始社会，古人所着的衣服其形制大概是“贯头式”。所

❶ 李约瑟.中国科学技术史:第10卷[M].《中国科学技术史》翻译小组，译.北京:科学出版社，1975:23.
❷ 徐辉，区秋明，李茂松，等.对钱山漾出土丝织品的验证[J].丝绸，1981(2):44.

谓"贯头式"，就是将一匹布料对折，在折痕中部挖一个洞，头穿过洞后，套下身来，并用带子系住、固定垂在两腋的布料。后来，又出现了"披挂式"服装，即将布料披挂、缠绕在身。值得一提的是，在新石器时期，除了有相对固定的服装形制外，还出现了一些服饰用品，如冠、靴、饰物等。考古专家在辽宁海城小孤山遗址就曾发现了距今约45000年的穿孔兽牙、穿孔蚌饰及骨针；在河北阳原虎头梁遗址也曾出土过同一时期的穿孔贝壳、钻孔石珠、鸵鸟蛋壳和鸟骨制作的扁珠等，这些扁珠的内孔和外缘相当光滑，说明曾被人长期佩戴过。

上述遗址中出现的饰物，其虽然不具有像服装那样的御寒保暖功能，但却有一定的文化寓意。这或许可以说明，在原始狩猎时期，随着人类基本生理（生存）需求（如食、衣）得到满足，一种精神信仰或情感的需求也开始萌生。原始人类将这些狩猎而来的物品打磨加工后佩戴在身上，或许是一种原始信仰与自然崇拜的表达，抑或是为了与别族区分，甚至是吸引异性的手段，但不论何种意图，这都可以视为人类社会发展的必然阶段和文化进步的表现——人类的造物文化与工匠精神也在这一自在的、蒙昧的、不自觉的活动与过程中萌发了。

## 第二节 自然经济时期的服饰造物与手艺工匠精神

中国是一个有着数千年历史的文明古国，农耕经济在中华文明的形成和延续过程中起着重要的作用。自三代以来，中国以传统自然经济为核心的农耕社会逐步形成，而后，经历了数代王朝的更迭，农耕经济得以在稳固的社会制度中不断发展，并促使我国封建社会经济迈向高峰，产生了诸多璀璨的文化艺术类型。

我们的祖先可以追溯到距今约170万年前的元谋人，约70万年到115万年前的蓝田人，约70万年至20万年前的北京人等。先祖们创造的文化不胜枚举，最具有代表性的有仰韶文化、河姆渡文化、大汶口文化、屈家岭文化、龙山文化、良渚文化等。

原始人过着刀耕火种的生活，陶器便是他们出于对生活物件的需求，对火使用的经验，以及火烧土地形成硬结现象所总结、创造出的一种造物类别。那些出土陶器表面的纤维痕迹、图案纹样也从一个侧面记录了人类的纺织造物活动。

从古代造物文化承载的生活方式与经济形式来看，早期人类的生活是自给自足的，他们砍伐、狩猎、随遇而安，所获的生活物品也都是自然赐予的。随着人类从穴居式的游荡生活过渡到拥有固定场所的定居生活，食物来源由采集狩猎转变为种植养殖，农耕文明出现了。这也诠释出，人类不仅可以依靠自然的馈赠，还能通过将自然经济的生产与生物再生产相结合来获取物质生活资料。

中国古代的农耕经济以自然经济为基础，这是一种以小农经济与家庭手工业相结合、以家庭为主要生产单位的生产模式，[1]其生产规模较小。在大多数情况下，产品的原料采集、生产直至消费都是为了满足劳动者自身的需求（如农产品及部分手工业用品都是自主生产、自家使用），而不是为了进行资本积累和扩大再生产。只有在产品过剩的情况下，生产者才有可能将剩余的产品拿到市场上去进行交换。而中国古代的民间工匠就是从农民阶级中分化出来的劳动群体，这些工匠遍布于生产生活的各个领域，如在纺织服装行业的就有织匠、染匠、绣匠等。[2]整体来看，以纺织品生产为主的家庭手工业在古代社会中所占比重较大，究其原因可能有两点：其一，纺织品是民众日常生活中的必需品，其与粮食同等重要（如在古代，往往是“衣食”连称）；其二，在政府的赋税中也包含纺织品类别，致使民众不得不生产大量纺织品用于缴纳赋税。

夏、商、周时期，农业耕种已成为中原地区华夏民族生产、生活的主要内容。在不少诗歌中就有反映这一时期民众从事农业生产的繁忙景象，如“同我妇子，馌彼南亩，田畯至喜”（《国风·豳风·七月》）；“日出而作，日入而息，凿井而饮，耕田而食”（《击壤歌》）。此时，中华大地上的造物活动已蓬勃开展。《考工记》中有载：“国有六职，百工与居一焉”，六职指的是王公、士大夫、百工、商旅、农夫、妇功。可见，在当时社会，行业、职业分类已基本形成，服饰作为人类最为重要的物质生存条件之一，得到了普遍重视。

由于农耕作业及其经济产出需要良好的自然生态环境，所以先民们只能

---

[1] 在生产力极为低下的原始社会，各氏族、部落之间极少的剩余产品交换就是最早的自然经济雏形。真正的自然经济肇始于原始社会末期，其以家庭为生产单位，采用铁质等生产工具，以土地为生产资料。在原始社会末期至封建社会早期，自然经济是社会生产力发展的有力保障。

[2] 在鲁道夫·P.霍梅尔(Rudolf P.Hommel)的《手艺中国:中国手工业调查图录(1921—1930)》一书中，作者依照手工工具的用途，将其划分为基本工具、农业工具、制衣工具、建筑工具和运输工具五大类。制衣工具作为服饰造物的手段和条件，深刻地体现出该行业工匠的集体智慧与创造精神。(参见鲁道夫·P.霍梅尔.手艺中国:中国手工业调查图录(1921—1930)[M].戴吾三，等，译.北京:北京理工大学出版社，2012:目录1-3.)

听天由命，他们从事的一切农事活动都只能依靠自然，故而形成了较早的"自然崇拜"观念。在考古发掘出土的殷商文物中，可见彼时的青铜器特别是祭祀器体量庞大、造型威严，装饰纹样带有某种神秘色彩，《礼记·表记》中也有"殷人尊神，率民以事神，先鬼而后礼"的记载。

春秋战国是我国农耕经济发展的重要转型时期，彼时中原地区开始实施牛耕，使用铁制农具。随着生产力的提高，土地作物产量增加，剩余产品增加，领主争夺土地和农民的战争频频发生。特别是各领主发现，解除人身依附关系，拥有私有财产的农民具备更高的生产积极性，这便促使各国通过变法，加速从领主所有制向地主所有制的转变，由集体生产向个体生产的过渡。同时，各诸侯为了争夺霸主地位，纷纷改革，竞相招贤纳士，进行了一系列政治、经济制度改革，而这些改革无不与促进农耕生产有关。此举亦给"百家争鸣"创造了条件——学在官府的局面被打破、私学勃兴。各学术集团不向统治者屈从，而是吸收或扬弃商周礼制，并著书立说，阐述自己的观点，促成了中国思想文化界诸子竞秀的局面。儒家的仁义醇厚、道家的清静超逸、墨家的谨严兼爱、法家的因势严峻……尽管各家主张不一，相互辩难，但却对当时统治者采纳建议和社会制度改革产生了深刻影响。诸子百家也在争鸣中相互学习、取长补短，更加完善和丰富了本家学说。

诸子百家的思想除了在政治上影响深远，在人们的造物理念及行为中也有所渗透。例如，彼时的器物创作开始呈现出整体化、系列化、生活化和社会化，其实用性与伦理性不断增强，在深衣的形制中就有儒家礼制观念和自然崇拜观念的融入。[1]不同的思想家对于服饰制作、穿戴规范更是提出了不同看法，左右着当时的服饰造物活动。

东周以后，土地开始私有化，这种以家庭为单位的个体生产形态逐渐取代了过去集体生产的农耕模式。"男子耕作""女子纺织"成了一个家庭的基本结构模式，"一夫不耕，或受之饥；一女不织，或受之寒"（《汉书·食货志》）也成为反映此家庭生活制式的俗语——男耕女织。以织助耕的自给自足

[1] 《礼记·深衣》载："古者深衣，盖有制度，以应规、矩、绳、权、衡。……袂圜以应规；曲袷如矩以应方；负绳及踝以应直；下齐如权衡以应平。……制：十有二幅，以应十有二月。"由此可知，深衣上下连成一体，象征着天地合一、天人合一。其部件结构也体现出礼制的要求，如衣领相交于胸前成矩形，表示为人处世要合乎规矩；下摆一线整齐，曰"下齐"，强调行事要公平；背缝线垂直坚挺，以示做人要耿直(参见邱春林.《礼记》的深衣制度与设计[J].东南文化，2007(4):81-85.)。这些富有寓意的部件结构使人们在穿衣的同时也能谨记"礼"的规范和约束，并将其化作内心的"仁"与"善"。此外，深衣的下部以十二幅布片缝合，以对应一年中的十二个月，这是古人崇敬天时意识的反映。

的家庭小农业生产逐渐在中国农耕经济中占据主导地位。[1]与之相伴生的则是国家直接向个体生产者征收赋税徭役（如春秋战国时期出现的“相地而衰征”和“初税亩”就是典型案例）。

在农耕经济模式下，每一个生产者或家庭利用自身的经济基础或条件，几乎生产自己所需要的一切产品。正如列宁指出的：“在自然经济下，社会是由许许多多同类的经济单位（父权制的农民家庭、原始村社、封建领地）组成的，每个这样的单位从事各种经济工作，从采掘各种原料开始，直到最后把这些原料制作得可供消费。”[2]自然经济多半是依靠人们与自然的交换而非社会交换来获取生产、生活资料的方式，因此，自然经济的基本体系必然是一个自给自足的、闭关自守的系统。

值得一提的是，在古代社会，自给自足绝不意味着劳动者只为自己的需要生产，其还包括剥削者需求在内的生产。在自然经济条件下，农民缴纳的地租直接表现为劳役地租和实物地租（如食品、衣料及其他生活物资等）。是故，土地成了社会各阶层争相获取的物质财产，而拥有政治地位、较多金钱财富的人，在猎取土地上占有明显的优势。于是，“富者田连阡陌，贫者无立锥之地”（《汉书·食货志》）的现象频频出现。

秦始皇嬴政统一六国后，奉行法家思想，其推行的“书同文”“车同轨”“度同制”“行同伦”“地同域”等举措，使中央集权的君主专制制度进一步巩固。在大一统的国家制度框架下，地主经济与农民经济互为盈缩，构成了农耕私有经济运作的基本底色。由于生产力的发展，此时的手工业（主要为官营手工业）逐渐兴起，并形成了采矿、铸铜、兵器、车辆、漆器、陶器等专门作坊。从中央到地方管理严格、分工明确，各地区的交流与联系日益密切。此时的造物活动中呈现出两种截然不同的风格：一种是为了服务统治阶级，彰显皇权宏达所形成的奢华造物风格；另一种是普通民众自制生活物品中的质朴、简约风格。

至汉朝，统治者采取一系列休养生息政策来恢复生产，社会经济持续向好发展。汉武帝“罢黜百家，独尊儒术”，确立了汉代的思想文化基调。“天下同归而殊途，一致而百虑”（《周易·系辞下》），中央集权制度得以加强，《后汉书·舆服志》所载：“古者君臣佩玉，尊卑有度；上有韨，贵贱有殊。佩，所以章德，服之衷也。韨，所以执事，礼之共也。故礼有其度，威仪之制，

---

[1] 可见，家庭副业手工业与农业生产一样，都是维持人们正常生产、生活的必备要素，是彼时小农经济生产方式中家庭劳动力所必须同时兼顾的。

[2] 列宁.列宁全集·第三卷［M］.中共中央马克思恩格斯列宁斯大林著作编译局，北京:人民出版社，1984:17.

三代同之”即是这一情况的反映。此时，由于生产技术的进步，纺织、服饰等造物活动中告别了追求威严神秘、围绕鬼神作文章的理念，“人”的价值因素开始显现，服饰等造物更多地追求实用性与科学性。例如，纺织工匠们通过对织机的改进，使织出的锦缎更为精良，“丝绸之路”的开辟更是汉代构筑宏大帝国形象的生动写照。

唐在建国之后，吸取了隋朝灭亡的教训，经过“贞观之治”“开元之治”，唐朝政治安定，经济复苏，特别是“均田制”“租庸调”的推行，使社会经济得到较快发展。此时，长江中下游地区逐渐成为京都及边防粮食、布帛的主要供应地。汉朝“丝绸之路”的开辟打开了中国与世界多国贸易连接的通道。唐代自由开放和兼容并蓄的社会风尚吸引着外域文明通过“丝绸之路”源源不断地涌入中国。彼时，文化艺术呈现出一派繁荣的景象，造物文化也蓬勃发展。在一代又一代工匠的努力下，唐代丝织品产量巨大，品类繁多，质地优良，这为唐代服饰的多姿多彩提供了物质基础。可以说，这是我国古代社会在自然经济条件下经济文化发展达到的新高度，但此自然经济条件下的自给自足亦不意味着劳动者所生产的产品已经达到满足自己需要的程度。由于封建领主和剥削者的存在，劳动者很难做到丰衣足食和真正的自给自足。于是，在该社会背景下，形成了两种基本造物模式，即“物勒工名”与“闲适自用”，而在奴隶社会至封建社会前期，“物勒工名”[1]一直是各行业工匠造物的主要形式。

前代的村社经济残余，到了宋元时期演变为乡族经济，由此产生的乡族组织和宗法观念成为中国封建社会后期的主要社会结构模式。换句话说，这是农耕经济的另一种延续。传统农耕经济的持续发展使中华文明绵延不断，并形成了极大的承受力、愈合力、包容力和凝聚力，其反映在任何一个朝代都是如此，即周边少数民族或异国希望以武力来征服中原王朝，却最终在文化上形成了“征服者的被征服”。

宋朝，“程朱理学”成为整个社会的主导思想，中央对于民间的控制进一步加强。“存天理，灭人欲”成了该思想推行的口号，反映在服饰上则是由唐代开放、富丽、外向的奢华风格转向保守、质朴、内敛的清雅风格。而随着彼时科举选拔制度的普及，平民知识分子有机会通过努力学习和考试进入统治阶层，知识分子所追求的朴实典雅、礼乐相成的造物理念影响了当时的造

[1] “勒”有“镌刻”之意。“物勒工名”制度最早产生于春秋时期，即器物制造者(工匠)需将自己的名字刻在做好的物品上，以便验收者检验其质量，如质量不过关就要受到处罚。《逸周书·卷六·月令解》中即有“物勒工名，以考其诚，工有不当，必行其罪，以究其情”的记载。“物勒工名”的实施范围很广，在军器制造、铸钱、纺织、造船等行业中均有涉及，其内容不仅限于工匠姓名，甚至还包括手工业监理、官员的姓名和产品制造的年月、规格等。

物风格和大众审美。例如，宋代纺织品、丝绸纹样上的梅、兰、竹、菊、松等都代表了当时士阶层的愿望。

元代，我国海上贸易繁盛，各种陶瓷制品远销海外，同时，外来文化的输入也使那一时期的造物文化丰富多彩。英国著名历史学家汤因比（Arnold Joseph Toynbee）在《人类与大地母亲——一部叙事体世界历史》中这样说道："最迟从公元前4世纪开始，欧亚大平原东端的游牧民族就已同中国北方的燕国发生了直接的接触""穿越那一度秩序井然的欧亚大平原的使团的往返，其文化上的作用远较政治上的成果重要得多"。[1]为了满足物质与精神生活的双重需求，元代统治者将战争中俘获而来的西夏、金、南宋及欧洲、阿拉伯地区的各行业工匠召集起来，组成庞大的手工业集团，为皇家服务。并且还规定匠人可以子承父业、匠人匠籍可以世袭，此举措为彼时工匠技艺的提升和产品质量的提高奠定了基础。例如，元代统治者设立了一些机构，如司天监（掌管天文和历法）、国子监（管理语言文字事业）、广惠司（管理医药卫生事业）、常和署（属礼部仪凤司，掌管乐人）掌管各行业的生产。彼时的帝王亲贵不仅迷恋西域手工艺产品，还鼓励生产其仿制品，在此背景下，外域文明与本地工艺相结合，形成了诸多新式的造物风格。

明初，为了尽快恢复经济、稳定政权，统治者采取了一系列措施，如兴修水利、实行屯田政策、奖励垦荒等，这使明朝农业、手工业稳步发展。在工匠体系中，明朝延续了元朝的"匠籍"制度，但有所改变，如对工匠的管理分为"住坐"和"轮班"两种形式。《大明会典》记载："若供役工匠，则有轮班、住坐之分，轮班者隶工部，住坐者隶内府官监。"轮班工匠管理制度的推行在很大程度上让下层工匠活跃了起来，他们能有较多时间进行自由的劳动创作，这在一定意义上促进了明朝民间造物文化的发展。此时，一部分匠人从"为主造物"的桎梏中解脱出来，有了闲暇时间来为自己的生活增置物品。"闲适自用"的造物方式获得较大发展，并出现了民间造物文化与官方造物文化共同繁荣的景象。例如，明中后期，物质资源的丰富、商品经济的繁荣、海外贸易的扩大，带动了手工行业的发展，江南的吴江盛泽、苏州、杭州等地均已成为彼时全国丝织产业的加工中心。与此同时，"经世致用""宣扬实业救国"成为学者们主推的思想。例如，泰州学派代表人物王艮提出的"百姓日用即道"，顾炎武"有关于朝政民生者，酌古通今，旁推互证，不为空谈，期于致用"（《国朝汉学师承记》），吕坤"天下万事万物皆要求个实

[1] 阿诺德·汤因比.人类与大地母亲——一部叙事体世界历史[M].徐波，等，译.上海:上海人民出版社，2001:417-418.

用。实用者，与吾身心关损益者也（《呻吟语·治道》）"，皆是此例。另外，《天工开物》《长物志》《髹饰录》《园冶》等一大批经典造物著作的问世，也为明末造物文化理论的提升与工匠精神的总结增添了浓墨重彩的一笔。

有清一代，虽然统治者还在努力试图通过各种改革来维系风雨飘摇的社会政治，但随着资本主义萌芽在中国的出现，以及西方先进科学技术的渗入和列强的侵略，这一时期的造物文化显得极为特殊。一方面是由皇家主导的追求极致工艺、极度奢华的造物风格大量涌现，如统治者追求物质精贵和精神享乐，甚至亲自参与造物设计实践，致使清代的造物文化显现出追求繁缛、极致的艺术风格；另一方面是以经世致用、实用主义为主导的民间造物思想的广泛传播。这在后文中将具体阐述。此外，彼时的长江中下游地区，棉花、桑蚕生产已成为农家经济收入的重要组成部分，传统的自给性农业和商品手工业的结合尤为普遍，个体生产者具有较强的独立性，多种经营的联合使农家的收益大增。正如顾炎武所言："地产木棉，衣被天下，而民间赋税，公私之费，亦赖并济"（《肇域志·江南九》）。

总而言之，中国古代的农耕经济并不仅限于农业生产，而是包含手工业、商业等在内的多种经济组成部分。[1]事实上，早在战国时期，孟子就指出："（农家）以粟易械器者，不为厉陶冶；……何为纷纷然与百工交易？……百工之事，固不可耕且为也；……治于人者食人，治人者食于人：天下之通义也"（《孟子·滕文公章句上》）。司马迁在《史记·货殖列传》中也提出："故待农而食之，虞而出之，工而成之，商而通之。此宁有政教发征期会哉？人各任其能，竭其力，以得所欲。……《周书》曰：'农不出则乏其食，工不出则乏其事，商不出则三宝绝，虞不出则财匮少，财匮少而山泽不辟矣。此四者，民所衣食之原也'。"这些记载均真实地反映出中国古代农耕经济的多元结构模式。是故，在此多元经济结构和行业分类的背景下，技艺经验可被视为中国古代工匠精神形成的原点，劳动观念变迁可被视为中国古代工匠精神形成的内生动力，行会制度则可被视为中国古代工匠精神形成的外在塑力。[2]至公元16世纪以前，自然经济模式下的农耕作业方式还在我国延续，它适应了不同时代的发展，使中国传统社会经济结构稳定而持久。在农耕文化背景下，中国匠人创造出的手工艺文明一直处于世界领先地位，并达到相当高的水平，这是我国在世界工艺文明史上做出的伟大贡献。

---

[1] 这是中国古代社会农耕经济形式的一大特点。由于农耕经济的多元成分结构，造就了中华文化兼收并蓄的包容品格。中华文化伴随农耕经济的发展，尽管时有战乱与分裂，但始终未有中断，且不断充实与升华，这是其他文明体系无法比拟的。

[2] 刘自团，李齐，尤伟."工匠精神"的要素谱系、生成逻辑与培育路径[J].东南学术，2020(4):80.

# 第二章
## 奠基：先秦时期的服饰造物文化与工匠精神

中国古代服饰造物活动发轫于原始社会进入奴隶社会的历史剧变时期，特别是从夏、商、西周到春秋战国，这亦是中华文明起源和发展的重要阶段。夏朝农具使用日益普及，农业生产迅速发展；商朝仍以农业为立国之本，农业的进步促进了手工业的发展——其分工细致、规模庞大、种类繁多，如在王室就设有掌管蚕事的官职——女蚕；西周时期，庞大的官工作坊管理着服饰等生活物资的生产；春秋战国时期，铁制农具得到推广使用，冶炼技术进一步提升。同时，春秋战国又是我国上古文化大发展的时期，其实现了古代思想文化由以占卜巫术为中心的宗教迷信向以人为中心的理性文化的转型，“百家争鸣”即是该思想文化转型的反映。冠冕服饰制度是西周奴隶制社会发展到顶峰的象征，也是我国古代冠服制度形成的开端。自天子至大夫到士卿，服饰各有所别，这一整套服饰制度体系维护了奴隶社会至封建社会的礼制秩序，对后世的服饰造物文化产生了深远影响。值得一提的是，先秦时期的代表性工艺著作《周礼·考工记》记载了工匠的职能、造物类别、方式、制作规范等，是中华古代造物文明史中的经典。

## 第一节
## 先秦时期的服饰造物文化

### 一、夏朝的服饰造物文化

距今约4000年前，我国进入了父系氏族社会。彼时，农业生产已成为社会生产的重要组成部分。随着农业和畜牧业的发展，生产力不断提高，物质日渐丰富，并开始有了剩余，这时出现了攫取剩余物质的上层人士和剩余产品交换的行为——私有制。在父系氏族社会后期，有了阶级的分化（从当时墓葬遗址的考古发掘中可见，墓葬规模与陪葬品数量不一，贫富差距已经出现）。至公元前21世纪，原始社会解体，奴隶制社会形成，夏朝便是我国历史上第一个从原始社会跨入奴隶社会的朝代。随着该时期生产技术的进步，社会分工渐成，手工业从农业生产中分离出来。

关于夏朝的服饰造物与服饰形制，目前少有图像方面的资料，只能通过文献记载来推测。《易·系辞》云："黄帝、尧、舜垂衣裳而天下治，盖取诸乾、坤"。此处的"衣""裳"即是最初的一种服装形制——"上衣下裳"，但此句中的"垂衣裳"还有更深层的含义。因为，此前人类在狩猎后使用动物皮毛制作的服装一般较短，不过膝，但用纺织材料制成的布衣便可形成垂过膝盖的样式，这是一种进步。纺织材料制成的服装能让人类更好地抵御严寒、保护躯体，从事各种生产劳作。

《纲鉴易知录》有云："为玄衣纁裳，以象天地之正色。旁观翚翟、草木之华，乃染五采为文章，以表贵贱，于是衮冕衣裳之制兴。"古人不仅创造了上衣下裳的服装形制，对于服装的色彩也有一定的见解——此色彩的制定是古人观物取象的结果。经过长年累月的生活劳作，古人发现，天在未明时为玄色，地为纁色，故以上衣表征天，用玄色代之；以下裳象征地，用纁色代之。此造物观念在《尚书·益稷》中也得到呼应："予欲观古人之象，日、月、星辰……以五采彰施于五色，作服，汝明。"

## 二、商朝的服饰造物文化

商代，手工业进一步发展，那些精美的青铜器就是该手工艺精细化和专业化的历史表征。彼时，人类已经能将野蚕驯化为家蚕，并开始养蚕织绸。在《易传》《尚书》中均有"桑谷共生于朝"的句子，意为桑与商代主粮之一的谷物共同生长。在甲骨文中，还有桑、蚕、丝、麻、帛、衣、裘、巾等文字，表明当时已出现了专门的纺织行业。而"蚕示三牢"（此句出自甲骨卜辞，"示"为祭祀，"三牢"指牛、猪、羊三牲，这里的意思是用猪、牛、羊三牲祭祀蚕神）等词句更反映出植桑养蚕在商代受到了普遍重视。在此背景下，商代的丝织生产水平迅速提高，人们还熟练地掌握了育蚕、缫丝、织绸等技术，且学会了对织机的改造，使之能达到提花织物的生产要求。考古学家曾在河南安阳商代墓葬出土的铜钺上发现了世界上最为古老的丝织菱形花纹遗迹——雷纹绢印痕，同时还发现了一些丝织物残片，说明商代的纺织匠人已经能够生产出提花织物。

此时，奴隶制度日趋完善，奴隶主的权利日益增大，社会等级制度业已形成。这些等级制度和地位区别均反映在了服装质料和装饰上，如奴隶主的服装为丝帛绣衣、装饰精美；庶民的服装为粗布褐衣，装饰简陋；奴隶更是衣不蔽体，毫无装饰可言。这些服饰形制均可从河南安阳等地的商代晚期都城殷墟遗址出土的玉、石、陶、铜制人像中得到印证（图2-1）。[1]

图2-1　出土的商代玉人造型

商代玉器的生产规模和制作水平较前代有了明显提升。当时的玉器主要用作生活物品和服饰配件，如玉梳、发笄，其能梳理头发，固定发型，在笄头上还雕刻有精美的纹样，不同的纹样及其精美程度体现出佩戴人的身份。随着玉器使用的普及，佩玉逐渐成为一种社会风尚，男女贵族身上均佩玉，该风尚一直流传至后世。

## 三、周朝的服饰造物文化

冠服制度在周代得到了进一步完善，文献典籍中曾有记载。当时的服装有祭礼服、朝会服、从戎服、吊丧服、婚礼服等十余种，这些服装又以穿戴者身份的不同而区分明显。例如，帝王在举行祭祀时，其必须根据典礼的轻重，分别穿着六种不同规格、样式的冕服。诚如《周礼》所记："司服掌王之吉凶衣服，凡兵事，韦弁服；视朝则皮弁服；凡甸，冠弁服；凡凶事服弁服；凡吊事弁绖服"。

与此同时，西周时期的纺织业发展迅速，这首先是由于服饰成为区分身份等级的标识受到统治阶级重视，其次也体现出社会生产力发展与生产技术的进步。在周朝初期，朝廷就开始对纺织业实行全面管理，即从原料、染料、成品的征收，纺、织、染等生产加工到服装制作再到最后成品的分配、使用进行了严格管控。此外，周代还设置了庞大的官工作坊，专门从事纺织品、

[1] 在商代晚期都城殷墟遗址中出土的陶俑人像中，可见奴隶主(贵族)的服饰形制:头戴巾帽或帽箍，身着交领或圆领的右衽窄袖衣，腰束带，前系韠(蔽膝)，衣长至膝，下穿裙，有裹腿，脚穿翘尖鞋或圆头鞋。在服装的领、袖、下摆、帽箍、腰带处均有边饰或纹饰。其中冠、韠、纹饰是显示奴隶主(贵族)身份地位的标志性物件或装饰，而免冠露首、着圆领衣、手腕戴梏的陶俑便是奴隶的形象。在安阳殷墟妇好墓出土的玉人上可见其服饰形制为窄袖织纹衣，蔽膝，并以朱砂和石黄制成的红黄二色着染，比其他服饰色彩更为鲜艳，且一直保存至今，可以判断是贵族的服饰形象。

服饰的生产。《周礼》中将主管纺织生产的“妇功”与王公、士大夫、百工、商旅、农夫并列，合称“国之六职”，可见当时纺织业生产在社会生产中的地位。彼时的纺织品生产不仅是社会生产的主要形式，也是国家赋税的重要来源——每家每户都需要纺纱织布，一是为自己使用，二是向奴隶主、贵族等纳贡。

具体来看，西周时期的养蚕[1]、缫丝、织绸、染色等工序都有专门的分工。彼时，生产量大的纺织品主要为绮，同时还有一些轻薄的丝织物。《拾遗录》中记载：“周成王五年，有因祗国去王都九万里，来献女功一人。善工巧，体貌轻洁。披纤罗绣縠之衣，长袖脩裾，风至则结其衿带，恐飘摇不能自止也。其人善织，以五色丝内口中，引而结之，则成文锦。其国人又献云昆锦，文似云从山岳中出也；有列堞锦，文似云霞覆城雉楼堞也。有杂珠锦，文似贯佩珠也；有篆文锦，文似大篆之文也；有列明锦，文似罗列灯烛也；幅皆广三尺。”当时，临淄的罗、纨、绮、缟，陈留的彩锦都是有名的纺织品。考古专家曾在辽宁朝阳、陕西宝鸡等地的西周奴隶主贵族墓葬中发现了一些用来包裹青铜器的经锦残片[2]和保留在泥土上的刺绣残痕，还有装饰着菱形花纹的丝织物（专家判断该织物是用提花机织造而成的，进而能窥见周朝织造技术的提升）。

关于周朝织物的染色及处理工艺，文献中记载更多。例如，“缟衣茹芦”“缟衣綦巾”“绿衣黄里”“载玄载黄”“我朱孔阳，为公子裳”“终朝采蓝，不盈一襜”等。《尔雅·释器》和《周礼·考工记》中还记录了具体的染色方法，如“一染谓之縓，再染谓之赪，三染谓之纁”（《尔雅·释器》），“钟氏染羽，以朱湛、丹秫，三月而炽之，淳而渍之。三入为纁，五入为緅，七入为缁”（《周礼·考工记》）。同时，《周礼·考工记》还载有缫丝、漂白、晾丝的方法，如“荒氏湅丝，以涚水沤其丝七日，去地尺暴之”（这里的“涚水”是一种调和后的草木灰水，其能练去部分丝胶，使丝变得柔软）；“湅帛，以栏为灰，渥淳其帛，实诸泽器，淫之以蜃，清其灰而盝之”（蜃就是贝壳灰，以贝壳灰和草木灰混合而成的物质能对织物产生清洁作用）；“去地尺暴之”（这是指晒丝的技巧，即将丝挂于离地一尺左右的高度最佳。因为距离太高，丝易干脆，距离太低，则接近地面潮气，丝不易干）。

纺、染、织造技术的发展和进步为周代统治阶级衣饰的丰富提供了条件，

---

[1] 西周时期，民间妇女已经开始了有计划的蚕桑养殖与纺织活动，这可从记录西周至春秋时期社会生活的诗歌总集《诗经》中得到印证。《诗经》有云：“十亩之外兮，桑者泄泄兮”，说明彼时种桑的面积很大，同时为了便于采摘桑叶，已培养出地桑。

[2] 经锦又称“经丝彩色显花”，其纬线只用一色，经线使用多种颜色，花纹由经线织出。

而分封制的推行、社会等级秩序的分明、礼仪上的尊卑差别又对周朝服饰的功能提出了新的要求，即促成了服饰等差的系统化和制度化，并形成了一套完整、详备的衣冠服饰制度。

周朝将繁缛庞杂的礼仪归为“五礼”，即吉礼——祭祀之礼，凶礼——丧葬之礼，军礼——军事之礼，宾礼——宾客之礼，嘉礼——冠婚之礼。每类礼仪还可细分为诸多事项，其中又包含多种内容。在那些不同的礼仪场合，天子、诸侯、大夫及庶民的穿着必须符合礼制。例如，祭祀时要穿祭祀服，朝会时要穿朝会服，兵事时要穿从戎服，凶葬时要穿吊丧服，婚嫁时要穿婚礼服。由于礼仪和服饰名目众多，故周代设有“司服”之位，其职能就是区分典礼仪式的类别，负责帝王百官的穿着，掌管衣冠服制的实施。[1]在适应各类礼仪活动的服饰制度中，最重要的为礼服制度，礼服制度主要为冕服制度。冕服并非一件单一的服装，其由冕冠、玄衣、纁裳、白罗大带、黄蔽膝、素纱中单、赤舄等组成，冠冕服制是商周时期贵族装束的集中体现。古代，人们将系在头上的物品统称为“头衣”，主要有冠、冕、弁、巾、帻等，其中“冠”专供贵族佩戴，后特指帝王戴的帽子（“冕”与“冠”同意，也是古代帝王及地位在大夫以上官员佩戴的礼帽。冠冕合称，在先秦时象征着王权）。冠冕服制更是作为“礼”的重要内容，被当作“分贵贱，别等威”的标志，此时，“章服制度”业已形成。

冕冠是帝王卿相在祭祀典礼中头戴的最为贵重的冠类首服，其本身就有着极为明确的等级意义（图2-2）。《礼记·玉藻》中记载：“天子玉藻，十有二旒，前后邃延，龙卷以祭”，这即是说，天子的冕冠有玉藻12旒，悬于延板前后，衣服上有卷龙纹饰。具体来看，冕冠的形制是在一个圆筒式的帽卷上，覆盖一块冕板（称为“延”或“綖”），尺寸多为一尺六寸（1尺=10寸，1寸=3.3厘米）长，八寸宽。冕板装在帽卷上，后面比前面高出1寸，向前倾斜，呈挽俯之状，有提醒帝王不能居高骄矜、妄自尊大之意。冕板以木制成，上涂玄色象征

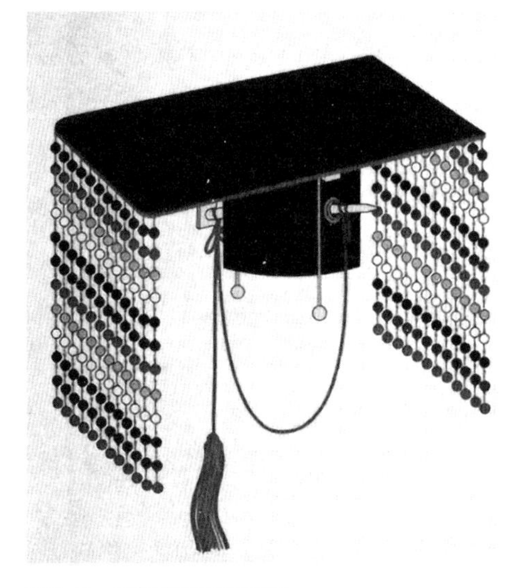

图2-2　周朝帝王冕冠形制

---

[1]《周礼》中即有“司服掌王之吉凶衣服，凡兵事，韦弁服”的记载。

天，下涂缠色象征地。前后各悬12旒（垂旒之意在于提示君主应明辨是非，正直公道），每旒贯12颗五彩玉，按朱、白、苍、黄、玄的顺序排列，每块玉之间距离各1寸，每旒长12寸，[1]用五彩丝绳为藻，以藻穿玉，以玉饰藻，故称“玉藻”，象征着五行生克及岁月运转。帽卷以木作中干（即胎架），后改用竹丝、玉草（夏）或皮革（冬）制成筒状胎架，外裱黑纱，里衬红绢，左右两侧各开一个孔纽，用来穿插玉笄，使冕冠能与发髻相插结。帽卷底部有帽圈，称作“武”。从玉笄两端垂下黈纩（黄色丝绵制成的球状装饰）于两耳旁，也称为“瑱”或“充耳”，以示君王不能轻信谗言。

冕服一般与冕冠配套穿用，其形制为上衣下裳，衣裳的颜色为上玄下纁，即青黑色上衣、黄赤色下裳，以象征天地之色彩。玄衣纁裳均配有纹样，多取自自然景物，共有十二章纹。《尚书·益稷》曰：“予欲观古人之象，日、月、星辰、山、龙、华虫，作缋；宗彝、藻、火、粉米、黼、黻，絺绣，以五采彰施于五色，作服，汝明。”“作缋”是指前六种纹样绘于玄衣上，“絺绣，五采”是指后六种纹样绣于纁裳上。上绘下绣的章纹数随祭祀内容和职别的高低而定，其中以十二章纹最为尊贵，它专用于帝王在最高等级的祭祀典礼中所穿的冕服上（其他陪同帝王祭祀的群臣使用的冕服，依身份等级，纹章章数以九章、七章、五章依次递减），十二章纹及其寓意得到了后世历代统治者的认可，并被各朝代帝王沿用。

具体来说，十二章纹中，日、月、星三纹取其光耀之意，置于冕服肩部，体现中国以农立国，重视物象天候的传统；山能兴云雨、左右气候、巍峨高大，故统治者常把社稷喻为江山，山纹位于冕服“袂”的中部，意为统治者掌控江山；龙在原始社会就是人们崇拜的图腾与灵物，它能上天入海，灵活多变。人们还将帝王比作龙的化身，象征着权利与威严；华虫即雉鸟，有着漂亮的羽翼，冕服上的华虫纹在“袂”的下方，取其华美之意；宗彝本是古代宗祠庙宇中盛酒祭祀的酒具，在两樽酒具上各绘一虎与一蜼，暗喻忠孝，宗彝纹位于冕服下裳靠近腰间的部位；藻是一种水草，将其抽象为图案绣于冕服上，取其洁净之意，藻纹位于宗彝纹下方；火代表光明，是人类文明的象征，冕服中的火纹取其炎上之意，位于藻纹之下；粉米即粮食谷物，冕服中的粉米纹代表人们对于粮食谷物的崇敬，位于下裳的火纹之下；黼即斧纹，冕服中的黼纹为黑白二色，象征着帝王能当机立断、砍杀邪恶，是帝王德高的象征，位于粉米纹之下；黻纹类似古汉书中两弓相背的“亚”字形，由黑、

---

[1] 冕冠上的旒数有十二旒、九旒、七旒、五旒、三旒不等(其中以十二旒为贵，帝王即佩十二旒)，每旒贯玉有十二颗、九颗、七颗、五颗之分，冕旒和玉珠的数量是区分身份地位等级的重要标志。

青两色组成，位于下裳的黼纹之下，表明帝王能分辨是非，取其见善背恶之意。[1]帝王冕服中的十二章纹均呈现左右各一的对称布局，遵循了中国古代对称、和谐、规矩的伦理观念与审美原则（图2-3）。通过这一外化的美感与形式，强化了君主内心的道德与自律，并通过其自身来实现治理天下的权力与功德。

图2-3 周朝帝王冕服形制

周朝王后的冕服与帝王一样分为七类，分别是袆衣、揄狄、阙狄、鞠衣、展衣、椽衣、素纱，其中前三类为祭服。从色彩上看，袆衣是玄色加彩绘的服装，揄狄为青色，阙狄为赤色，鞠衣为黄色，展衣为白色，椽衣为黑色，前六类衣物都以素纱为内配。此外，王后等女性的礼服均采取上衣与下裳连属的袍式，以示其专一不二。

周朝时，玉的使用已非常普遍，人们常在腰带上垂挂玉制饰物。当时甚至还有规定，士以上级别的官员都要佩玉，并以玉质的精粗来区分佩玉者的身份、地位。与此同时，以玉来衡量人格、人品成为一种风潮。《礼记·玉藻》记载："古之君子必佩玉""君子无故，玉不去身，君子于玉比德焉"。玉佩更成为奴隶主等贵族阶级服饰上的重要装饰物件，成为他们道德人格的象征。可见，彼时的玉器已从商代那种以实用为主的物件转化为一种纯装饰性的符号物，成为人类社会中观念性的物质载体并具有了道德文化上的意义。

综上可知，周朝的冕服制度是中国古代章服制度的雏形，其反映出古代服饰造物活动的精细化与专业化，为后代统治者规范服装形制和以服饰作为社会等级制度的标识奠定了基础，对中国古代服饰文化体系的形成产生了深远影响。

## 四、春秋战国时期的服饰造物文化

东周时期（又分为春秋、战国两个阶段），更大规模的社会分工致使不同行业的类别更加细化，特别是青铜、铁制工具的发明及使用，极大地推动了生产力的发展。割据一方的诸侯国为了争夺地盘，扩张势力，纷纷开荒拓地，积极发展农业生产。粮食、桑、麻等作物的大量种植，满足了人们对于生活

[1] 田自秉.中国工艺美术史[M].上海:知识出版社，1985:78.

物资的需求。彼时，农村种桑植麻，妇女纺纱织布已较为普遍，[1]染织工艺也迅速发展，冀州、兖州、青州等地都盛产丝绸布帛。当时最为有名的要数齐鲁地区，此地的“齐纨”“鲁缟”都是闻名全国的产品，其织物产量之大，甚至有“冠带衣履天下”的美誉。《韩非子·说林上》还记载：“鲁人身善织屦，妻善织缟，而欲徙于越。”这反映出战国时期鲁、越地区的不同服饰风貌及鲁地染织工艺的发达。《左传·成公二年》亦有云：“楚侵及阳桥，孟孙请往赂之。以执斫、执针、织纴，皆百人，公衡为质，以请盟。”执针就是裁缝工，织纴是指织工。此句记载了楚国侵入鲁国，鲁国以缝工、织工等百人求和的情形，这从侧面反映出当时鲁国染织工艺的繁盛情况。

从出土文物来看，在湖南长沙广济桥的战国古墓中，考古专家发掘出了圆形丝袋、丝带及织锦等物品：丝袋的丝帛经纬密接，组织精细；丝带以斜纱织成规则的网目空花；织锦上有双菱形纹内夹小花的图案，疑似一种用提花机织造的丝织品。在长沙左家塘的楚墓中还出土了大量战国时期的丝织品，如褐紫色菱纹绸片、紫褐色犬齿迎光变色丝带等。特别是在该古墓出土的纱，轻薄细密，其经纬丝的投影宽度仅为0.08毫米，每平方厘米的经纬丝达28根×26根。[2]

春秋战国时期的刺绣工艺也值得一提。彼时的绣品基本都是采用辫绣的针法完成的（如在长沙烈士公园楚墓出土的几件绣品上就有辫绣的龙凤图案）。在湖北江陵马山砖厂一号墓中还出土了大量战国时期的绣品，有绣衾、绣衣[3]、绣袍、绣裤及服装缘饰等。这些绣品的质地多为绢，也有少数为罗；图案有龙、凤、虎、鸟、草叶、枝蔓、花朵和几何纹等；针法以辫绣为主，平绣为辅（图2-4）。

图2-4　春秋战国时期的刺绣纹样及工艺

此时，由于铁器的使用日益普及，各诸侯国纷纷开拓疆域，发展生产，国力不断增强，他们试图摆脱对周王朝的依赖，不再受其掌控。各诸侯国

---

[1]《诗经》中曾出现过许多关于养蚕、丝织的诗句，如“十亩之间兮，桑者闲闲兮，行与子还兮；十亩之外兮，桑者泄泄兮，行与子逝兮”，阐述了彼时种桑养蚕的规模；又有“春日载阳，有鸣仓庚。女执懿筐，遵彼微行，爰求柔桑”，这是对春日里少女们执筐采桑的生动描述；还有“萋兮斐兮，成是贝锦”“氓之蚩蚩，抱布贸丝”“硕人其颀，衣锦褧衣”等，均透露出彼时蚕丝物品的丰富。

[2] 尚刚.中国工艺美术史新编[M].北京:高等教育出版社，2010:91-92.

[3] 如有出土的一件龙凤虎纹绣衣，上面绣有盘曲的龙和飞舞的凤，其造型穿插交融、线条流畅。昂首扬尾的斑斓猛虎张着大嘴，似乎在与龙搏斗。猛虎造型简练，矫健生动，虎身上斑纹红黑相间，点亮了画面。这件刺绣服饰反映出两千多年前我国刺绣工匠卓绝的智慧与高超的技艺。

在经济上的自强、独立，削弱了周天子的王权。周王室的权势日益衰微，这预示着奴隶社会的政治体制开始瓦解。在激烈变革的时代背景下，以崛起的士阶层为骨干，以兴旺的私学为基地，诸子并起，学派林立，促成了百家争鸣的局面——管子、孔子、墨子、孟子、老子、庄子、荀子、韩非子等各家就社会、人生、学理等问题展开激烈的辩论，对社会思潮及造物文化产生了深远影响。与此前的政治思想多代表集体和统治者的意志不同的是，诸子百家均是来自社会各阶层、各领域的代表，他们从不同角度阐述自己的观点和见解。例如，对造物观念的阐述多体现在“用与美”“文与质”“美的客观性”与“美的社会性”等方面。可以说，诸子百家思想中的造物观念是促使这一时期造物文化呈现出繁荣兴盛局面的重要因素，服饰造物也更加绚丽多彩。

以墨子为代表的墨家提倡“节用”，主张衣冠服饰及其他生活器物只需“尚用”即可，不必追求豪华，更无须过分繁缛。故有“食必常饱，然后求美；衣必常暖，然后求丽，居必常安，然后求乐”[1]的表述。在《墨子·公孟》中还列举了几位国君的着装来佐证其观点：“昔者齐桓公高冠博带，金剑木盾，以治其国，其国治。昔者晋文公大布之衣，牂羊之裘，韦以带剑，以治其国，其国治。昔者楚庄王鲜冠组缨，绛衣博袍，以治其国，其国治。昔者越王勾践剪发文身，以治其国，其国治。此四君者其服不同，其行犹一也，翟以是知行之不在服。”此外，墨子还强调“道技合一”，他所从事的技术活动也都围绕着“义利合一”来进行。

以孔子为代表的儒家提倡“宪章文武”，推崇周礼。孔子认为，所有的言行包括服饰在内都应“约之以礼”，并提出了“仁”“义”“礼”“智”“信”等观点，形成了一套规范个人行为的学说。在此背景下，社会中服饰造物等活动也体现出礼制的特点，最具代表性的是深衣（图2-5）。深衣的形制为上下连属，方形领，圆形袖，下摆不开衩，衣襟右掩，上部合体，下部宽广，长至踝间，领、袖和下摆边缘

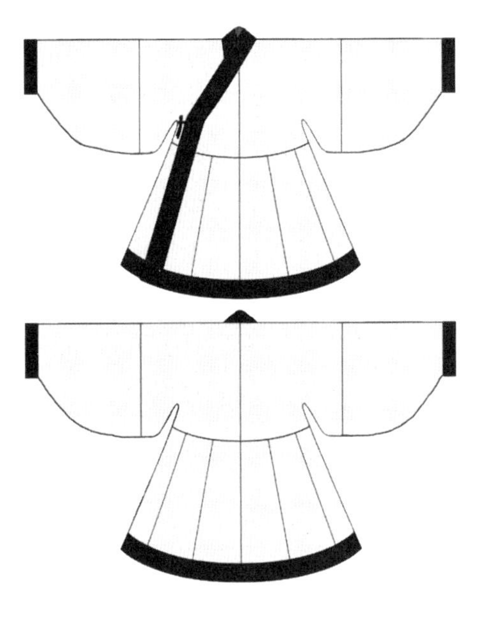
图2-5　深衣基本结构与制式

[1] 引自（汉）刘向《说苑》引《墨子》佚文。

都饰有素色或绣绘缊边。[1]

由于深衣的制式符合当时社会对于人行为规范的伦理要求，又可被不同性别、阶层的人士穿用，故得到了普及。宋末元初学者马端临在《文献通考·王礼考·君臣冠冕服》中提到："按三代时，衣服之制，其可考见者，虽不一，然除冕服之外，唯玄端（端衣）深衣二者，其用最广。玄端则自天子至士，皆可服之，深衣则自天子至庶人皆可服之……至于深衣，则裁制缝衽，动合礼法，故贱者可服，贵者亦可服，朝廷可服，燕私亦可服，天子服之以养老，诸侯服之以祭膳，卿大夫服之以夕视私，庶人服之以宾祭，盖亦未尝有等级也。"

从出土文物来看，春秋战国之际，贵族穿着的深衣边缘通常镶以彩帛，其形制、规格皆有严格规定，在长沙马王堆楚墓出土的帛画和湖北云梦出土的男女木俑服饰上可见此深衣样式（图2-6）。此外，在湖北江陵马山砖瓦厂一号楚墓中还出土了一批直裾深衣，其形制为右衽、交领、直裾，衣身、袖及下摆部位均呈平直状。由于彼时的深衣多以曲裾为主，因此，该直裾深衣的出现也让其类别得以扩充。

图2-6 出土木俑身着的深衣样式

随着春秋战国时期不同文化之间的交流和思想的碰撞，部分地区的服饰中也出现了文化交融的痕迹。以四川广汉三星堆（巴蜀文化遗址）出土的青铜雕像上的服饰为例，相较于中原地区，三星堆先民服饰中也有冕服和礼服的制式（包括冕冠、深衣及章纹图案）。然而，其又显示出与中原地区服饰文化迥然不同的特点，表现为左衽、窄袖及衣尾、鹬冠（一种用水鸟毛制作的冠帽）。这说明，彼时巴蜀地区的土著族群既接受了中原文化的洗礼，又保留着自身的传统特色。

---

[1] 深衣的产生与"礼制"的社会规约有关，同时也与彼时"席地而坐"的生活习惯相关。中华古人一直沿用"席地而坐"的坐姿——两膝着地(或席)，两脚脚背朝下，臀部压在脚后跟上，该坐姿一直延续至宋朝。而当时所谓的裤其实为"胫衣"，这是一种不加裆的套裤，只有两个裤管，穿时套在胫(小腿)上，故名。深衣可以弥补"胫衣"不加裆的缺陷，特别是贵族们在"席地而坐"时，穿着深衣能遮蔽下体，符合伦理和礼制的要求。

# 第二节
## 先秦时期服饰造物中的工匠精神

先秦时期服饰造物中的工匠精神可从《考工记》中得到反映。《考工记》是我国古代科技史和文化史领域的一部重要论著，也是目前所能见到的我国最早的记录手工技术与规范的著作。该书上承三代青铜文化之遗绪，下开封建时代手工业技术之先河。作为一部手工艺专著，《考工记》记载了先秦时期官营手工业各工种的设计规范与制造工艺。书中以大量的手工业生产技术、造物工艺资料为内容，阐释了一系列生产管理制度及标准，在一定程度上反映了当时的造物思想。

### 一、《考工记》中的造物文化与工匠精神

春秋战国时期，科学尚处于萌芽之中，工匠技艺活动作为与国计民生息息相关的活动，引起了统治者的重视，《考工记》即在此背景下形成。《考工记》的篇幅并不算长，但其记录的手工艺技术种类却极为完整，不仅涉及先秦时期的制车、兵器、礼器、钟磬（礼乐器）、练染、建筑、水利等技术工种，还旁及天文、生物、数学、物理、化学等自然科学知识。《考工记》共包含两部分内容：第一部分为总目，主要述说“百工”的含义；第二部为分述，主要介绍“百工”中各工种的职能及具体工艺规范。这些内容可被视为国家管理者从整体社会结构组织层面构建的一种工匠文化体系，其规范了工匠的社会职能、行业结构、考核制度、评价体系等要素，是中华工匠文化创构期的重要范本，亦成为后世中华工匠文化体系建构的参考性文本或理论范式。[1]因此，历代有关《考工记》的译注和研究层出不穷。[2]

具体来说，在《考工记》总目中提到：“国有六职，百工与居一焉。或坐而论道，或作而行之，或审曲面执以饬五材，以辨民器，或通四方之珍异以资之，或饬力以长地财，或治丝麻以成之。坐而论道，谓之王公；作而行之，谓之士大夫；审曲面执，以饬五材，以辨民器，谓之百工。通四方之珍异以资之，谓之商旅；饬力以长地财；谓之农夫；治丝麻以成之，谓之妇

---

[1] 邹其昌.《考工记》与中华工匠文化体系之建构——中华工匠文化体系研究系列之三[J].武汉理工大学学报(社会科学版), 2016(5): 995.

[2] 其中，译注较为有名的学者有(东汉)郑玄、(唐代)贾公彦、(清代)戴震、程瑶田、孙诒让等。

功”。[1] “六职”指王公、士大夫、百工、商旅、农夫、妇功。百工系六职之一，它又包含六大类别、三十个工种：“凡攻木之工七，攻金之工六，攻皮之工五，设色之工五，刮摩之工五，搏埴之工二。攻木之工：轮、舆、弓、庐、匠、车、梓；攻金之工：筑、冶、凫、栗、段、桃；攻皮之工：函、鲍、韗、韦、裘；设色之工：画、缋、锺、筐、㡛；刮摩之工：玉、楖、雕、矢、磬；搏埴之工：陶、旊。”[2]

“知者创物，巧者述之，守之世，谓之工”，此句道出了“工”的含义。然而，造物的优良必须遵循“天有时，地有气，材有美，工有巧”的原则。《考工记》注意到了天、地、材、工的“连续性”及各事物之间的关联与逻辑转换，该总结描述显然已经超越了一般工匠的手工艺制作经验，上升到了天、地、材、工的“天人合一”的宇宙哲学观和世界观境界。

在《考工记》中，与服饰造物相关的主要有函人、鲍人、裘氏、钟氏、㡛氏、玉人等。如在《考工记·函人》篇中记载：

函人为甲，犀甲七属，兕甲六属，合甲五属。……犀甲寿百年，兕甲寿二百年，合甲寿三百年。凡为甲必先为容，然后制革。权其上旅与其下旅，而重若一。以其长为之围。凡甲锻不挚则不坚，已敝则桡。凡察革之道：眡其钻空，欲其惌也；眡其里，欲其易也；眡其朕，欲其直也；櫜之，欲其约也；举而眡之，欲其丰也；衣之，欲其无齘也。眡其钻空而惌，则革坚也。眡其里而易，则材更也。眡其朕而直，则制善也。櫜之而约，则周也。举之而丰，则明也。衣之无齘，则变也。

在《考工记·鲍人》篇中记载：

鲍人之事，望而眡之，欲其荼白也；进而握之，欲其柔而滑也；卷而抟之，欲其无迆也；眡其著，欲其浅也；察其线，欲其藏也。革欲其荼白，而疾浣之，则坚。欲其柔滑，而腥脂之，则需。引而信之，欲其直也。信之而直，则取材正也。信之而枉，则是一方缓一方急也。若苟一方缓一方急，则及其用之也，必自其急者先裂；若苟自急者先裂，则是以博为帴也。卷而抟之而不迆，则厚薄序也。眡其著而浅，则革信也。察其线而藏，则虽敝不甐。

在《考工记·裘氏》篇中记载：

---

[1] 戴震.考工记图[M].上海:商务印书馆，1955:9.“妇功”古时指纺织、刺绣、缝纫等事宜，为妇女四德之一。在古代社会，这类人员一般为女性，所以又称“女红”或“妇工”，其工作或社会职能与“百工”一样。因此，也属于“工匠”之行列。

[2] 戴震.考工记图[M].上海:商务印书馆，1955:10-11.

裘氏，阙。画缋之事杂五色。东方谓之青，南方谓之赤，西方谓之白，北方谓之黑，天谓之玄，地谓之黄。青与白相次也，赤与黑相次也，玄与黄相次也。青与赤谓之文，赤与白谓之章，白与黑谓之黼，黑与青谓之黻，五采備，谓之绣。土以黄，其象方，天时变。火以圜，山以章，水以龙，鸟兽蛇。杂四时五色之位以章之，谓之巧。凡画缋之事，后素功。

在《考工记·钟氏》篇中记载：

钟氏染羽，以朱湛丹秫，三月而炽之，淳而渍之。三入为纁，五入为緅，七入为缁。……緅今礼俗文作爵，言如爵头色也，又复再染以黑，乃成缁矣，凡玄色者，在緅缁之间，其六入者與。

在《考工记·㡛氏》篇中记载：

㡛氏湅丝，以涚水沤其丝，七日，去地尺暴之。昼暴诸日，夜宿诸井。七日七夜，是谓水湅。湅帛，以栏为灰，渥淳其帛，实诸泽器，淫之以蜃，清其灰，而盝之，而挥之，而沃之，而盝之，而涂之，而宿之。明日，沃而盝之，昼暴诸日，夜宿诸井。七日七夜，是谓水湅。

在《考工记·玉人》篇中记载：

玉人之事，镇圭尺有二寸，天子守之；命圭九寸，谓之桓圭，公守之；命圭七寸，谓之信圭，侯守之；命圭七寸，谓之躬圭，伯守之。天子执冒四寸，以朝诸侯。天子用全，上公用龙，侯用瓒，伯用将，继子男，执皮帛。天子圭中必，四圭尺有二寸，以祀天；大圭长三尺，杼上终葵首，天子服之；土圭尺有五寸，以致日、以土地；祼圭尺有二寸，有瓒，以祀庙；琬圭九寸而缫，以象德；琰圭九寸，判规，以除慝，以易行；璧羡度尺，好三寸，以为度；圭璧五寸，以祀日月星辰；璧琮九寸，诸侯以享天子；穀圭七寸，天子以聘女。（以上《考工记》古文选段摘自戴震《考工记图》）

《考工记》中关于“典妇功”的记载尤其值得我们注意：“典妇功掌妇式之法，以授嫔妇及内人女功之事赍。凡授嫔妇功，及秋献功，辨其苦良，比其小大而贾之物书而楬之。以共王及后之用，颁之于内府”。[1]“典妇功”丝枲功官之长，其属官典丝、典枲等，主要执掌“妇式之法”。郑玄注曰：“妇式，

[1] 郑玄.周礼·仪礼·礼记[M].陈戍国，点校.长沙：岳麓书社，2006:18.

妇人事之模范。法，其用财旧数”，[1]可见，典妇功集女工用材、法式标准颁布（教育者、执法者）、材料供应、任务分配与产品征收（管理者）、纺织品质量检测与价值评估（考核者）等职能于一身。[2]

在古代，工匠技术、道德及产品的质量不仅要经过工师考核，在销售中还需经受市场的检验。司市一职即负责市场的秩序、争讼、定价、禁令等，他还通过度量商品的大小、轻重、长短来定价，让买卖双方达成一致的意向。司市所强调的“伪饰之禁”[3]即“用器不中度，不粥于市。兵车不中度，不粥于市。布帛精粗不中数、幅广狭不中量，不粥于市。奸色乱正色，不粥于市。锦文珠玉成器，不粥于市。衣服饮食，不粥于市”（《礼记·王制》）。此规定实际上是要求工匠自我检验、工师效工、商人依货估价，以对买卖双方的权益进行保障。是故，在先秦时期，一类产品质量的保证既来自工匠的技艺水平及其职业道德，又是基于工师、司市等外在人员考核的结果。

综上可知，《考工记》对于各种器物的制作规范（包括器用功能、造型、材料、工艺等）都进行了翔实记载，其强调了六种职业的“差异性”及其造物法式。此外，《考工记》还注意到了“阴阳”“大小”“直正厚数”“深浅强弱”等概念的异质性及其能相互转换和利用的原理，如“凡斩毂之道，必矩其阴阳。阳也者，稹理而坚；阴也者，疏理而柔”“毂小而长则柞，大而短则挚”“容毂必直，陈篆必正，施胶必厚，施筋必数，帱必负干”“凡辐，量其凿深以为辐广。辐广而凿浅，则是以大扤，虽有良工，莫之能固。凿深而辐小，则是固有余，而强不足也。故竑其辐广，以为之弱，则虽有重任，毂不折”“参分弓长，以其一为之尊，上欲尊而宇欲卑”。这些论述深刻地体现出先秦时期工匠造物的价值观、审美观、设计思想与伦理原则。特别是“天时、地气、材美、工巧”作为该著作工艺思想与造物文化的精髓，又是工匠精神的核心要素，在我国古代造物历史与理论中占有重要地位，并对后世产生了深远影响。

## 二、“百家争鸣”影响下的造物文化与工匠精神

如果说《考工记》是一种实践层面的工艺技术总结与规范指南，那么，“百家争鸣”则可视为在理论层面，诸子百家对彼时社会、生活、人生发表的

---

[1] 郑玄.四库家藏·周礼注疏(一)[M].济南:山东画报出版社, 2004:206.

[2] 石琳.《周礼》工匠文化研究[J].文化遗产, 2020(2):144.

[3] 《周礼》记载:“司市掌市之治教、政刑、量度禁令。……以量度成贾而征价，以质剂结信而止讼，以贾民禁伪而除诈，以刑罚禁虣而去盗；……凡市入，则胥执鞭度守门，市之群吏，平肆、展成、奠贾，上旌于思次以令市。市师莅焉，而听大治大讼；胥师贾师莅于介次，而听小治小讼。……凡市伪饰之禁，在民者十有二，在商者十有二，在贾者十有二，在工者十有二。”

新见解，这些思想也左右着当时的造物文化与工匠精神。

所谓“百家”，实际上只是对彼时社会诸子蜂起、学派林立的文化现象的一种概说。关于“百家”中的主要流派，古代史学家屡有论述。例如，西汉司马谈就将诸子概括为阴阳、儒、墨、名、法、道德六家，并区别“直所从言之异路”；西汉刘歆又将诸子归为儒、墨、道、名、法、阴阳、农、纵横、杂、小说十家，并从学术源流、思想特征等方面进行了论述。下面笔者试对几个具有代表性的“百家”流派及其思想对服饰造物的影响进行探讨。

### （一）儒家思想影响下的造物文化与工匠精神

由孔子开创的儒家学派，以“仁”为学说核心，以中庸辩证为思想方法，其重血亲人伦，重现世事功，重实践理性，重道德修养。在社会伦理观方面，孔子以“仁”释礼，提倡将外在的行为规范化为内在的道德伦理和自觉；在修身治国方面，他设计出一整套由小及大、由近及远的发展人格和安定邦家的方案。具体来说，“礼”作为一种社会行为规范，要求世人在自己的社会生活领域内不逾越制度，从而减少纷争，消除战乱。此“礼”外化于人的着装就形成了“深衣”制度。深衣上下连成一体，象征着天地合一、天人合一，深衣的下裳以十二幅裁片缝合，以应一年中的十二个月；深衣的部件结构也处处体现出礼制的要求，如衣领相交于胸前成矩形，表示为人处世要合乎规矩；下摆一线整齐，曰“下齐”，强调行事要公平；背缝线垂直坚挺，以示做人要耿直……这些富有寓意的结构能使人们在穿衣的同时谨记“礼”的规范和准则，并将其化作内心的“仁”与“善”。在孔子的思想中还有两个重要的概念——“文”与“质”，其或许可被视为一对对立统一的美学思想。孔子主张“文质彬彬”“文质兼备”，强调内容与形式的有机统一，避免形成鄙略粗俗、浮夸虚饰之风。当时鲁国儒士注重衣冠礼制，衣逢掖之衣，冠章甫之冠，絇履、绅带，搢笏，显然是遵循此造物观念的表达。此外，孔子还主张美的“社会性”，其关于认识自然、关爱万物、保护资源的思想亦是先秦时期人们朴素生态观的集中体现。

孟子认为“梓匠轮舆，能与人规矩，不能使人巧”（《孟子·尽心章句下》），他辩证地阐述了传统造物的客观工具性与主观能动性之间的关系。孟子还提到：“离娄之明，公输子之巧，不以规矩，不能成方圆；师旷之聪，不以六律，不能正五音；尧舜之道，不以仁政，不能平治天下”（《孟子·离娄章句上》），即无论多么能巧的工匠，如不遵守规矩，则不能制成方圆；无论多么聪敏的乐师，如不根据律吕，则不能校正五音；因此，即便是推行尧舜之道，不施行仁政，亦不能平治天下。而“圣人既竭目力焉，继之以规矩准绳，以为方员平直，不可胜用也；既竭耳力焉，继之以六律，正五音，不可胜用也；既竭心思焉，继之以不忍人之政，而仁覆天下矣”（《孟子·离娄章句上》），即因此，工匠既要运用自己的眼力，也要凭借规矩准绳，才能创造出各种器具；乐师既要运用自己的听力，也要借助六律六吕，才能谱写出各种乐章；同样，圣明之君既要发挥自己的才智，也要施行仁政，才能平治天下。可见，孟子以规矩和六律对于工匠技艺活动的重要性来比喻仁政对于治理国家的重要性，其中也透露出他关于技术规范对于工匠技艺活动重要性的认知。

工匠技术应用的价值在于解决各类关乎国计民生的实际问题。因此，儒家主张技术、产品应以务实、实用为主，反对制作各种毫无实用价值的“奇技淫巧”之物。例如，儒家思想的另一位代表人物荀子就曾指出：“论百工，审时事，辨功苦，尚完利，便备用，使雕琢文采不敢专造于家，工师之事也”（《荀子·王制》）。“工师”是古代监管工匠技术活动的官员，荀子认为，工师的职责是评定百工的技术活动，明确工匠在不同季节的工作，辨别产品的优劣。因此，他提倡匠人应制作出坚固实用的产品，不应制作“雕琢文采”之类华而不实的东西。此外，荀子还强调：“故绳墨诚陈矣，则不可欺以曲直；衡诚县矣，则不可欺以轻重；规矩诚设矣，则不可欺以方圆；君子审于礼，则不可欺以诈伪。故绳者，直之至；衡者，平之至；规矩者，方圆之至；礼者，人道之极也”（《荀子·礼论》）。在古代，绳墨、权衡、规矩都是工匠造物活动必须遵守的技术规范，“礼”是人们生活中必须遵守的社会道德规范，荀子将它们相提并论，亦是为了强调技艺规范的重要性。“百工将时斩伐，佻其期日，而利其巧任，如是，则百工莫不忠信而不楛矣。……百工忠信而不楛，则器用巧便而财不匮矣”（《荀子·王霸》）也反映出荀子对于百工工作环境、条件及其生产的产品质量的关心。

### （二）道家思想影响下的造物文化与工匠精神

以老庄为代表的道家是先秦诸子中与儒家学派并驾齐驱的一大流派。老子是道家学派的创始人，也是道家思想的奠基者。在《老子》一书中，有关造物文化的论述不多，但却蕴涵着诸多工艺美学思想。此外，老子有关哲学和社会人生的命题也对造物精神具有一定指导意义。例如，老子认为，追求纯自然的状态才是人生理想的状态，他提倡一种不背离自然规律去追求目的的思想，而目的与规律的不可分离及其相互渗透、统一正是一切造物活动需要注意的。此外，“和谐共生”更是老子所谓“大巧若拙”说法的体现。在老子看来，真的巧并非违背自然规律，而是处处顺应自然，在此顺应之中才能让自己的目的自然而然地呈现。“以和为美”是老子关于“和”的观念的集中反映，它不仅包含了“美是规律性与目的性的统一”，还将此统一同人与自然、个人与社会的统一紧密地联系了起来。再有，老子提出的“虚无观”，即“有”和“无”的辩证关系也丰富了古代的造物思想。

庄子继承了老子的学说，其思想涵盖当时社会生活的方方面面。《汉书·艺文志》著录的《庄子》是他思想集大成的体现。在《庄子》的很多篇章内容中都体现出庄子对于工艺和技术之道的称颂，如他认为工艺之道是尊重物性、洞察世界规律、彰显人的本质力量的表达，人们应当改造世界、创造生活中的“大美”。庄子提出：“夫不累于俗，不饰于物，不苟于人，不忮于众，愿天下之安宁以活民命，人我之养毕足而止，以此白心，古之道术有在于是者”（《庄子·天下》），“钟鼓之音，羽毛之容，乐之末也；哭泣衰绖，隆杀之服，哀之末也”（《庄子·天道》）。庄子的造物思想以“去欲”为核心，在技术上以“去巧”为特征，在形式上以“去饰”为表达，在功能上以“去用”为宗旨，在实践层面则以“由道进技”为精髓，其强调了一种不导向功利的善、不借助外在的力、不通往抽象的理。[1]其中，真正意义上的技术之“道”既体现出形而上的普遍规律，又彰显了形而下的应用模式。在二者结合的过程中，承载着匠人对技术活动的掌握和对技艺操作层面“道”的法则的遵守。更为重要的是，庄子以“道进乎技”“道在技中”“道技合一”做解，探讨了“技”作为技术活动的外在表现和“道”作为技术行为的内在机理。此外，庄子还担心人类会因失去感性、天性而沦为机械的附庸，这与西方工业革命之后威廉·莫里斯蔑视和反对机械生产的科技理性，提倡手工艺运动的理念颇为相似。

### （三）墨家思想影响下的造物文化与工匠精神

不得不说，在造物活动的社会价值上，古人注重实用，认为一切工艺技术都应以解决人们衣食住行的实际问题为目的。墨家“利于人谓之巧，不利于人谓之拙”（《墨子·鲁问》），即是该实用主义思想的表达。墨家思想体系的创建者是著名工匠墨翟（后人称为“墨子”），[2]其信徒多为直接从事生产劳作的下层民众，且以手工业者居多。《吕氏春秋·当染》就有“从属弥众，弟子弥丰，充满天下”的记载。墨子自称“上无君上之事，下无耕农之难”（《墨子·贵义》）的“贱人”，他直接参与造物活动，对于造物有着自己深刻的见

---

❶ 郑笠.破中之立——庄子“五色乱目”美学思想辨析[J].东岳论丛，2010(2):77-79.

❷ 墨子在古代自然科学领域(如小孔成像、光的折射、杠杆原理、声音传播等研究方面)有着极高的造诣，被后人尊称为“科圣”。

解。墨子认为，造物首先必须看其是否满足人们的需要，若无益于此，再精巧的技艺也是“拙”。[1]墨子还对服装、建筑、车船等造物之“道”进行了评述，如“其为衣裘何？以为冬以圉寒，夏以圉暑。凡为衣裳之道，冬加温，夏加清者，芊䱉不加者去之。其为宫室何？以为冬以圉风寒，夏以圉暑雨，有盗贼加固者，芊䱉不加者去之。其为甲盾五兵何？以为以圉寇乱盗贼，若有寇乱盗贼，有甲盾五兵者胜，无者不胜。是故圣人作为甲盾五兵。凡为甲盾五兵加轻以利，坚而难折者，芊䱉不加者去之。其为舟车何？以为车以行陵陆，舟以行川谷，以通四方之利。凡为舟车之道，加轻以利者，芊䱉不加者去之。凡其为此物也，无不加用而为者”（《墨子·节用》）。墨子的思想观念为古代手工艺行业规范提出了一种评判标准，并将其社会理想“兼相爱，交相利”的精神落实到具体的实践中。具体来看，墨家学说强调物质生产劳动在社会生活中的地位（“尚力”），反对生存基本需求之外的消费（“节用”），试图以“普遍的爱停止战乱取得太平”（“兼爱”），同时又尊崇天神（“天志”），以达到相应的统治目的（“尚同”）。是故，兼爱、非攻、尚贤、尚同、节用、节葬、非乐、非命、天志、明鬼十学，成为墨家思想中的核心精神。

### （四）法家思想影响下的造物文化与工匠精神

法家学派的先驱人物是齐国的管仲[2]与郑国的子产，他们主张强化法令刑律，使民“畏威如疾”，以达到富国理乱的效果。故在治国方略上，法家主张严刑峻法，在文化政策上强调“以法为教”“以吏为师”，实行文化专制主义。法家学说是战国时期的“显学”，后成为秦始皇统治天下的政治理论依据。管仲在协助齐桓公称霸时，曾从几个方面阐述了临政需注意并解决的问题，其中之一便是“废弃雕饰”，他认为“工事竞于刻镂，女事繁于文章，国之贫也”（《管子·立政》），所以要做到“工事无刻镂，女事无文章，国之富也”（《管子·立政》）。由此可见，无论是墨翟还是管仲，都试图通过个人或其社会组织，依靠行业技术来改善人类普遍的生存境遇。

韩非子是战国时期法家的代表人物之一。韩非子与荀子的造物观念是相似的，其反对装饰，认为“以文害用”，也就是说，装饰会影响实用，只要器物的质量上乘，则不必装饰，故他主张“好质而恶饰”。在服装上，韩非子也

---

[1] 《墨子·鲁问》记载：“公输子削竹木以为鹊，成而飞之，三日不下，公输子自以为至巧。子墨子谓公输子曰：‘子之为鹊也，不如匠之为车辖。须臾刘三寸之木，而任五十石之重。故所为功，利于人谓之巧，不利于人谓之拙’。”

[2] 管仲是春秋时期的政治家、哲学家，周穆王的后代。《管子》是我国春秋战国时期一部非常重要的作品，它托名于管仲，但实际并非管仲本人所著，而是汇集了该时期各家学说、言论的一部论集。

提倡应“崇尚自然，反对修饰”，这与墨子的观点有相同之处。总的来说，他的“去淫丽”是有益的，但“去智巧”则带有较大的片面性。

### （五）阴阳家思想影响下的造物文化与工匠精神

阴阳家也是诸子百家中的重要人物。阴阳家中最为著名的要数邹衍，其特长是“深观阴阳消息”。[1]阴阳家们推导出宇宙、自然的一切现象或事物都由“阴”“阳”构成，并借用阴阳消长的理论来探讨社会人事，从时间、空间的流转中去把握世界。阴阳学家还从阴阳的演变、流转过程中推导出构成物质的五种元素：金、木、水、火、土，称为“五行”。五行与五个方位有着密切的联系：金代表西方、木代表东方、火代表南方、水代表北方、土代表中央；五方又与五种色彩一一对应：木对应绿色，金对应白色，火对应红色，水对应黑色，土对应黄色。五行是相生相克又循环往复的：木克土，金克木，火克金，水克火，土克水。邹衍更是将此现象用来解释社会历史的发展与王朝更替，称为“五德转移”。按“五德转移”说，黄帝以土气胜，色尚黄，夏为木德，色尚青；殷为金德，色尚白；周以火胜金，色尚赤。[2]故这些色彩即成为当时统治者所信奉的吉祥色，并用于生活器具、服饰等造物活动中。

综上所述，先秦时期是我国古代服饰造物活动的奠基阶段，这一时期的服饰造物活动尚未形成独立的体系，而是与生活资料的生产直接联系、交织在一起的。对于纺织及其生产来说，即形成了男耕女织的社会经济结构模式和初具规模的手工作业形式；对于服饰造物及其形制来说，就是深衣的出现。此服饰造物亦是由原始巫术、图腾崇拜、原始神话与宗教信仰共同构筑起来的，是一种人类精神尚未达到自觉、人尚未形成明晰的自我意识的混沌的、自在的思维表征。事实上，中国古代造物行为与其思想意识是一种器与道的关系，“器”是工匠改造自然之物并使之呈现出的一种物质形态，“道”是工匠在造物活动中遵循自然规律及社会规范的原则。“道”是“器”的内在本质内容，“器”是“道”的外在表现形式，不同的器物承载着人们认识与理解世界的观念。“器以载道”的哲学思想对中国古代工匠造物有着直接而深刻的影响，无论是造物活动中天圆地方的传统思想，还是天、地、人、材的设计规范，无不合乎自然之道，无不彰显“器以载道”的理念。[3]例如，深衣作为一种礼制和“制器尚象”观念下的产物，以象征具体事物所代表的特定内

---

[1] 所谓“阴阳消息”，即阴盛则阳衰，阳盛则阴衰，阴阳(矛盾)双方互为消长，一生一灭。阴阳家认为这是构成世界万事万物及其运动发展变化的终极原因和基本方式。

[2] 黄能馥.中外服装史[M].武汉:湖北美术出版社，2005:16.

[3] 纪亚芸.《论语》视角下的工匠文化观[J].上海工艺美术，2019(2):98.

涵，在我国古代社会延续了近两千年，特别是其上下连属的样式对后世服装形制产生了深远影响。在往后的历朝历代，其代表性的服装样式都有深衣的影子，[1]这亦使中华民族服饰文化体系得以传承和延续。正如《尚书·正义》中载："冕服华章曰华，大国曰夏"；《春秋左传正义》云："中国有礼仪之大，故称夏；有服章之美，谓之华"——中华衣冠王国的地位由此确立。

[1] 唐代的袍下加襴，元代的质孙服、腰线袄子，明代的曳撒，近代的男子长衫、女子旗袍，现代的连衣裙等从形制上都可视为上下连属的深衣遗制。值得一提的是，日本的和服与深衣也有一定渊源，有学者认为，和服可能模仿了深衣的形制。如今，日本和服中仍有一类被称为"吴服"，意指从中国吴地传来的衣服，这可能是由于时间久远，日本人未查明到深衣由来之缘故而定下的名称。但经过时代变迁，和服已经具有了日本本民族的特色，如和服背后的大腰带比深衣更为宽大，其外轮廓线条都是直线形的，袖子也是方直的，这是其与我国传统深衣的曲线外形的区别之处。

# 第三章
## 成熟：秦汉时期的服饰造物文化与工匠精神

公元前221年，秦灭六国，结束了春秋战国以来群雄割据的局面，首次完成了真正意义上的国家统一。在服饰方面，秦朝继承了周代的冕服制度。秦始皇制定的书同文、车同轨、行同伦等制度也为其政权的稳固打下了基础。1974年，考古学家在陕西西安秦始皇陵内发掘出了大量兵马俑等文物资料，为我们研究秦朝的物质文化史提供了依据。汉朝在继承秦朝制度的基础上进一步发展创新，特别是到汉武帝时期，其统治的西汉与古罗马、安息（伊朗地区古典时期的奴隶制帝国）、贵霜（中亚的古代强国，其鼎盛时期的疆域从今塔吉克斯坦绵延至里海、阿富汗及恒河流域）并称为世界四大帝国。此外，汉武帝派使臣张骞出使西域，开辟了丝绸之路，丝路上的经贸往来大大加强了中西方文化的交流，这亦使彼时的纺织品产量不断增长，且丰富了服饰的种类。作为全力推进国家大一统发展的重要历史时期，秦汉也是我国造物文化发展史上的成熟时期。秦汉两朝从宫廷及官方手工业到民间手工业均取得了新的突破与成就，染织、服饰更成为其造物活动中的亮点，特别是汉朝的丝织工艺为后世织造技艺的发展奠定了基础。

## 第一节
### 秦汉时期的服饰造物文化

#### 一、秦朝的服饰造物文化

秦始皇在十年内灭六国，完成了统一大业，结束了封建诸侯割据称雄的社会分裂局面，建立了中国历史上自周代以来的第一个统一的多民族中央集权制国家。秦朝“兼收六国车旗服御”，在吸收、整合春秋战国时期各诸侯国文化的基础上，制定了许多制度，其中包括冠服制度，进一步完善了该时期的服饰文化体系。

秦朝的少府属下设丝织作坊，主要为皇家提供丝织产品，当时在咸阳形成了高档丝绸的主要产地。秦朝的少府丝织作坊名为“东织”“西织”，在全国其他地区也建有丝织基地，如临淄，此地原料供应充足且优良，工匠织造技艺高超。秦朝有名的纺织品除了丝还有麻、葛、毛、棉等。

秦朝弃用周礼，废除了六冕之制，只采用小祀礼服“玄冕”作为礼仪之服。在日常穿戴上，均以袍服为主，这在朝会、礼见时更为多见。在服装形制上，多为交领、右衽，衣袖窄小，在衣缘及腰带处有彩织装饰。秦朝的朝廷官员平时多穿禅衣，禅衣样式与袍服略同，只是不用衬里，所以一般不穿着在外，以便使服饰风格统一。官员们除着衣、冠、履之外，还讲究佩绶，佩绶早期多为兵器中所用，后以刀剑配组绶，垂于腰带之下，或盛于鞶囊之中，再以金银钩挂之。

秦朝对于服饰色彩有着统一的规定。受阴阳五行学说的影响，秦始皇认为秦克周，应是水克火，因周朝是“火气胜金，色尚赤”，故秦应崇尚水德，颜色尚黑。这样一来，黑色在秦朝即被尊为“贵色”。据此，秦始皇还规定了男子大礼服形制为上衣下裳，必须同为黑色，又规定三品以上的官员着绿袍，一般庶人着白袍。

彼时社会上还流行穿戴“三重衣”，“三重衣”并非是某种服装的称谓，而是对内衣、中衣和外衣合成的三件套衣服的统称，这三件衣服的领子必露于外，故名（图3-1）。具体来说，秦代男子穿袍式三重衣，腰束革带，带端缀有带钩，下穿裤或腿裹“行膝”；妇女着曲裾深衣。“裾”指的是深衣的衣襟边（该襟为衣服的前片，左边叫“左襟”，右边是“右襟”），如果衣襟是直边，穿上深衣后衣襟边垂直于地面，就称为“直裾”；如果衣襟边较长，穿着时需在腰间盘绕后再进行固定，就称为“曲裾”。北齐文学家颜之推在《颜氏家训·兄弟》中记载的：“方其幼也，父母左提右挈，前襟后裾”，就是“曲裾”深衣的形制。

图3-1 “三重衣”复原图

秦朝女性的发式以髻为多，尚高髻；佩饰也承袭古制，最兴步摇。贵族妇女中流行的袍服采用生丝等纤维纺织成的轻薄面料制成，下摆宽且长，服装上还有锦绣，纹样以山云鸟兽和藤蔓花纹为主，以彰显着装者的身份地位。民间女子的服装色彩仍受五行思想支配，以黑色为主。

图3-2　秦陵兵马俑将士服饰形制

秦朝的将士服装可被视为该时期服饰的代表，其长及膝盖，左右两襟为对称直裾式，皆可掩至背侧，两襟下角似燕尾状，仍保持着深衣的基本形制。1974年，在陕西西安临潼发现的秦始皇陵兵马俑不仅真实地再现了秦军强大的阵容，而且为秦朝军服的研究提供了可靠的依据（图3-2）。从兵马俑将士身着的军服来看，其形式并不复杂，主要是通过装束上的变化反映出等级和兵种的差异。例如，将军身穿双重长襦（短衣、短袄），外披彩色铠甲，下着长裤，足登方口齐头翘尖履，头戴顶部列双鹖的深紫色鹖冠，颌下系橘色冠带，打八字结，肋下佩剑。中级军官的装束有两种：一种是身穿长襦，外披有彩色花边的前胸甲，腿上裹护腿，足登方口齐头翘尖履，头戴长冠，腰际佩剑；另一种是身穿高领右衽褶服，外披带彩色花边的齐边甲，其他与前款一致。下级军吏身穿长襦，外披铠甲，头戴长冠，腿扎行縢（似裹腿）或护腿，足穿浅履。

总的来说，由于秦始皇在位时间较短，服饰制度仅属初创，真正意义上的衣冠制度还不够完备，其更多是一种制度上的主张。例如，在服饰形制上提倡遵循“从今弃古”的原则，废除周代繁缛的冕冠服饰制度，仅保留在典礼仪式上使用的礼服。此外，秦始皇将嫔妃的服色制度制定得较为宽松，以迎合朝廷大臣及他本人的喜好。因此，宫中嫔妃的服色并未受礼服必须同为黑色的限制，仍以华丽的色彩为尚，服饰上精致的刺绣纹样也体现出穿着者身份的高贵。

## 二、汉朝的服饰造物文化

秦亡以后，汉高祖刘邦废除了秦朝的苛政，采取了休养生息的政策，很快恢复了农业和手工业生产，汉初政权得到巩固，社会经济迅速发展。汉武帝时，西汉达到了该朝建立以后军事、政治、经济、文化强盛的顶点，汉朝亦成为中国历史上一个强大的封建王朝。

国家经济的稳健发展，促进了文化艺术思潮的进步。特别是在政治、经济、文化方面，汉代对先秦宇宙人学体系进行了一次全面的吸纳与整合。尤其是在造物与艺术创作上，反映出对先秦诸子百家思想的创造性拓展与创新性阐释，并在建筑、绘画、漆器、染织、服饰等领域体现出中国造物文化的首度辉煌，这些造物活动的形式、内容，编织出一张中国传统造物文化与工匠精神融合的网格，构成了中国造物文化理论与实践体系的雏形。[1]

汉代的纺织业发展迅速，使这时期的着装风气由俭入奢。人们对于精美服饰的需求增加，并开始讲究装扮，服饰日趋华丽。彼时，不但京师贵胄所用服饰衣料的华丽程度已经超过了王室服用的高级面料，而且富商大贾都以穿丝为常，甚至连他们的奴婢和屋壁上也都用上了过去只属于王公贵族独享的丝绸面料。这说明汉代丝织技艺水平的提高和丝绸纺织品的普及——丝绸的产量增多使其已非昔日统治者专用之物了。

从具体服饰来看，汉朝妇女的礼服仍承古制，以深衣为尚。此时深衣上部宽松，下摆增大呈喇叭状，衣长及地，在腰臀部覆以“围腰”并系绳束紧，其相比战国时期的束腰位置低了很多，这使臀部空间加大，人们能完成“跪坐”姿势。在长沙马王堆汉墓出土的帛画中绘制的女性人物就着该服饰（图3-3）。《后汉书》也有记载：“贵妇入庙助蚕之服‘皆深衣制’”，但此时的深衣在形制上多为单层，衣襟更长，缠绕层数更多，以曲裾为主。

图3-3　马王堆汉墓出土的帛画上所绘女性深衣礼服制式

襦裙是汉代女性日常穿着的服饰，上衣襦是一种长至腰间的短衣，衣身较窄且合体，衣袖多为宽袖；下裳裙是一种上窄下宽、下摆及地、不施边缘的“无缘裙”，这是与上下连属的深衣所不同的另一种服装形制，即上衣下裳。[2]下裳裙通常以四幅素绢拼接而成，并在绢条制成的裙腰两端缝上带子，

[1] 潘天波，胡玉康.汉代造物设计地位锥指[J].唐都学刊，2011(2):49.

[2] 关于“无缘裙”，《资治通鉴·汉纪》中有记载：“常衣大练，裙不加缘”，《汝南先贤传》曰：“戴良嫁五女，皆布裙，无缘裙四等。”

以便系结。实际上，上襦下裙的服式在战国时期就已出现（如在河北平山县战国中山王墓出土的文物中，几个小玉人的着装即是上短襦下方格裙的样式），它作为历代女性常服的主要形式，一直沿用至清代。

汉代女子常服还有袿衣，其服式似深衣，但底部由衣襟曲转盘绕形成两个尖角，十分好看。《释名》有记载："妇人上服曰袿，其下垂者，上广下狭，如刀圭也"。

汉代女性发式及其佩戴的饰物也极为讲究。据《通典·卷六十二》记载："副者，后夫人之首饰，编发为之。笄，衡笄也。珈，笄饰之最盛者，所以别尊卑。"汉乐府诗中也有"何用问遗君，双珠玳瑁簪。用玉绍缭之"（《有所思》）的词句，《后汉书·舆服志》亦载："簪以玳瑁为擿，长一尺，端为华胜，上为凤皇爵，以翡翠为毛羽，下有白珠，垂黄金镊。左右一横簪之，以安蔮结。"彼时的女性还喜爱佩戴步摇，步摇以金银丝制成花枝状，并在其上缀以金玉花兽，垂挂以五彩珠玉，镶附在簪钗上，随人行步，垂珠摇动，因走步则摇，故名。贵妇人的首饰中还有珠翠花钗，命妇头饰中的"副笄六珈"常与礼服配套使用。

汉代服饰呈现出的多元面貌和服饰制度的宽松得益于其良好的社会环境——举国上下都在致力于发展经济、增强国力。中原汉族与周边各少数民族、汉王朝与各邻国之间的贸易往来不断加强，这无疑促进了纺织材料及服饰产品的需求增加，推动着汉代织造技术的发展。例如，丝、麻、毛、棉织工艺技术不断改进，使织物的质量不断提高、品类亦不断增多。

具体来看，汉代的纺织生产分为官营与私营两大类。[1]官营纺织生产机构，据《汉书·百官公卿表》记载："少府……属官有……东织、西织……令丞。……（成帝）河平元年（公元前二八年）省东织，更名西织为织室。"例如，齐郡临淄、陈留郡襄邑都是纺织生产的著名基地。王充在《论衡》中提道："齐都世刺绣，恒女无不能，襄邑俗织锦，钝妇无不巧"，可见当地纺织从业者的普遍性。汉代统治者还在此设"三服官"，以管理生产。所谓"三服官"，"盖言其有官舍三所，非谓其为首服、冬服、夏服而多官也"（《汉书·元帝纪补注》）。《汉书·王贡两龚鲍传》记载："故时齐三服官输物不过十笥，方今齐三服官作工各数千人，一岁费数巨万。……三工官官费五千万，东西织室亦然"，可见其规模之大、费用之多。随着汉代织造工艺的进步，织物的品类日益增多，有锦、绫、绮、罗、纱、绢等。官营机构生产的丝麻织物，

---

[1] 礼制文化催生出了官营工匠造物制度的产生，使造物的分类更为专业和细化，并形成了早期的工匠类别——官营工匠与民间工匠。春秋战国时期，"百工"制度趋于成熟。秦朝统一中国后，实行中央集权制度，政府大修土木，且在军工、器具制造及建筑方面制定了严苛的标准。至此，专业的工匠管理者——将作少府出现，这是我国古代工匠管理体制进一步完善的标志。

除供皇室享用外，还用作赏赐和对外交易。

汉代私营纺织作坊也有一定的规模。据《汉书·张汤传》记载：“安世尊为公侯，食邑万户，然身衣弋绨，夫人自纺绩，家童七百人，皆有手技作事，内治产业，累织纤微，是以能殖其货，富于大将军光”;《西京杂记》又载：“汉霍光妻遗淳于衍蒲桃锦二十匹，散花绫二十五匹。绫出钜鹿陈宝光，妻传其法。霍显召入第，使作之。机用一百二十蹑，六十日成一匹，直万钱”，这反映出彼时私营纺织业生产的状况。

据说，汉武帝时期，国家一年征集的丝织品就达500万匹，在汉武帝的一次出游中就能消耗丝织品100余万匹。特别是“丝绸之路”开辟后，我国向中亚、西亚直至地中海东岸运销了大量绚丽多彩的丝帛锦绣，当时的民间富商除了自己服用高级丝织品外，连身边的犬马也披上了绣以纹饰的织物。汉代丝织业的产量从皇室、贵族的奢华生活中可见一斑。

汉代服饰中面料的革新主要表现在织花技术的提高上。1972年，在长沙马王堆西汉墓中出土了绯色、朱色和皂色的纹罗及素地提花菱纹罗，十分雅致。这说明早在公元前170年，我国工匠就能创造出结构复杂、制作精良的提花机，此提花机的提综控制装置能控制上万根纱线来完成织造（图3-4）。东汉王逸在《机赋》中描述了一种带花楼的双层提花机：“方圆绮错，极妙穷奇。虫禽品兽，物有其宜。兔耳跧伏，若安若危。猛犬相守，窜身匿蹄。高楼双峙，下临清池。游鱼衔饵，瀺灂其陂。鹿卢并起，纤缴俱垂。宛若星图，屈伸推移。”该段前几句说的是此提花机能织出复杂的花纹；“兔耳”指卷布轴的左、右托脚；“猛犬”可能是指打纬的叠助木，其下半部分在机台下，窜身匿蹄；“高楼双峙”是指提花装置，即花楼的提花束综和综框上的弓棚相对峙。挽花工坐在花楼上，口唱手拉，按所设的纹样来挽花提综，俯瞰光滑明亮的经线丝缕，有如“下临清池”一般。织出的龙凤花卉，历历在目；“游鱼衔饵”是指挽花工拉动束综、衢线，联动竹棍衢脚，似如垂钩，提拉不同的经丝，侧视如同星图。[1]

图3-4 汉代提花机机型复原件

[1] 据说，这种带花楼的双层提花机是当时世界上最为先进的花楼式束综提花织机。该类织机经魏晋南北朝、隋唐时期的改进，至宋代更为完善，后由丝绸之路传入西方。18世纪末至19世纪初，法国织机工匠、纹板提花机的主要改革家约瑟夫·玛丽·雅卡尔(Joseph Marie Jacquard)在我国束综提花机的基础上发明了新一代提花织机，使丝织提花技术进入了一个新阶段。

汉代织物及服饰中最为典型的案例，不得不提1972年在长沙马王堆汉墓出土的一件方孔平纹的“素纱禅衣”（图3-5）。该衣长约128cm、通袖长约190cm，为上衣下裳连缀的深衣样式，其形制为交领、右衽、直裾，面料为素纱，缘为几何纹绒圈锦，织造时利用纤维捻回方向的不同，使纱面产生了褶皱般的效果，类似今天的乔其纱。值得一提的是，此衣服的素纱丝缕极为细密，共用料约2.6平方米，重仅49克，还未到一两，是迄今为止所发现的世界上最轻薄的素纱衣物，用“薄如蝉翼”“轻若烟雾”来形容一点都不为过。它或代表了西汉时期养蚕、缫丝、织造的最高水平，是西汉纺织技艺达到巅峰的一件作品。

图3-5　直裾素纱禅衣样式

汉代的毛纺织技艺也很发达，其产品具有多种用途。据《风俗演义·孝文帝》记载：“汉文帝戎服衣罽，袭毡帽”，罽和毡都是毛织物，能用于服饰制作；《西京杂记》所记：“汉制：天子玉几，冬则加綈锦其上，谓之綈几。公侯皆以竹木为几，冬则以细罽为囊凭之，不得加綈锦之饰於几案”，此处的毛织物是用作家具陈设的物件；《太平御览》还提道：“马融奏马贤于军中帐内施氍毹，士卒飘于风雪”，这里的“氍毹”是汉代地毯的一种别称；《拾遗记》还有“所幸之宫，咸以毡绨藉地，恶车辙马迹之喧也”的语句，可见，此种毛织地毯是为了避声响，显然又是另一种用途。

汉代的织锦已形成了自己的风格。汉锦又称“经锦”，其纬线只用一色，经线则多至三色，由经线显示出织物的花纹，因此，也称作“经丝彩色显花”。三种经线的色彩，一种作为地色，一种织出花纹，一种作为轮廓线，此织法可织成同一图案、同一色彩、直行排列的纹饰。此外，还有些用特殊工艺织造出的锦，称为绒圈锦（其立体感强，又称起毛锦、起绒锦，是近代漳绒或天鹅绒的前身）。绒圈锦的织造技艺复杂，它采用四根一组的重经制作，需要使用双经轴装置，即运用两个张力不同的经轴和起绒针，一根经轴卷地经和地纹，一根经轴卷高低绒圈经，如果计算它的总经数，有8800~12000根。东汉时，蜀锦中还采用了加金技术，使织锦的色彩效果更为富丽堂皇。

印染是使纺织品与服饰呈现出别样风格的重要手段。汉代各种染色技艺的出现，大大丰富了服装面料的形式。从原料来看，彼时的染料主要有植物染料和矿物染料两大类；从工艺来说，彼时已出现了涂染、浸染、套染、媒染等多种工艺形式。据《周礼》记载：“掌染草掌以春秋敛染草之物，以权量受之，以待时而颁之”，《史记·货殖列传》载：“若千亩卮茜，千畦姜韭：此其人皆与千户侯等”。[1]其中，涂染是使用矿物染料进行布料染色的方法，其将染料用干性油调和，作为胶黏剂涂于布料上，从而完成染色；浸染是将布料置入染缸进行直接浸泡而染色的方法，其多用植物染料制成；套染是以不同的染料色彩分别对布料进行印染，使之产生多种色彩组合的效果；媒染是根据染料的物理或化学性能，使用媒染助剂使布料呈现出一定色彩的印染手段。

反映汉代印染技艺较高水平的，要数长沙马王堆汉墓出土的印花敷彩纱和金银色印花纱。印花敷彩纱是印花与彩绘技艺相结合的一种织物，其制作方法是，先在织好的面料上印出地纹，然后依据地纹走势，涂以不同色料，绘制出不同的图案。[2]印花敷彩纱织物在马王堆汉墓中曾发现6件，其中单幅的1件，制成袍服的3件（图3-6），衣衾残片2件，织物纹样多由变体的藤蔓、蓓蕾、花穗、叶芽穿插组合而成。金银色印花纱是另一种精细的印染织物，其花纹轮廓一般为细线，流畅而优美。所谓金银色，实际上并非真的金银，而是添加一种矿物染料使面料呈现出金银色的效果。此印染工艺较为复杂，需使用三套版完成：第一版印出银色的龟背形骨架，第二版印出银灰色的主体纹样，第三版印出金色或朱色的装饰点。整个纹样全是以细密的线条和小点构成，看上去十分雅致，这也是目前能见到的我国最早的多套版印花织物。

图3-6 印花敷彩纱长袍样式

由于印染方式多样，汉代织物的色彩名称也多了起来，如缥为青白色，赤为较深的红色，缃为浅黄色，赭为红褐色，黛为青黑色。在长沙马王堆汉墓出土的丝织品中，有些织物上的颜色多达二十种，如朱红、深红、绛红、绛紫、墨绿、深棕、棕黄、金黄、浅黄等。

刺绣对于服装的美化装饰具有重要作用。汉代刺绣是我国古代刺绣发展的起始阶段，其针法主要有平绣、辫绣、钉线绣等，这些针法用于表现不同物品的特质，已被人们灵活使用。例如，辫绣针法整齐、牢固，它有开口、

---

[1] 这里的“茜”即指茜草，“卮”为“栀”（子）的省字（“栀”同“栀”，前者为后者的异体字）。

[2] 印花敷彩纱的制作方法是，先在面料上印出一个个菱形的单位纹样，使菱形与菱形相接，并向四周扩展，形成四方连续纹样。各菱形相交后，在中部形成的空间即为枝蔓的骨架。此时，围绕骨架，用朱红色绘出花蕊，用黑色点出子房，用浅银色勾上叶片，用灰色勾出蓓蕾包片，用粉白色点缀画面，即可完成。

闭口之分，开口多用于填充装饰纹样，闭口则适合于表现线条轮廓。汉代王充在《论衡》中记载："齐郡世刺绣，恒女无不能者"，这说明了齐地刺绣的普及情况。在新疆民丰、河北五鹿充、长沙马王堆及内蒙古等地均出土过一些绣片，特别是在长沙马王堆汉墓出土的刺绣物品就极为丰富。根据"遣策"（遣策是古人在丧葬活动中记录随葬物品的清单，以简牍为主要书写材料）的记载，结合出土实物来看，这些绣品的类别有信期绣、长寿绣、乘云绣等，其针法多为锁绣（辫绣）、铺绒绣。信期绣的特点是用线细、单元小、花纹精密，其图案主题以鸟为主，且形态似燕，由于燕是候鸟，这样便与信期的含义有了联系。马王堆汉墓出土的信期绣物品最多，共有19件；长寿绣主要以云纹、花蕾和叶瓣为表现对象，这实际上是茱萸纹的一种变体，整个纹样造型优美，线条流畅，极富装饰意味（图3-7）；乘云绣主要表现一些神兽在卷曲缭绕的云气纹中的状态，如露出一只眼或作乘云状。

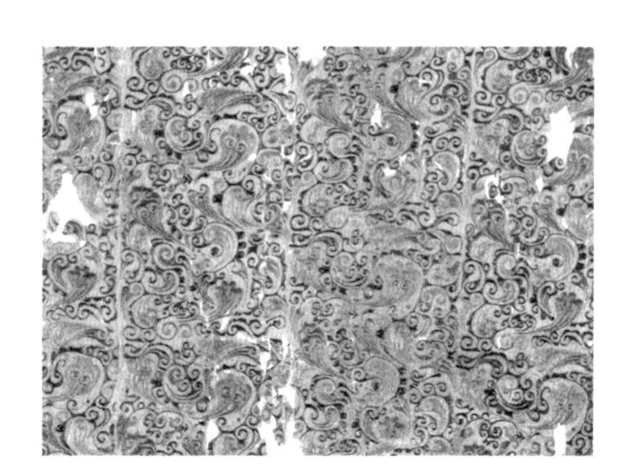

图3-7　长寿绣图案及风格

可以说，秦汉时期的服饰造物发展既有染织技艺进步的支撑，又有国家政治、经济、文化政策的扶持，同时还有"丝绸之路"贸易的影响。此种造物活动体现出工匠追求完美的职业理念与信条，即在古代匠人的手工作业中，每一道工序都是极其精细、规范和严谨的。故有学者认为，这是一种"藏美精神"，即工匠对待手作之物是极为谦逊和精益求精的，这种精神倾注在每一件器物之中，形成了不偏不倚、形质兼美的工匠精神与文化范式。[1]

## 第二节
## 秦汉时期服饰造物中的工匠精神

秦始皇、汉高祖建立的秦、汉王朝具有宏大的规模与气象。秦帝国是与东地中海的古罗马、南亚次大陆的孔雀王朝并列的三个世界性大国之一；汉帝国的版图与事功更在秦之上，同期与之并列的世界性大国唯有古罗马。

[1] 王景会，潘天波.工匠精神的人文本质及其价值——时空社会学的视角[J].新疆社会科学，2020(1):101.

## 一、秦朝服饰造物中的工匠精神

秦汉帝国的强盛根植于新兴地主阶级的发展。由统治阶级奠定的社会文化基调也处于一种开拓、创新之势，宏阔的风格成为秦汉工匠造物及其精神追求的主旋律。绵延万里、雄伟壮观的秦长城，"覆压三百余里，隔离天日"的阿房宫，气势磅礴、规模浩大的秦始皇陵兵马俑，水域总面积超过北京颐和园五倍的长安昆明池，"包括宇宙，总览人物"的汉赋，以百科全书式的恢宏眼光观照历史的《史记》，无不是在秦汉宏阔文化精神的统摄之下产生的辉煌造物类别。

开拓进取、宏阔包容的时代精神作用于中华文化共同体内部，激发了秦汉时期工艺、学术创作的高潮；作用于共同体外部，则大大加速了中外文明交流、互鉴的步伐。秦汉时期，中华文化从东、南、西三个方向与外部世界展开了多方面、多层次交流，其中最为著名的是汉武帝时张骞通使西域促成了丝绸之路的开辟。通过丝绸之路，中国的丝绸、茶叶、瓷器等产品远销西亚、欧洲，西域的物质与精神文明也源源不断地涌入中国，为兼收并蓄的中华文化添上了灿烂光辉的一笔。

具体来看，秦汉统治者在努力建设统一大帝国的同时，还致力于思想文化上的统一，这直接影响着当时造物文化与工匠精神的发展。

春秋战国，诸侯割据，"田畴异亩，车涂异轨，律令异法，衣冠异制，言语异声，文字异形"（《说文解字》）。秦始皇统一六国之后，雷厉风行地扫除了种种之"异"，其措施包括"书同文""车同轨""度同制""形同伦""地同域"。虽说秦始皇的这些举措是以强化君主专制的中央集权管控为目的，但其措施也有力地增进了秦帝国版图内各区域人们在经济、文化、生活乃至心理层面的共同性，为中华文化共同体的最终形成奠定了基础。

秦始皇的统治思想是在法家学说的基础上兼采阴阳学家的五德始终说形成的，五德始终说是将朴素唯物论的金、木、水、火、土的阴阳五行说加以神化，用五德相胜来解释朝代的兴衰更替，并将这种兴替归于天命、天意，认为五德周而复返、相生相克的一种说法（即每一种德要兴起时，天必然会把这种德的祥瑞显示出来）。据《史记·封禅书》记载："今秦变周，水德之时。昔秦文公出猎，获黑龙，此其水德之瑞"，因此，秦统治者认为自己受水德之恩惠，故崇尚水。而在五行中，水德对应的色彩是黑色。在此背景下，秦朝以五德始终说为理论，进行了如下改革：①因冬季对应水德，故规定十月作为一年中的第一个月；②水德尚黑，因此秦王朝以黑为正色，将衣服、节旗、旄旌的色彩都改为黑色；③与水德对应的数为"六"，故秦王朝以六作为标准数，各种事物均以六来记数；④水的性质是严酷和死亡，因此，秦王朝处理一切事情都以严刑峻法为准则，不讲求“仁恩”与“义”。

上述思想观念和具体措施反映在服饰上即形成了秦人尚黑的服装装束，就连上朝的百官也皆着黑色朝服。同时，由于秦朝亲法灭儒，自轻礼仪，故取消了烦琐的冕服制度，如遇祭祀活动，只需穿着处于冕服等级末端的元冕。此外，在朝中的等级标志也仅限于冠式和佩玉上。

秦统一中国后，其手工业生产体系与组织管理模式大体承袭春秋战国。例如，官府手工业中既有自由工匠又有一定数量的刑徒，私营手工场与农民家庭副业生产中则主要为自由工匠。正因为有了数量庞大且技艺精湛的工匠，才能生产出当时社会所需的各类手工业物品，为秦朝物质资源的丰富和精神文明的发展做出了贡献。[1]

由于政治的严苛、等级制度的形成，统治者需要更多优良的服饰用料以彰显自己的身份，这使秦朝的织造工艺也必须跟进。于是，各地工匠纷纷进行器具改进——他们改造出脚踏提综式斜织机，织机能以双脚代替双手作业。双手的解放能使织工用左右手迅速地引纬和打纬，织造速度加快，生产效率提高，客观上促进了秦汉时期织物纹样质量及水平的提升。

## 二、汉朝服饰造物中的工匠精神

刘邦建汉时，许多统治方法依照秦制，服饰制度也承袭秦制，这是由于刘邦原为秦吏，并对秦的“水德”十分熟悉。所以，汉初的服色仍旧尚黑，并出现了“吏黑民白”的局面，只有在祭祀时才更改色彩。这一方面是因为汉初国力甚微，为了安定国民、发展经济而采取的策略；另一方面，汉朝统治者信奉黄老“无为而治”“以静制动”的思想，主张物尽其用，故各项制度大多随前制或自由发展。到汉武帝时，他接受儒生董仲舒提出的“罢黜百家、独尊儒术”建议，儒家思想逐渐成为汉代社会的统治思想。而此思想在发展过程中又与巫师、方士的神秘学说结合起来，使儒学进一步宗教化、神学化。随后，汉

---

[1] 官营手工业在我国有着悠久的历史，它从奴隶社会的殷商时期即开始形成。一方面，由于土地所有权是与政府特权相对分离的，这使地主阶级需要一个拥有庞大官僚集团、军队的中央集权来对农民实行超经济强制。这些官僚集团、军队对手工业用品的需求极大，使官府手工业的规模不断扩大；另一方面，随着中央集权制度的确立，为了保证集权的稳固，也有必要通过官营手工业来控制经济命脉。是故，加强对各种有关国计民生产品的生产、控制，就成了一项基本国策。于是，从中央到地方，都设有专门的手工业管理机构。此外，统治阶级所需的手工业用品或多或少都具有特殊的性质，如皇帝穿的袍服、祭祀用的祭品、战争用的军备物资等都无法直接从市场上获得，因此，他们不得不自行组织生产。此种生产的目的，显然是为了满足统治集团自身的需要，而非为了交换和扩大再生产。[参见王素琴.试论中国与英法封建官营手工业的不同地位和影响[J].西南师范大学学报(哲学社会科学版)，2000(1):123-128.]

朝统治者提出“汉家自有汉家制”，便废除秦制，建立汉制，从政治、经济、文化上推行一整套治理国家的方法，此思想亦不断影响着造物活动的发展。彼时的造物行为皆体现出为封建统治阶级服务的面貌，如服饰不是表现统治阶级的威严，就是展现他们奢侈的生活；不是祈求长生不老、得道成仙，就是宣扬忠、孝、节、义等。

1995年，在新疆和田地区民丰县尼雅遗址中出土了一件汉代织锦护臂（图3-8），上有凤鸟、仙鹤、狮虎、龙等形象，并织出“五星出东方利中国”字样，显然带有汉代谶纬学说的印记。此外，出土织物中还有以王孙公子骑马驾鹰携犬游猎及方士神游为题材的画面。《史记·秦始皇本纪》中就曾记载：“既已，齐人徐市等上书，言海中有三神山，名曰蓬莱、方丈、瀛洲，仙人居之。请得斋戒，与童男女求之。於是遣徐市发童男女数千人，入海求仙人”，这类思想意识直接影响到织物的装饰风格。

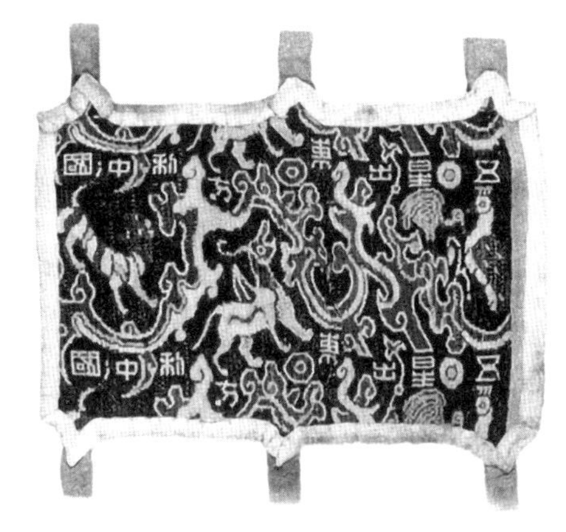

图3-8 汉代织锦护臂复原件

由于汉代统治者对服饰礼仪的重视，使与服饰有关的纺织、印染、刺绣工艺也蓬勃发展起来。彼时的女性是这些工艺的主要承担者及相关造物活动的杰出代表，她们在纺织工艺上的革新、印染技艺上的拓展、刺绣工艺上的追求，都化作了一件件精美的织物与服饰。[1]东汉王逸《机赋》所记：“高楼双峙，下临清池。……尔乃垂轻杼，榄床帷，动摇多容，俯仰生姿”，即是对当时女性纺织工匠作业时的真实写照。

汉代的印染工艺进一步发展，在长沙马王堆汉墓出土的文物中就可见许多色彩斑斓的织物与服饰。考古专家对这些出土织物的色彩进行鉴定与分析后认为，深红色是用茜草，以白矾作为媒染剂染出的；朱红色是硫化汞一类的矿物染料，以涂染的方式染成的；深蓝色是用天然靛蓝，以还原剂进行浸染染成的；藏青色是使用蓝色和棕色的套染方式染出的；黄色是使用栀子汁水直接染成的，若加入媒染剂，还可获得多种色调的黄；灰色是用硫化铅，

[1] 依据人体生理条件及差异而在生产活动中实行性别分工的历史早已有之。例如，男耕女织就是性别分工的主要形式之一，它直接影响了手工艺工匠时期的造物活动与文化表征。在自然经济时期的农耕社会（小农经济）与家庭手工业模式下，男主外、女主内的分工模式和封建社会对于女性的要求（限制），使女性多从事纺织、刺绣等家庭手工作业，这也在无形中练就了古代女子高超的纺织（手工）技艺。

白色是用天然云母，黑色是用碳素和油的混合物染成的。这些丰富多样的染色方式反映出当时的工匠对于自然的观察、探索及对物料合理使用的经验总结。

综上可知，手工艺人的造物活动融入了他们的专注与执着精神，这也是工匠特有的职业态度与使命，体现了他们的道德境界与价值追求。正如《匠人》的作者理查德·桑内特所言："匠人代表着一种特殊的人的境况，那就是专注。"[1]从本质上看，工匠的作业是一种慢工出细活的行为，这亦是工匠们对其劳动和时间的敬重。工匠的专注精神还体现出其对职业的敬畏、对技术的执着、对产品的专一。东汉思想家王符在《潜夫论·务本》中提道："百工者，以致用为本，以巧饰为末"，这是他对造物之"工"所作的一分为二的理解。王符重视造物主体的创造性与模仿性，"天地之所贵者人也……凡工妄匠，执规秉矩，错准引绳，则巧同于倕也"（《潜夫论·赞学》），即是该观点的反映。王符认为，贤工"规矩准绳"之目的在于对后工的规范和启发，这种师承制度也适用于官府手工业。此外，"工相与议技巧于官府，……故其父兄之教不肃而成，子弟之学不劳而能，各安其居而乐其业，甘其食而美其服，虽见奇丽纷华，非其所习，辟犹戎翟之与于越，不相入矣"（《汉书·货殖列传》）反映出秦汉以来官府手工业工匠技艺培训的情形。通过培训，能够保持官府内手工业者队伍的稳定和优秀技艺在官府内的世代相传。

不得不说，秦汉时期纺织技艺的发展和日趋成熟，对我国后世纺织技艺及产品质量的提升产生了极大影响。特别是丝绸之路的开辟，将我国纺织技艺、服饰文化传播到西域各国，为世界文明的发展做出了巨大贡献。

公元前139年至公元前119年，汉武帝曾派使臣张骞两次出使西域。张骞率领使团，带着上万头牛羊和大量丝织品、茶叶、瓷器等中国特产访问了西域诸多国家。后来，西域各国也派使节回访长安，汉朝和西域的交往从此日趋频繁。由于该路线以运销中国丝织品为主，故被称为"丝绸之路"。[2]丝绸之路的开辟与维持，促进了中西方物质文化与精神文明的交流。事实上，早在张骞通使西域之前，我国丝绸就已被大量运往西方。在当时欧洲人的心目中，中国的名字总是和丝绸联系在一起的，如古希腊的《史地书》中以"丝

---

[1] 理查德·桑内特.匠人[M].李继宏，译.上海:上海译文出版社，2015:4.

[2] 1877年，德国地理学家李希霍芬(Ferdinand Paul Wilhelm Richthofen)在《中国》一书中，首次将公元前114年到公元127年间，连接中国与河中以及中国与印度，开展丝绸贸易的交通路线称为"丝绸之路"。此后，这条横亘于欧亚之间，绵延数千里，历时两千多年的贸易通道便以此名被载入史册。(参见卜宪群.中国通史·卷贰·秦汉魏晋南北朝[M]. 北京:华夏出版社；合肥:安徽教育出版社，2017:226.)

之国”“赛里斯”（Serica的音译）来指称中国。公元1世纪的古罗马博物学家老普林尼（Gaius Plinius Secundu）在《博物志》中写道：“赛里斯国林中产丝，驰名宇内。丝生于树叶上，取出，湿之以水，理之成丝。后织成锦绣文绮，贩运至罗马。富豪贵族之夫人娇媛，裁成衣服，光辉夺目。”虽说老普林尼的言论有失事实，但从中可知，赛里斯即指中国，这是汉代丝绸远销罗马的真实写照，用丝绸制成的服装亦成为当时西方贵族喜爱的时髦装束。[1]因为其来自遥远的东方，所以造价昂贵，这亦使丝绸在西方市场上的价格一路飙升，也使丝绸之路上的贸易更加繁荣。如今，在雅典卫城巴特农神庙的雅典娜女神像身上、在意大利那不勒斯博物馆所藏的酒神狄俄尼索斯的女祭司像上，都可见古希腊和古罗马时代人们穿着的中国丝绸服装，它轻柔飘逸、妩媚动人。

与此同时，汉代还开辟了一条由我国雷州半岛开始，经南海、中南半岛、孟加拉湾直达印度的海上丝绸之路。我国的养蚕、缫丝、织造、印染等技术于公元1世纪和5世纪先后传播到高丽、日本和欧洲各国。

就在上述政治联系与经贸往来之中，中外文化相互激荡、融合，促成了秦汉王朝气势恢宏的文化艺术特质。反映在服饰图案和织造纹样上，就是各种题材的有机结合，如云气纹与文字图案的结合，鸟兽纹与几何纹的结合，人物骑猎纹与花卉纹的结合等。特别是在丝绸之路的影响下，丝绸纹样发生了较大变化，如丝绸图案中的龙虎纹、对鸟纹、茱萸纹等动植物图案及吉祥文字被广泛使用。此外，源于古波斯的珠圈怪兽纹、西域常见的葡萄纹和髯须高鼻的少数民族人物形象被大量应用于服装面料上，这些图案记录了当时民族交往、交流的盛况。

秦汉时期织造业的发展和技术水平的提升离不开农业器具的发明与推广。彼时，农业生产由粗放耕作向精耕细作转变，铁制农具全面替代了其他材质的农具，这些农具的发明与制造是当时能工巧匠智慧的结晶。

《盐铁论》有云：“农，天下之大业也，铁器，民之大用也。器用便利，则用力少而得作多，农夫乐事劝功。”从考古发掘来看，我国东北的辽西，西北的甘、青、疆一带，西南的云、贵边陲等地都出土过汉代的铁制农具。在陕西还有成批成组的铁制农具出土，种类包含耕具、起土器、中耕器和收割器等，这反映出当时的农具生产已初具标准化和系列化。例如，在陕西、河南出土的部分犁铧上的铧冠，其形状虽与战国时期相似，但冠的铁质优于犁

---

[1] 据说，彼时古罗马恺撒大帝曾穿着一件紫色丝绸长袍去戏院观戏，在场观众对这件异常绚丽又光彩夺目的丝绸长袍惊羡不已，纷纷争相观看此长袍而无心看戏。

铧其他部位，体现出秦汉时期的民众深知将“钢”用在刀刃上的道理。汉代，人们广泛使用的曲面犁壁是目前已知的世界上最早的农具。犁壁的作用是使犁铧翻起的土壤断碎，并向一定方向翻转。犁铧上安装犁壁能使犁耕的松土、碎土、翻土质量得以提高。此外，汉代还出现了与近代铧式犁相似的犁，它不仅具有较强的切土、碎土、翻土、移土功能，还能将地面上的残枝、败叶、杂草、虫卵等掩埋于地下，有利于减少杂草和降低病虫害风险。

除上述农具外，匠人发明的耦犁和耧车也对当时的农业生产影响很大。耦犁是西汉农学家赵过改良后的工具，在使用时，两牛合犋，共曳一犁，一人牵牛，一人压辕，一人扶犁耕地，据说此方式比起以前传统的“跖耒而耕”（意即手握耒，脚踩耒下端横绑的短木，将耒尖插入土中，翻动土层），其工效可提高十多倍。在汉代及魏晋时期的壁画和画像砖中有不少“牛耕图”的内容，从中可见耦犁的整体结构与牵引方式（图3-9）。[1]另外，赵过在总结前人经验的基础上，发明了一种播种机械——耧犁，即耧车，这是一种畜力播种工具。东汉大臣、农学家崔寔在《政论》中记载：“其法三犁共一牛，一人将之，下种，挽耧，皆取备焉。日种一顷。”说的是，耧车由三只耧脚组成，三脚耧下有三个开沟器，播种时，用一头牛拉着耧车，耧脚置于平整的土地上，即可开沟播种。同时，此机械还能进行覆盖、镇压，一举数得，其效率可达“日种一顷”。耧车经后人改进，又被用于中耕、施肥等多种农业作业中。[2]耦犁、耧车等新式农具的发明与使用，使我国封建社会的农业生产迈上了一个新台阶。农具、农业的发展，间接地推动了彼时桑蚕养殖和织造技术的进步。

图3-9　汉画像砖中的“牛耕图”（拓片）

[1] 完整的耦犁除了铁铧外，还有木质的犁底、犁梢、犁辕、犁箭、犁衡等部件。犁底(犁床)较长，前端削尖以安装铁铧，后部拖行于犁沟中以稳定犁架；犁梢倾斜安装于犁底后端，供耕者扶犁推进之用；犁辕是从犁梢中部伸出的直长木杆；犁箭连结犁底和犁辕的中部，起到固定和支撑作用；犁衡是中点与犁辕前端连结的横杆，以上各部件构成了一个完整的框架，又称“框形犁”。这种犁由两头牛牵引，犁衡的两端分别压在两头牛的肩上，即所谓的“肩轭”。此牛耕方式俗称“二牛抬杠”，即文献中所记载的“耦犁”。(参见夏燕靖.中国艺术设计史[M].南京:南京师范大学出版社，2011:73.)

[2] 关于耧车的重要物证，是于甘肃武威磨咀子48号汉墓出土的一件实物。该耧车实物脚通长31.5厘米，尖端长6.2厘米，宽4.7厘米，厚2.4厘米，脚尖处原装有铁铧。[参见徐苹芳.中国历史考古学论集(徐苹芳文集)[M].上海:上海古籍出版社，2012:360.]

# 第四章

## 流变：魏晋南北朝时期的服饰造物文化与工匠精神

魏晋南北朝是中国历史上几个朝代的统称。这一时期既是我国历史上政权更迭最为频繁的时期，也是不同族群融合与新文化涌现的时期。魏晋时期的服饰形制基本沿袭秦、汉旧制，然而玄学的兴起、佛教的传入、道教的勃兴，都为魏晋时期的造物思想注入了新的活力，亦深刻地影响着民众的生活与着装。此外，为了躲避残酷的政治斗争和战乱，大批士人寄情于山水之间，生活方式发生明显转变。士人们的自我意识逐渐觉醒，思想观念和审美意趣均呈现出新的特点，如品藻之风不断盛行，那些诗句中的“田园山水”亦成为人们追求理想生活的表征。反映在服饰上，即以“竹林七贤”的着装风格为典范。

南北朝时期，外域文明与民族交融对于彼时的造物活动及艺术创作影响深远。例如，南朝陵墓建筑中就有希腊风格的影子，北朝的造物活动更显现出民族文化交融的痕迹——中原汉族文化与周边少数民族文化同时出现在某些服饰形制中（如裤褶、裲裆、半袖衫等）。这与一些少数民族首领初建政权后，由于其本族服饰穿戴不足以显耀身份地位，便改穿汉族统治者的华贵衣冠以彰显其身份不无关系。总的来说，众多文化要素互相影响、相互渗透，使该时期的服饰造物面貌趋于复杂，表现形态亦是延传与疾进并举。由此，可认为魏晋南北朝的服饰造物文化与工匠精神处于中国历史上的流变期。

# 第一节 魏晋南北朝时期的服饰造物文化

魏晋南北朝时期的服饰造物可先从纺织、织造开始谈起。当时，各国官方均设有丝织作坊，且工匠人数众多。例如，后赵“石虎中尚方，御府中。巧工、作锦、织成署皆数百人”（《太平寰宇记》）。北魏太武帝时，平城宫内有“婢使千余人，织绫锦贩卖”（《南齐书·卷五十七》）；北周武帝时，还有一次性裁减“掖庭四夷乐、后宫罗绮工五百余人”（《北史·卷十》）的记载。官府丝织作坊的产品主要有锦、罗、绫、绮等。在此基础上，魏晋时期还形成了几大著名的丝绸产区，如中原（河南、河北、山东）、长江中下游平原（扬州、江陵、豫章郡）、蜀地（成都）、新疆等。

具体来说，一些有名的丝绸品种和桑蚕产品均出自中原，如西晋文学家左思《三都赋》历数的“锦绣襄邑，罗绮朝歌。绵纩房子，缣裛清河”，西晋大臣、文学家石崇《奴券》罗列的“常山细缣，赵国之编，许昌之总，沙房之绵”都是名产。在南方，麻织技术日益精进，如会稽郡所产的越布就极为精美。[1]

南朝时，中央设有少府，下有平准令，专门管理染织生产。此时，长江中下游地区的染织工艺普遍发展了起来。据史料记载，南齐永明六年（488年），京师（南京）、南豫州（寿县）、江陵（荆州）、司州（信阳）、南兖州（扬州）、襄州（襄阳）等地均有收购大量的丝绫绢布。

四川生产的蜀锦在魏晋时期最为有名，这也是蜀国的主要军费来源之一。《诸葛亮集》有：“今民贫国虚，决敌之资，惟仰锦耳”的记载；《丹阳记》称：“江东（吴国）历代尚未有锦，而成都独称妙。故三国时，魏则市於蜀，而吴亦资西道。”可见，蜀锦是彼时魏国、吴国都竞相求购的一种高级织物（图4-1）。《三都赋》中记载：“（成都）阛阓之里，伎巧之家。百室离房，机杼相和。贝锦斐成，濯色

图4-1　北朝树纹蜀锦复原件

---

❶ 唐长孺.魏晋南北朝隋唐史三论——中国封建社会的形成和前期的变化[M].武汉:武汉大学出版社,1992:335.

江波”，这反映了当时蜀锦生产的盛况。

新疆所产的丝绸也十分精致，该地区的蚕桑丝织技艺始于公元3~4世纪，至4~5世纪时，当地已能生产出组织复杂、艺术价值较高的锦帛。彼时，还形成了龟兹（今库车）、疏勒（今喀什）、高昌（今吐鲁番地区）、于田（今和田西南）等丝织中心，各地创造出了独具特色的锦帛。由于新疆所处的地理位置，其与西域一些民族往来频繁，因此，当地的织锦还染上了浓郁的西域风格。

魏晋南北朝时期的丝织纹样，在继承汉代的基础上又有了新的变化。其一改汉代云气纹高低起伏的不规则状态，形成了有规律的波状骨架，并融入了几何形分割线，更显程式化。织锦上的纹样有树纹、狮纹、菱花纹、忍冬纹、鸟兽纹、几何纹、联珠纹等，色彩有大红、绛红、粉红、淡黄、浅栗、深紫、宝蓝、翠蓝、叶绿等。这些织物的纹样和色彩从新疆吐鲁番阿斯塔那古墓出土的遗物中可得到印证。此外，在新疆还发现了六朝时期的印染织物，如红色白点绞缬绢、绛色白点绞缬绢及其他丝绵织物等，某些织物上的印花图案（如梅花点的蓝地白花纹）和现代的蓝印花布极为相似。

关于六朝时期的刺绣工艺，目前所见资料不多。据西晋文学家王嘉《拾遗记》的记载："吴赵逵之妹善书画，巧妙无双。能於指间，以彩丝为云龙虬凤之锦，大则盈尺，小则方寸"，时人谓之“机绝”，或能从侧面反映出六朝时期刺绣工艺的精湛。

1965年，在敦煌莫高窟第125、第126窟中，考古专家发现了一些刺绣残片，他们判断这是一件来自北魏时期的一佛、一菩萨、五位供养人说法图（图4-2）。在黄褐色的织物上，以锁针绣技法，用红、黄、绿、紫、蓝等色线刺绣出佛像和男女供养人像。其中，女供养人头戴高冠，身着对襟长衫，衣衫上饰有桃形忍冬纹、边饰卷草纹。刺绣的横幅花边还有圆圈纹和龟背纹相互套叠的图案，圆圈纹中的四片忍冬纹被龟背纹在圆圈中心垂直隔开，而龟背纹则被两个圆圈分为三部分，黄、蓝、绿色的忍冬纹和紫、白色的龟背纹组成了一幅富于变化的几何图案，这成为目前所见六朝时期的一件珍贵刺绣作品。

图4-2　一佛、一菩萨、五位供养人说法图刺绣残片（局部）

经过魏晋南北朝时期的民族大融合，较为先进的汉族文明影响着周边的少数民族，边远及落后地区的经济得到发展，中原汉族亦吸收了少数民族的文化，这大大增强了以汉族为主体的中华民族的文化实力。此时，在老庄学说基础上形成并风靡一时的魏晋玄学和逐渐传播开来的佛、道教开始影响世人的思想及服饰造物活动，这主要表现在突破旧礼教、宣扬自我意识等方面。其中，最能反映该思想特点的要数“竹林七贤”[1]的着装。从南京西善桥南朝墓葬出土的“竹林七贤”砖印模画中可以看出，一人披散发，三人梳丫髻，四人系巾帻，他们都着宽敞的衣衫，衣领敞开，袒胸露怀，全赤足（图4-3）。此着装风格与前代大相径庭，可以视作是七贤们期望突破传统礼教束缚，追求个性自由及本真的表达。

图4-3 “竹林七贤”砖印模画（局部）

具体来看，魏晋南北朝时期的服饰可分为汉族与少数民族两大体系。汉族服饰基本承袭秦汉遗制，少数民族服饰则具有其民族风格。从彼时的墓室壁画中可见，男子服饰形制大多为衫，衫与中原地区的袍在样式上有明显区别。按照汉代习俗，凡称为袍的，袖端当收敛，并装有祛口，而衫却不施祛，其表现为右衽，束大带，袖口宽敞，领袖缘边。衫由于不受衣祛的约束而显得极为宽博，并成为一时的风尚——上至王公名士，下至黎庶百姓，都以宽衫大袖，褒衣博带为尚。“凡一袖之大，足断为两，一裾之长，可分为二”（《宋书·卷八十二》）即是对此服饰的生动描述。

魏晋时期的大衫有单、夹两种，色彩尚白。例如，彼时的大袖宽衫及漆纱笼冠便是极具代表性的男子装束。除衫之外，男子也着袍襦和裤裙，头梳丫髻，甚至袒胸露腹。图4-3所绘的就是裹巾子、穿宽衫、袒胸露腹的士人形象。

魏晋男子的冠帽颇具特色，其与汉代的巾帻相似，但又略有不同，主要

---

[1] 魏晋时期的七位名士（嵇康、阮籍、山涛、向秀、刘伶、王戎及阮咸）常在彼时山阳县（今河南辉县一带）的竹林下喝酒、纵歌、肆意酣畅，世谓之“七贤”，后人将他们与地名竹林合称，便作“竹林七贤”。

表现为在帻后加高，体积逐渐缩小至顶，称为“平上帻”或“小冠”。如若在此冠帻上加以笼巾，即成为“笼冠”。笼冠是魏晋时期的代表性冠饰，男女皆可戴，因以黑漆细纱制成，又称“漆纱笼冠”。顾恺之《洛神赋图》中戴梁冠、穿大袖衫的文吏（图4-4），传世陶俑（如湖南长沙金盆岭出土的西晋青釉陶俑）中戴小冠、穿窄袖服的侍从所戴头饰均为此笼冠。

图4-4 《洛神赋图》中戴梁冠、穿大袖衫的文吏（局部）

魏晋女子的装束基本承袭秦汉遗制，一般上穿衫、袄、襦，其特点为对襟、紧身束腰、衣袖宽大，在袖口、衣襟、下摆处缀有不同色彩的缘饰；下身着裙，以条纹间色裙（褶裥裙）为尚，裙长曳地，下摆宽松，腰间用帛带系扎，整体特征为“上俭下丰”。

值得一提的是，魏晋女子服饰上的“纤髾”颇为特别。所谓“纤”是指固定在衣裙下摆部位的饰物，其通常以丝制成，特点为上宽下尖，形如三角，并层层相叠。“髾”指的是从围裳中伸出来的飘带，由于飘带拖得较长，走起路来牵动着下摆的尖角如燕子飞舞，故有“华带飞髾”的形容。

至南北朝，女子服饰又产生了新的变化——其衣身结构更为简单，领袖俱施边缘，袖子宽敞肥大，去掉了曳地的飘带，而将尖角的“燕尾”加长，使两者合为一体，称为“杂裾垂髾”。曹植《洛神赋》中有对着此服饰的女性形象的形容“其形也，翩若惊鸿，婉若游龙”，说的是女子体态轻盈柔美，像受惊后翩翩飞起的鸿雁和腾空游动的蛟龙。此外，在顾恺之《洛神赋图》《列女图》中，大同北魏司马金龙墓漆画及高句丽安岳冬寿墓壁画中都有该服饰形制的具体写照（图4-5）。

图4-5 “杂裾垂髾”服装及《洛神赋图》中的女性服饰形制

魏晋南北朝时期，战事频繁，极具功能性的军戎服装就显得尤为重要，彼时的军戎服装在原有军服的基础上进行了改良，代表性的有筩袖铠、裲裆铠、明光铠。

筩袖铠是在东汉铠甲的基础上发展起来的新型铠甲样式，至西晋，其已成为军队中的主要服饰装备。此铠甲一般用鱼鳞纹甲片或龟背纹甲片穿缀而成（铠甲的胸、背部甲片连缀在一起），且在肩部留有筩袖，故称“筩袖铠”。穿筩袖铠时，士兵还需佩戴兜鍪（以革或铜为材料制成的头盔），兜鍪两侧有护耳，盔顶大多竖有长缨。

裲裆铠中的“裲裆”有两重含义：一是指服装形制中的“裲裆衫”，二是指士兵所穿的“裲裆铠”，二者的区别主要在材质上。裲裆铠以金属为材质，也有用兽皮制作的，铠甲的甲片有长条形和鱼鳞形两种。较为常见的是在胸背部使用小型鱼鳞纹甲片，以便于俯仰活动。为了防止金属甲片划伤皮肤，在裲裆铠里还需衬一件厚实的裲裆衫，其颜色多为紫色或绛色（图4-6）。穿裲裆铠时除头戴兜鍪外，身上还需穿裤褶（一种便于骑射的服装），这在史料中亦有记载。例如，《隋书・礼仪志》记载当时武卫服制，左右卫将军侍从“平巾帻，紫衫，大口裤，金装裲裆甲”，直阁将军侍从“平巾帻，绛衫”“大口裤褶，银装裲裆甲”。

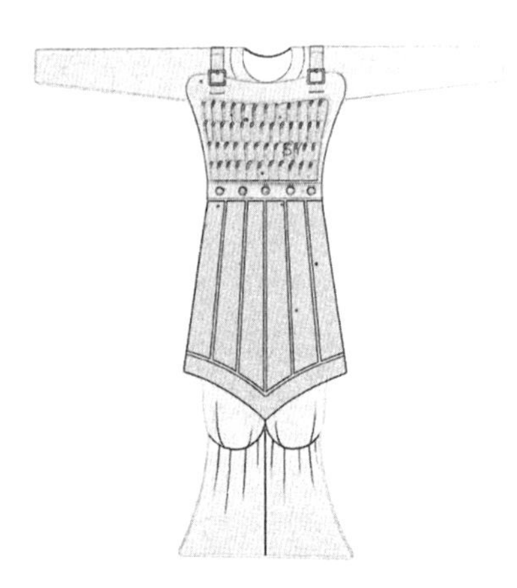

图4-6 “裲裆铠”样式

明光铠一名的来源，据说与其胸前和背后的“圆护”有关。圆护大多以铜铁等金属制成，且打磨得极为光亮，颇似镜子。士兵穿着后，由于阳光的照射，会发出耀眼的“明光”，故名。《周书・卷二十七》称：“佑时着明光铁铠，所向无前。”从北魏元邵墓出土的陶俑中可见此铠甲的胸背部分左右都装有两块圆形（或椭圆形）的护镜。至北朝末年，明光铠的使用更为广泛，并逐渐取代了裲裆铠。

## 第二节
## 魏晋南北朝时期服饰造物中的工匠精神

在史学家习以为常的观念中，魏晋南北朝是中国历史上社会苦痛、政治混乱、动荡不安的时期，然而，在文化学家眼中，魏晋南北朝却是“精神史上极自由、极解放，最富于智慧、最浓于热情的一个时代”。[1]所谓精神上极自由、极解放，其标志有二：一是定型于西汉中期以经学为主干、以儒学独尊为内核的文化模式的崩解，取而代之的是文化的生动活泼与多元发展；二是在文化的多元发展过程中，社会思潮空前活跃，人们试图从不同渠道去寻求和确定个体存在的意义和价值，从而将中华文化在“人不断解放自身”的文化生长轨道上向前推进了一大步。[2]

魏晋时期，社会思潮的空前活跃离不开“玄学”的影响。玄学可被视为在社会动乱的年代，从儒学失落中生长起来的新思潮，其以超脱多样性的现实世物而直接诉诸本体，以以不变应万变、追求无限为宗旨。彼时，以何晏、王弼为代表的思想家重新扛起老庄旗号，倡导“贵无”思想，并将“无”提升到一个至高无上的地位，认为“天地万物皆以无为本”(《晋书·王衍传》)。其在提出“无为而治”的同时又推出“伦礼纲常”之说，此观念随即得到了贵族豪绅和有经济势力的地主阶级的支持。实际上，他们起初的目的在于削弱中央的统治，并趁机扩张自己的势力。但到了后期，却引发了贵族之间的矛盾和斗争，失利者只好以此抚慰自我，并转向自然、清淡、放达的人生——超然物外成了此种人生观的归宿。而佛教和道教的兴起也对当时的社会思想与意识形态有一定影响，其在服饰造物文化中有所反映。[3]例如，宽衣博带成为彼时上至王公贵族下至黎民百姓（特别是以“竹林七贤”为代表的文士之派）的着装样态——男子穿衣袒胸露臂，追求轻松、自然、随意的姿态；女子服饰则长裙及地，大袖翩翩，衣袂飘举，饰带层叠，其一改汉代朴素端庄、清秀内敛的风格，表现出绮丽开放的张扬姿态。

上述服饰造型与风格的形成，昭示出魏晋南北朝时期的造物文化从对物的装饰转向对人的内在情感的关注。由于长期战乱引发的现实生活的苦楚，人们急需一种精神的宣泄与慰藉，人生的价值在此刻被重新发现。因此，日常生活中的器物被赋予了一种特殊的情感色彩。社会生活中的“清谈”风气进一步强化了彼时造物活动重质轻文的理念，也创造了魏晋南北朝时期人们生活价值的理想高度。[4]

魏晋时期的著名工匠有马钧和苏蕙。马钧是曹魏时期著名的机械改革家、发明家，他在丝织技术上的贡献是对织绫机的改良。以前的织绫机或“五十

[1] 宗白华.美学散步[M].上海:上海人民出版社，1981:177.

[2] 冯天瑜，何晓明，周积明.中华文化史[M].上海:上海人民出版社，1991:495.

[3] 佛教早在汉代就已传入我国，魏晋时期，佛教先是融入了儒学思想，后又掺入了玄学思潮，其传播范围和影响人群更广。

[4] 李立新.设计史与六朝物质文化生活的新视角[J].艺术百家，2013(2):172.

综者五十蹑”或“六十综者六十蹑”（综：织绫机上经线的分组，蹑：织绫机上的踏具），马钧将它们简化为十二蹑，从而大大提高了工作效率。而织绫机织出的花纹“奇文异变，因感而作，犹自然而成形，阴阳之无穷”[1]（《马钧别传》），这反映出工匠对于机械器具及工艺的改进能对织物质量的提升和新风格的形成产生有力影响。

如果说精湛的技术能体现手工艺匠人的丰富知识与娴熟技能，那么，匠心独运的设计构思则反映出工匠作为造物主体的智慧与创意。

苏蕙，字若兰，前秦始平（今陕西咸阳一带）人，嫁秦州刺史窦滔。因思念远方的丈夫，她编织出仅840字却有200余首回文诗的一块八寸见方的五色锦缎《璇玑图》寄赠。据载，锦文“五采相宣，莹心耀目。纵横八寸，题诗二百余首，计八百余言，纵横反覆，皆为文章。其文点画无阙。才情之妙，超古迈今”（《镜花缘·第四十一回》），“纵横反复皆成文章（即纵、横、斜、交互、正、反读或退一字、迭一字读均可成诗）”正是其巧妙的地方，后人称该锦缎为回文锦。

虽然，苏蕙和马钧在织造改革（创作）方面的目的及贡献不同，但从造物文化角度来看，造物的价值存在于两个方面：一是精巧的工艺能产生审美效果，即某种工艺能引发使用者的审美愉悦，这是造物文化中不可或缺的部分；二是精微奇绝的工艺技术体现了制作者的知识、技艺与能力构成，这亦是匠人作为造物主体的价值呈现。[2]显然，苏蕙和马钧的匠作分别体现出了这两点。

魏晋时期工匠的智慧创新及成果所得也离不开当时各国对工匠群体的重视。例如，南朝刘宋开国君主刘裕在攻灭后秦回师南下时，就未曾忘记迁其百工——他将关中的大批丝织工匠迁到建康，组建成“斗场锦署”。当时，不仅朝廷掌控了大量工匠，地方官府也征调工匠，以满足作部（古时制作兵器的部门）对于技术工人的需求。《宋书·卷四十七》曰：“宣城多山县，郡旧立屯以供府郡费用，前人多发调工巧，造作器物。敬宣到郡，悉罢私屯，唯伐竹木，治府舍而已。”刘宋宗室、大臣刘诞甚至私藏工匠。[3]可以说，汉魏以来动乱险恶的社会环境使手工业者随时面临着破产的危险，而官营手工业场正缺乏拥有多种技艺才能的工匠。征调制的确立与执行，为工匠提供了相对稳定的生产与生活环境，让匠人们可以暂时摆脱破产后卖身为奴的悲惨命运。此外，官营手工业生产机构也能借此补充大量劳动力与技术力量，这对于推动魏晋时期官营手工业的发展起到了积极作用。[4]

---

[1] 这即是说，利用该织机织造出的各式花纹犹如天然形成的一般，甚至像阴阳二气的反复变化一样没有穷尽。

[2] 彭圣芳.晚明文人工匠观探析[J].南京艺术学院学报(美术与设计),2016(2):73.

[3]《宋书·卷七十九》记载：“初平，余党逃命，诞含纵罔忌，私窃招纳，名工细巧，悉匿私第。”

[4] 邱敏.六朝官营手工业的管理和劳动者地位的变化[J].南京社会科学，1992(4):108.

魏晋时期的书画创作观念及美学思想也影响了当时的造物文化。一些著名的艺术美学命题，虽然主要针对的是诗文、绘画、书法，但对于造物规范同样具有理论意义。因为，彼时器物上的装饰已逐渐与绘画合流，人们在对实用器物进行装饰时，也追求书画创作的构思与表现。譬如，一些器物上的装饰纹样十分讲究意境之美，并充溢着生动的“气韵”。而在建筑、铜器、瓷器、服饰上，则布满各种优美动人、寓意深远的图案，仿佛具有大自然般富足的变化和生生不息的生命力。值得一提的是，彼时还有思想家对物品的实用与审美功能进行辨析。例如，北齐文学家刘昼认为事物的美丑是相对的，衡量它的标准在于“施用有宜”，他提出：“物有美恶，施用有宜；美不常珍，恶不终弃。紫貂白狐，制以为裘，郁若庆云，皎如荆玉，此毳衣之美也；压菅苍蒯，编以蓑芒，叶微疏系，黯若朽穰，此卉服之恶也。裘蓑虽异，被服实同；美恶虽殊，适用则均。今处绣户洞房，则蓑不如裘，被雪淋雨，则裘不如蓑。以此观之，适才所施，随时成务，各有宜也”（《刘子·卷五·适才》）。可见，刘昼察觉到了实用性对于造物的重要程度，并将“对人有益”作为物品选择的标准，这对于后世的造物活动及审美标准产生了影响。

前已述及，魏晋南北朝是我国民族文化大融合的时期。彼时，北方主要为少数民族政权统治，经历了北魏、东魏、西魏、北齐、北周等政权。多民族之间的征战，政权更迭频繁，客观上促进了经济文化的交流。例如，北魏迁都洛阳后，孝文帝推行了全面改革，其大量汲取汉族文化，甚至改变本族语言，在服饰改革上尤为突出。孝文帝将本族的祭服全部改为汉制，朝服、常服也以汉服为主。而中原服饰，特别是便服、常服也在原有的基础上吸收了北方游牧民族服饰的特点——其一改往日整幅宽身的风格，裁剪日趋合体，甚至连常服中使用最多的深衣也发生了变化（如六朝男子所着的袍衫，低敞衣襟，袍摆飘逸，女子则穿褂襦，杂裾双裙）。这一时期的女服形制可从《洛神赋》《列女传》等图卷中得到反映。此外，大量胡人来到中原，胡汉文化交流日益密切，胡服成了当时的时髦服装。胡服紧身、窄袖、圆领、开衩，这与中原地区流行的宽衣博带的服饰形制有着鲜明的区别。彼时汉族的常服吸收了胡服裤装的诸多特点，形成了以裤衫为基本形制的服饰造型，这种服装被称为裤褶。但在朝会或礼仪活动中，此装束显得不够严肃，因此，南方人便将上身衣褶加多，并扩大袖管，加大裤管，使其成为裙裤的样式。于是，该加宽的裤褶就在南方流行起来。如遇急事，穿此裤装的人可以直接将裤管扎起来，这样又成了急装的形式。裤褶自南北朝后一直沿用至唐代。

魏晋时期，服饰造物的多样性还离不开纺织原料的丰富，而各种纤维面料的出现与耕种手段的进步息息相关，农业工具的发明和农业机械的发展是推动纺织原料生产与技术革新的重要条件。

北魏贾思勰所著的《齐民要术》即是反映南北朝时期农业工匠文化成就的巨著。该著作涉及农学、商学、饮食、烹饪、酿造、养生、园艺等诸多内容，几乎囊括了百姓生活、经营的所有事项，其序言“采捃经传，爰及歌谣，询之老成，验之行事，起自耕农，终于醯、醢，资生之业，靡不毕书，号曰《齐民要术》”（《齐民要术·序》）即是对此著作内容精要的概括，各行各业人士皆能从中获益。

具体来说，贾思勰强调将书本知识与实践经验结合起来，他特别注重对老农的经验搜集和实践经验的总结。例如，在耕作技术方面，《齐民要术》提到耕、耙、耱等重要农具，对耒、耜等农具的结构设计进行了分析，还总结出一套防旱保墒的技术，并对相关劳作农具的使用性能、操作手法进行了详细归纳。此外，《齐民要术》对各类手工艺实施流程及方法也有所涉及，如在染料染色方面，提道：“凡打纸欲生，生则坚厚，特宜入潢。凡潢纸灭白便是，不宜太深，深则年久色闇也”（《齐民要术·杂说》）。19世纪英国著名生物学家达尔文（Charles Robert Darwin）曾表示，他的“人工选择”思想就是因受到《齐民要术》的启发而提出的。

总的来说，魏晋南北朝时期的服饰造物文化处于中国历史上的流变期，这种流变是杂糅而多元的，其形成因素不仅在于该时期战事频繁、王朝更迭，还反映出彼时少数民族与汉族文化的交往、交流、交融。更为重要的是，玄学思潮的勃兴促使魏晋时期的社会思想、文化艺术形式更为丰富和活跃。[1]故该时期的服饰素有“旷世奇服”之美誉，[2]其对于后世特别是隋唐服饰的影响极大。正如朱熹所言：“后世之服，固未能猝复先世之旧，且得华夷稍有区别。今世之服，大抵皆为胡服，如上领衫、靴鞋之属，先王冠服，扫地尽矣。自晋五胡之乱，后来遂相承袭。唐接隋，隋接周，周接元魏”（《朱子语类·卷九一》）。[3]

---

[1] 魏晋南北朝时期，社会思想、文化艺术创作上的多元与丰富，也是在这个较为开放的时代下，由中外“物”的交流所引发的。彼时，以丝绸为代表的大批物资输往大秦、波斯、东南亚、南亚等地，东罗马、萨珊王朝的手工艺制品(如玻璃器、纺织品等)也相继传入中土，促成了中国历史上第一次大规模的对外经济、文化交流，它深刻地影响了我国造物文化的发展。至此，兼收并蓄的造物理念与中外交流、南北相融、佛道互补的局面叠加，成为该时期造物文化的特色所在。[参见李立新.设计史与六朝物质文化生活的新视角[J].艺术百家，2013(2):172.]

[2]《洛神赋》中有“奇服旷世，骨像应图”的句子，即是对彼时服饰变化特点的一种高度概括。

[3] 当时鲜卑人头戴的垂裙帽，最终在隋唐时演变为了“幞头”，而当北魏分裂为东魏和西魏之后，胡服再度在北方全面流行。彼时，胡服也“顺势”进入中原，逐渐演变成了圆领、窄袖、缺胯袍的样式。北方游牧民族喜爱的“乌皮六缝靴”也成了隋唐时期流行的服饰品类。

# 第五章

## 繁荣：隋唐时期的服饰造物文化与工匠精神

隋唐时期是我国封建社会发展达到鼎盛的时期。公元589年，隋文帝杨坚统一中国，结束了自汉末以来三百多年华夏分裂的政治局面。隋炀帝即位后，为了树立威信，恢复了秦汉时的章服制度。魏晋南北朝时君主曾按周制将冕服十二章纹中的日、月、星辰三章放到旗帜上，改成九章，隋炀帝又将它们放回至冕服上（日、月分列两肩，星辰列于后背）。从此“肩挑日月，背负星辰”成为历代帝王冕服的既定制式。

唐初，统治者汲取隋亡的教训，采取“休养生息”政策，特别是推行“均田制”的土地分配和“租庸调”的租赋劳役制度，使经济迅速恢复，纺织工业进一步发展。至盛唐，政治上的稳定、经济上的繁荣、科学技术的进步，使彼时的纺织、印染、刺绣等工艺均达到了封建社会的最高水平，服饰也呈现出绚丽多姿的面貌。“武德令”推行之后，唐代冠服制度亦得到不断完善，在服装制式、纹饰、色彩等方面均形成了稳固的风格。

基于染织业繁盛而勃兴的唐代服饰造物不仅体现出汉民族的文化特色，同时也在与周边各族、各国的交往过程中融入了诸多异域风格，如华夏传统服饰与鲜卑族及中亚地区国家的某些服饰特征融合，形成了诸多新的样式——缺胯袍、回鹘装、半臂、幂篱等。唐代服饰文化在为后世留下浓墨重彩一笔的同时，也对周边国家产生了深远影响。

# 第一节
## 隋唐时期的服饰造物文化

隋唐时期，农业生产逐步稳定、社会生产力持续发展，作为封建经济重要支柱之一的纺织业也日益兴盛。工匠们的织造技术逐步提升，织物质量也大大超过前代。例如，隋朝的丝织品生产遍及全国，官办作坊成为高级纺、染织物的主要生产部门，在官方还设有专门的机构来管理生产。隋炀帝时，在少府监设有司染署和司织署，后来两署合并为织染署。诗人李商隐在其诗《隋宫》中写道："春风举国裁宫锦，半作障泥半作帆。"至唐代，织染工艺的规模进一步扩大，在全国各地都有生产，政府管理机构日趋完善。

少府监是唐代官府手工业的最高管理机构，主要掌理百工技巧，总管中尚、左尚、右尚、织染、掌治五署。其中，中尚署负责郊祀圭璧、天子佩饰；左尚署负责车辇制造；右尚署掌管鞍辔、纸笔等；织染署掌管冠冕、组绶、织纴、染色；掌冶署掌管玉器、金属器制作。《旧唐书·卷二十四》中即有"凡天子之服御，百官之仪制，展采备物，皆率其属以供之"的记载。

纺织品尤其是丝织品，是京师统治者须臾不能或缺的消费品，其已成为官府手工业经营的主要内容之一。唐代京师官府手工业的生产单位是"作"，而织染署就有二十五作，其中织纴之作有十（布、绢、絁、纱、绫、罗、锦、绮、繝、褐）；组绶之作有五（组、绶、绦、绳、缨）；细线之作有四（细、线、弦、网）；练染之作有六（青、绛、黄、白、皂、紫）（《唐六典·少府监》），这包含了纺织品生产的各方面及各环节，其他作坊亦当如此。

唐朝的纺织业生产，除了官府的专设机构外，地主豪绅有庄园工场，城市有民间作坊，农村还有家庭手工业作业形式。诗人温庭筠在《春江花月夜词》中说道："百幅锦帆风力满，连天展尽金芙蓉。"唐代官府纺织工业的特点是生产技术高超、生产规模庞大、产品选料上乘、做工精细考究。正如《老学庵笔记》所记："亳州出轻纱，举之若无，裁以为衣，真若烟雾。一州惟两家能织，相与世世为婚姻，惧他人家得其法也。云自唐以来名家，今三百余年矣。"《新唐书·地理志》还提到，仅江浙地区生产的纺织品就不下一二十种。晚唐时，河北定州豪富何明远家中的织绫机就有500张，俨然一个规模庞大的手工业工场。就连当时地处西域的敦煌，在纺织生产中都占有重要地位。

敦煌地处中西商业贸易通道的节点，自两汉以来就是中外贸易的都会之所。隋朝时，通西域有三道，总汇敦煌；唐初又增大碛路，由敦煌直达焉耆。彼时，东往西来的使节、商人、行僧都要在敦煌暂住歇息，这使敦煌地区的商业贸易和经济迅速发展。晚唐时，尽管归义军政权处于周边少数民族的包围之中，且经常与之发生战争，但其相互间的经济贸易往来并未因此断绝，就连正规的官方使节也都带有浓厚的商业身份。敦煌周边商业贸易的发展促进了该地手工业的蓬勃发展。据《敦煌文书》[1]记载，唐五代时敦煌城内店肆林立，有了市场与行会的划分，还专门设有市壁师来进行管理。此时，手工业分工很细，行业间区分严格。文书还记载了从事各类手工业活动的工匠，他们在敦煌经济贸易中十分活跃。

例如，“丁巳年九月廿五日，酒壹斗，桑匠郭赤儿吃用”（《丁巳年九月廿日酒破历》）中的“桑匠”一词，透露出唐五代敦煌手工业中即有“桑匠”一行。至于桑匠从事的工作，虽然文书没有记载，但从字面上来看，应属丝织业一类；《辛亥年押衙宋迁嗣内宅司牒》就记载：“付歌郎练绫柒束……付清奴染紫柽五束，烧熨斗柽两束，……染绯肆束付清奴”，句中的“清奴”是从事丝织品制作的工匠，很可能就是桑匠。《后晋时期净土寺诸色人破历算会稿》中还有“粟柒斗壹胜，卧酒做供钉鲽佛艳铁，修治佛手塑师及罗筋匠、染布匠等用”的词句，这是关于染布匠的记载。此外，《丁未年六月都头知宴设使宋国清等诸色破用历状并判凭》亦载：“马院皮条匠胡饼肆枚。”可知，皮匠也是当时极为重要的手工艺人，他们从事皮革加工工作，制作各类皮革产品以供官民使用，这是与敦煌畜牧业发展相伴而生的手工业类型。[2]

唐朝，用于服饰制作的原料除了绫、罗、锦、绢，还有麻、棉、毛等，其中麻织物的品类就有葛布、孔雀布、楚布等多种。这一时期丝织生产的中心在中唐以后已由北方的定州开始向江南转移。唐李肇《唐国史补》记载：“初，越人不工机杼。薛兼训为江东节制，乃募军中未有室者，厚给货币，密令北地娶织妇以归，岁得数千人。于是越俗大化，竞添花样，绫纱妙称江左矣。”

由于唐朝经济繁荣、社会开放，服装也追求华丽的效果，在染织工艺及面料外观上都有诸多讲究。例如，大部分面料采用罗绡或绸缎织成，其中以缭绫最为精美。绫是以斜纹或变形斜纹为地织出的细薄且带有花纹的织物，类似缎子（图5-1）。在唐代，绫织物的生产盛极一时，其花色、品种繁多，如浙江民间用青白等色细丝织成的缭绫丝细质轻，极其精致，甚至“可幅盘绦缭绫”。这即是说缭绫上单位花回图案与整个门幅相等（且交织点少，视感、手感都很好，光泽度亦佳）。白居易在《缭绫》中写道：“缭绫缭绫何所似？不似罗绡与

[1] 敦煌文书是敦煌遗书中的一类。敦煌遗书还包括敦煌文献、敦煌写本等，是我国考古学家于1900年在敦煌莫高窟17号洞窟中发现的一批书籍，总数约6万卷。如今，敦煌遗书散藏在世界各地——英国大英博物馆、巴黎国立图书馆、俄罗斯科学院圣彼得堡东方学研究所等。

[2] 郑炳林.唐五代敦煌手工业研究[J].敦煌学辑刊，1996(1):28-31.

图5-1　绿地双龙宝相花纹绫（局部）

纨绮。应似天台山上明月前，四十五尺瀑布泉”，可见缭绫的精美程度。当时用缭绫制成的衣物价格甚高，有千金贵之说。

唐代的织锦也是我国古代丝织物中较为精美的品种之一。唐锦的制作多采用纬线起花，以区别于唐以前（汉魏六朝）采用经线起花的传统织法，故行内人士称汉锦为“经锦”，称唐锦为“纬锦”，它用二层或三层经线夹纬的织法（即以两组纬线与一组经线交织），形成一种经畦纹组织。随着重型打纬机的出现和以多色大花作为装饰风潮的涌现，纬线起花织法逐渐在唐朝占据主导地位，其能织出更为复杂且多彩的花纹，这是我国古代纺织技艺的又一大进步。

具体来说，唐代织锦以丝绸为质料，织锦上的图案精美且富有美好的寓意，几乎达到图必有意，意必吉祥的程度。例如，在吐鲁番阿斯塔那古墓中出土的唐锦中就有“联珠对鸟对狮‘同’字纹锦”“联珠对鸭纹锦”“联珠对天马骑士纹锦”“联珠鹿纹锦”“联珠猪头纹锦”“联珠戴胜鸾纹锦”等。而唐朝织锦纹样中最为著名的要数“陵阳公样”，“陵阳公样”是在联珠圈内或花环团窠内填充动植物纹样的一种图式。[1]19世纪，考古学家曾在敦煌藏经洞发现的团窠葡萄立凤“吉”字锦，可谓是反映“陵阳公样”风格最早的一件织锦。该织锦现藏于法国吉美博物馆，为双色斜纹纬锦。原物尺寸约27厘米×25.6厘米，灰褐色底，白色显花，上有葡萄缠绕，果实叶茂，窠中有一立凤，凤身已残，仅见足与尾，一足立地，十分精美。此外，还有一件类似的团窠葡萄卷草纹立凤纹锦（图5-2），现藏于日本正仓院。

图5-2　团窠葡萄卷草纹立凤纹锦（局部）

唐代的印染工艺较为发达，主

[1] 中国古代工匠大都鲜为人知，但“陵阳公”却是一个特例。张彦远在《历代名画记》中记载：“太宗时，内库瑞锦，对雉、斗羊、翔凤、游麟之状，创自师纶，至今传之。”师纶即窦师纶——初唐时期的一位官员，他曾在四川管理皇家造物，被封为“陵阳公”。窦师纶以动物为题材，用对称的形式设计出锦绫纹样十多种，如对鸡、对羊、对鹿，并配以树木花卉，形成了独具特色的风格。此纹样风格被后人称为“陵阳公样”。[参见李立新.重审造物史生成含义:个体特色与地域色调[J].民族艺术,2004(3):71.]

要涉及蜡缬、夹缬、绞缬和碱印等。蜡缬就是如今所说的蜡染，其使用蜡刀蘸取融化的蜡液，涂在织物上形成图案，然后进行染色、漂洗。由于蜂蜡具有防染的作用，之前绘制在织物上的蜡纹在染色并煮去之后，就留下了白色的花纹，十分清雅；夹缬是用两块雕刻有同样花纹的木板，将织物夹在中间，然后浸泡于染剂中进行染色的工艺。由于被木板紧紧夹住的部分蘸染不上染料，故在布料上形成了白色的花纹；绞缬犹如今天的扎染，其做法是先将织物用扎、窜、绞、折等方式进行捆扎，或将设想好的图案缝制起来后绑紧，再将布料放入染液中煮沸，由于扎紧的部位接触不到染液，故能在布面形成深浅不同的纹样。

上述以夹缬工艺染出的面料除了可用作妇女的披巾或衣裙装饰外，还可作为家居用品的制作。日本正仓院就藏有唐代的夹缬山水屏风、夹缬鸟毛立女屏风、夹缬鹿草木屏风等多种形式的夹缬家居产品。

唐代的刺绣主要用于服饰及装饰，这在许多文献和诗句中都有所反映，如李白诗句“翡翠黄金缕，绣成歌舞衣”（《赠裴司马》）；白居易诗句“红楼富家女，金缕绣罗襦”（《秦中吟》），都是关于刺绣的咏颂。苏鹗《杜阳杂编》有载：“（同昌公主出嫁时）神丝绣被，三千鸳鸯，仍间以奇花异叶，精巧华丽，可得而知矣。其上缀以灵粟之珠如粟粒，五色辉焕。”据说，盛唐时期，专供杨贵妃一人的服饰衣着，就需要绣工七百余人，[1]可见，宫廷服饰对于织绣的工艺要求极高。刺绣在唐代还被用于绣作佛经或佛像，以为宗教服务。例如，敦煌千佛洞藏唐绣《观世音像》一幅，长约盈丈，宽五六尺。观世音中立，旁站善财、韦驮，用极粗之丝线，绣像于粗纱布上，色未尽褪，全幅完好如故。[2]《杜阳杂编》又载：“眉娘幼而惠悟。工巧无比，能于一尺绢上，绣《法华经》七卷，字之大小，不逾粟粒，而点画分明，细如毛发，其品题章句，无不具矣”；杜甫诗句“苏晋长斋绣佛前，醉中往往爱逃禅”（《饮中八仙歌》），均是此类画绣的写照。

唐代刺绣除沿用战国以来的传统辫绣针法外，还采用平绣、打点绣、纭裥绣等针法。纭裥绣又称退晕绣，即现代所谓的戗针绣，它可以表现出深浅不同的色阶变化，使刻画的对象层次分明，带有浓厚的装饰风格。

刺绣的普及也带动了相应刺绣工具的发展。作为绣工不可或缺的工具，绣花针就是一例。《太平广记·卷四十七》记载：“二玉女托买虢县田婆针。乃市之。扙系马鞍上。解鞍放之。化龙而去。栖岩幼在乡里，已见田婆，至

[1]《旧唐书·列传·卷一》记载：“宫中供贵妃院织锦刺绣之工，凡七百人，其雕刻熔造，又数百人。”
[2] 田自秉.中国工艺美术史[M].上海:知识出版社，1985:206.

此惟田婆容状如旧，盖亦仙人也。”田婆针乃当时的名物，从事女红的手艺人对其需求极大。针的生产工艺复杂，非分工明确的作坊难以成批生产，故当时的县城就有纸坊、针坊等，专门生产和销售此类工具。

纺、染、织、绣技艺的蓬勃发展为唐代服饰种类的丰富及装饰的多元奠定了基础。唐时的官定服饰有祭服、朝服、公服、常服等，朝服为上朝、行礼、祭祀时穿用的服装，又以紫、绯、绿、青等四色来区分官职的高低。皇帝的朝服主要有冕服和通天冠，《唐六典·卷十一》记载：“凡天子之冕服十有三：一曰大裘冕，二曰衮冕，三曰鷩冕，四曰毳冕，五曰絺冕，六曰玄冕，七曰通天冠，八曰武弁，九曰弁服，十曰黑介帻，十一曰白纱帽，十二曰平巾帻，十三曰翼善冠。”这说明唐依周礼，天子有六冕，即大裘冕、衮冕、鷩冕、毳冕、絺冕、玄冕；皇太子服饰另有形制。贞观之后，又加弁服、进德冠之制。《通典·卷一百九》还记载：“通事舍人引文武五品以上，裤褶陪位，如式。诸侍卫之官，各服其器服，诸侍臣并结佩，俱诣閤奉迎。上水二刻，……上水三刻，皇帝服衮冕，结佩，乘舆出自西房，曲直华盖，警跸侍卫，如常仪”。

唐太宗时期，四方平定，国家昌盛，他提出偃武修文，提倡文治，赐大臣们进德冠，对百官常服的色彩做了新的规定。据《新唐书·舆服志》记载：“三品以上袍衫紫色，束金玉带，十三銙（‘銙’为附于革带上的物件）；四品袍深绯，金带十一銙；五品袍浅绯，金带十銙；六品袍深绿，银带九銙；七品袍浅绿，银带九銙；八品袍深青，九品袍浅青，瑜石带八銙。”唐以前，黄色能出现在不同阶层的服饰中，至唐高宗总章元年（668年），因恐黄色与赭黄相混，遂规定官员一律禁止穿黄。当时统治者认为“天无二日，国无二君”，制定了十分严格的服饰制度——赤黄除帝王外，臣民不得僭用。此后，黄袍与黄色便成为中国封建社会最高统治者的专用服装与服色了。[1]

唐代男子官服的主要形制为圆领袍衫，在领、袖、襟、边缘处绣有纹饰，衣长一般至膝下，但其中文官的衣长至踝骨，武官的稍短，衣袖有宽窄之分。庶民百姓穿用的袍衫衣长略短，主要是为了便于劳作或行军骑射，这可视为深衣的一种变体。

幞头是唐朝宫廷中的主要首服之一。其雏形是一幅帛布，缠绕在头，后来逐步演变为用丝葛、藤草等编织成的帽子，犹如假发髻。至高宗和武则天时期，幞头造型开始发生变化，即分为两瓣，在其左右两端有柔软的纱罗缠

[1] 这与阴阳五行思想的影响也有关系。中国古代社会在中央集权制度的管控之下，中央属土，土为黄色，于是黄色即成为中央、皇族的象征或代表性色彩。同时，黄色在我国还具有明亮、高贵、富丽堂皇之意，古代代表皇室的威严。

裹，形似带子，自然垂下至颈或肩部，称为软翅或软脚幞头。中唐时期，幞头的两角变成了硬翅，且富有弹性，又称为硬脚或硬脚幞头。

唐代的军事制度十分严格，朝廷对军事将领及各级士兵的衣着均有明确规定，如作战时士兵所着的护身铠甲就有十三种之多。《唐六典》有载："一曰明光甲，二曰光要甲，三曰细鳞甲，四曰山文甲，五曰乌锤甲，六曰白布甲，七曰皂绢甲，八曰布背甲，九曰步兵甲，十曰皮甲，十有一曰木甲，十有二曰锁子甲，十有三曰马甲。"铠甲的制作原料也相当广泛，有铁、铜、犀牛皮、水牛皮、布绢、木制等。唐朝军服中继续沿用了魏晋时期的明光铠，该铠甲由胸背甲、腿甲和头盔组成，在胸部左右两边各安一个圆护，在腹部也安有圆护，由金属亮片叠压，光泽耀眼，英气逼人。

唐代女性服饰装束主要由冠、襦、袄、衫、裙、袍、披帛等组成，这些服饰形制揭开了我国古代女子服饰最为灿烂夺目的篇章。

自周代制定服饰制度以来，大凡皇后、妃子、命妇皆有冠服，其形制多为冕服、鞠衣等。《旧唐书·卷二十五》记载，皇后服有袆衣、鞠衣、钿钗礼衣三等。袆衣为"首饰花十二树，并两博鬓，其衣以深青织成为之，文为翚翟之形。素质，五色，十二等。素纱中单，黼领，罗縠褾、襈，褾、襈皆用朱色也"，穿着场合为"受册、助祭、朝会诸大事"；鞠衣"黄罗为之。其蔽膝、大带及衣革带、舄随衣色。余与袆衣同，唯无雉也"（图5-3），穿着场合为"亲蚕则服之"；钿钗礼衣"十二钿，服通用杂色，制与上同，唯无雉及佩绶，去舄，加履"，穿着场合为"宴见宾客则服之"。皇太子妃也有袆衣、鞠衣、铀钗礼衣三等，其形制及穿戴场合与皇后礼衣大同小异。其他命妇服"花钗"，一至五品形制有异。据《新唐书·舆服志》记载："钿钗礼衣者，内命妇常参、外命妇朝参、辞见、礼会之服也。制同翟衣，加双佩、小绶，去舄，加履。一品九钿，二品八钿，三品七钿，四品六钿，五品五钿。"

图5-3 《新定三礼图》中的袆衣、鞠衣样式

初唐时期，女子常服以小袖短襦配长裙为主，裙腰束至腋下。襦衫是一种短上衣，衣衫下摆扎进裙腰里，裙长曳地。除襦衫外，还有一种名为"半臂"的上衣，该上衣袖短，对襟，长及腰际，两袖宽大且平直，长不掩肘

（图5-4），唐初年间多见于宫中侍女穿戴，初唐晚期开始流行于民间。作为一种女子常服，半臂一般多罩穿在长袖衣外，亦可衬在长袖衣内，但不可单独穿用。

图5-4 “半臂”样式

盛唐时期，服饰体量逐渐加大，衣领式样也多了起来，有圆领、方领、斜领、直领、鸡心领等。特别是在盛唐之后还流行一种袒领，其使人的前胸上部都袒露出来。值得一提的是，由于唐代女子对于裙子特别钟情，故使彼时的女性裙装无论是在风格、质料、色彩或装饰上都远远超过了前代。具体来说，初唐时的裙子窄而瘦长，穿着者多将裙子提至胸下，故唐诗中有“慢束罗裙半露胸”（《逢邻女》）的句子。而裙子“束胸”并非完全在唐代形成，早在北朝时期，受北方游牧民族骑马习俗的影响，女性裙子的腰线就不断提升，至唐代，女子骑马也成为一种风尚（有大量画作及图像资料为证），骑马需分开双腿，以夹紧马腹，于是，便于骑马的束胸裙式便在唐代形成了（在一些出土的唐代女性骑马俑上均可见帷帽、束胸长裙等服饰形象）。至盛唐，随着社会风尚的不断演变和工匠技艺的提高，裙子的制作更为精良，如彼时流行的间色裙、百鸟裙、石榴裙、花笼裙都极富代表性。

图5-5 “间色裙”样式

间色裙是用两种或两种以上颜色的面料互相间隔、排列缝制成的裙子（图5-5）；百鸟裙是用多种飞禽的羽毛捻成线所织成的裙子，其工艺考究，立体感很强。《新唐书·卷二十四》中有记载：“正视为一色，傍视为一色，日中为一色，影中为一色，而百鸟之状皆见”，一般百姓穿不起这类裙子，只好以石榴裙替代。

石榴裙的裙腰极高，裙长曳地，形如石榴，色如石榴，不染其他颜色，故名。“两人抬起隐花裙”“新换霓裳月色裙”即是此裙的写照。在《燕京五月歌》中也有“石榴花发街欲焚，蟠枝屈朵皆崩云。千门万户买不尽，剩将女儿染红裙”的诗句。石榴裙通常与短小的襦衣搭配穿着，具有拉长下身的视觉效果，能凸显女性的俏丽，此裙一直流传至明清时期。明代唐寅在《梅妃嗅香》一诗中写道："梅花香满石榴裙"，写的虽是唐朝的事，却可见当时现实生活中此裙仍为年轻女性所钟爱。

花笼裙是唐中宗女儿安乐公主出嫁，益州所献的裙装。[1]此裙以轻软、细薄而透明的单丝罗制成，又称单丝碧罗笼裙。裙上有用细如发丝的金丝线刺绣的各种形状的花鸟，鸟虽只有米粒般大小，但其眼、嘴、爪等一点也不少，可见此裙的装饰工艺是何等纤细精美。花笼裙一般罩在长裙外穿着，裙腰部亦装饰有层层叠叠的金银线所绣的花纹，十分雅致，在唐诗中就有"瑟瑟罗裙金缕腰"（《柳枝》）的描述。

由于唐朝国力强盛，对外经济、文化交流频繁，彼时西域传入的各种乐舞戏服也引起了中原人士的兴趣，以至于在唐玄宗时期兴起了一股"胡服热"（图5-6）。从史料、图像和出土文物信息中可知，该时期的服装造型、色彩及纹饰都形成了崭新的风格，体现出对外来衣冠文明的吸收与融合。具体来说，一是唐代女性襦裙装的形成（上文已提及），周昉《簪花仕女图》中描绘的女性即是着大袖衫、齐胸襦裙的装束；二是女着男装成为一种风尚，这既是对古礼的一种背离，又凸显了唐文化的包容与多元。《礼记·内则》曾规定"男女不通衣服"。自古以来，女着男装都被认为是不守妇道的表现，而在文化氛围极为宽松的唐代，女着男装却蔚然成风，这或许也可归因于游牧民族文化的影响。

图5-6　三彩釉陶人物俑上的胡服样式

总的来说，历经近三百年的承袭、演变和发展，唐代成为我国服装发展史上一个极为重要的时期。一方面，唐代服饰文化上承历代冠服之制，下启后世衣冠之径，具有鲜明的自我风格；另一方面，唐代服饰兼容并蓄，广采博收，大放异彩。例如，唐代女性服饰形制多元，色彩丰富艳丽，纹饰豪迈大气，这都得益于国家政治稳定、经济繁荣、文化兴盛。唐代服饰文化兴盛的背后亦反映出该时期工匠技艺水平的高超。

---

[1] 关于此裙，《蜀中广记》有记载："安乐公主出降武延秀，蜀川献单丝碧罗笼裙，缕金为花鸟，细如丝发，鸟子大仅黍米，眼鼻嘴甲俱成，明目者方见之。"

# 第二节
## 隋唐时期服饰造物中的工匠精神

唐初，李氏统治者吸取了隋朝灭亡的教训，采取了一系列恢复生产、缓和阶级矛盾的措施，如“除隋苛禁”“赏赐给用，皆有节制”“征敛赋役，务在宽简”等。因此，彼时的社会环境、文化氛围相对宽松且自由。尤其是“均田制”和“租庸调法”的推行，使农业生产稳步发展，手工业和商业也随之兴盛起来。

事实上，自魏晋南北朝至唐初，力役是工匠的沉重负担。中唐以后，随着“纳资代役”的普及，官府工匠大部分由和雇而来，“变征役以召雇之目”成了主要形式。该现象也反映出商品经济的活跃、封建剥削率的提高、人身依附关系的相对疏远。❶因为，首先应有纳资代役，然后才有可能在较大范围内实行和雇，即封建王朝靠攫取全体工匠的剩余劳动成果，再根据实际需要，和雇其中的部分工匠。彼时在官府劳作的能工巧匠不仅能得到相应的劳动报酬，还在一定程度上摆脱了非服役不可的状态，如“雇者，日为绢三尺，内中尚巧匠，无作则纳资”（《新唐书・卷三十六》），番户“纳资者亦听之”，反映出工匠的身份地位有了显著提高。❷工匠身份地位的提高对其造物积极性均有一定帮助。

彼时，唐代中央设有专门管理染织生产的织染署，且分工明确。据《唐六典》记载：“织纴之作有十（一曰布，二曰绢，三曰絁，四曰纱，五曰绫，六曰罗，七曰锦，八曰绮，九曰繝，十曰褐）；组绶之作有五（一曰组，二曰绶，三曰绦，四曰绳，五曰缨）；䌷线之作有四（一曰䌷，二曰线，三曰弦，四曰网）；练染之作有六（一曰青，二曰绛，三曰黄，四曰白，五曰皂，六曰紫）”。《册府元龟》曾记载天宝八年政府所收入染织品的情况，有绢740万匹，绵180余屯，布1605万端，这足见唐朝织物数量的丰盈。可以说，官府手工业能够通过国家配置资源的能力，提供大部分手工业用品的原料，统治阶级的奢侈性消费在一定程度上为官府手工业规模的扩大和工匠技术水平的提高奠定了基础。❸

在官府手工业中，织物的生产往往设有一定标准。《唐律疏议》中规定：

---

❶ 金宝祥.唐史探赜[J].西北师大学报(社会科学版)，1986(2):79-80.与此同时，社会上还出现了一定数量的自由手工业者，这是社会分工趋向发达的表征。民间个体工匠为官府手工业生产提供了人力资源。

❷ 魏明孔.浅论唐代官府工匠的身份变化[J].中国经济史研究，1991(4):127.

❸ 魏明孔.中国前近代手工业经济的特点[J].文史哲，2004(6):81.

“凡造器用之物，及绢布绫绮之属，谓供公私用：行滥谓器用之物，不牢不真；短狭谓绢匹不充四十尺，布端不满五十尺，幅阔不充一尺八寸之属而卖，各杖六十”，这使工匠制作的各类物品有章可循，并能保证产品的质量。此外，为使官府工匠的技术得到延续和传承，唐代还制定了较为完善的工匠培训制度，指定技艺高明的匠师对新来的工匠进行集中培训，即根据工种的难易程度，制订了为期四十天至四年不等的专门技术培训计划。而为使责任明确和成效显著，负责培训的匠师必须“传家技”于新工匠。另在培训期间，制作的产品上还要注明负责培训者的姓名，并且“四委以令丞试工，岁终以监试之，皆物勒工名”(《新唐书・百官志》)。

唐朝工匠织造技艺的革新与造物风格的形成还广受丝绸之路的影响。丝绸之路的开辟，让我国与西域诸国在政治、经济、文化等领域的交流日益频繁。在此背景下，唐代的纺织及服饰造物文化不断吸收外来技术，体现出中西合璧的风格，如彼时丝绸中的缂丝工艺就是由西域汉族织匠在融合丝纺工艺与缂毛工艺的基础上发展起来的。缂丝的织造以桑蚕丝为原料，采用缀织法织成，其技艺独特而精湛，被誉为“织中之圣”。由于缂丝织物的结构是平纹组织，正是通过通经断纬的织法，在纹样中形成了正反一致的视觉效果。而缂织纬短，丝线细密，晕色丰富，故能产生色彩渐变的层次美感，最适合表现云气纹和翎毛纹等细腻且富有绒毛质感的图案。具体来看，唐朝的缂丝风格以粗犷见长，设色以平淡块面为主（图5-7）。由于其织物纤维用料为“生经熟纬”，因此，经纱具有一定的坚韧度，而纬纱是采用柔软的熟丝制成，其具有比一般绸缎更加耐磨且不易变形的优点。[1]

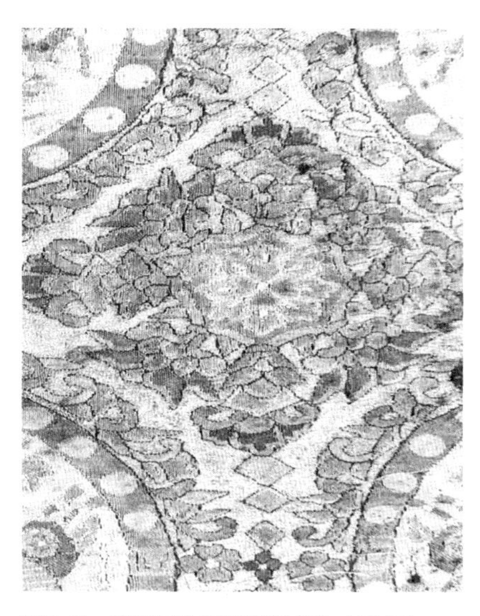

图5-7　唐代圆珠图案缂丝织物（局部）

在纺织品纹样方面，中亚、西亚文化对中原丝绸纹饰形成的影响十分显著。例如，西域常见的葡萄纹、忍冬纹、莲花纹、联珠对鸟纹、对狮纹等随着佛教的传入在唐代逐渐流行开来。唐代纺织品、服饰上的忍冬纹以对称、均衡的布局组合成各种形状的边饰，或者变形为藤蔓结合缠枝花的形式

[1] 这些织物的特点是依据考古出土的文物经专家鉴定和研究概括所得。此外，在新疆吐鲁番阿斯塔纳古墓曾出土了唐代的几何菱纹缂丝带，在敦煌藏经洞还发现了唐代的缂丝八宝带残件，在日本亦发现了唐朝的缂丝残片等(现藏于日本正仓院)，其工艺成熟，纹样精美。

都具有明显的波斯风格。20世纪80年代，在青海都兰县出土了一批唐代文字锦，锦上的文字后被专家考证为古波斯钵罗婆文字（意为“伟大光荣的王中王”），带有明显的异域文化特点。[1]而本身来自西域的卷草缠枝花卉纹，经中国工匠改良后，又附着在中国的器物和织物上传到了西方，鉴于唐朝的国力和影响，这些纹样又被西域称为“唐草纹”。总的说来，唐代织物纹样在广泛吸收外来文化与技术的基础上，又形成了新的风格，并再次传播到西域各地，产生了更大范围的影响。

织物印染方面，唐代有“代传染业”的染工，有家传绝技三百年的高级轻纱专业户，有能制作“莹竹如玉”而世间“莫传其法”的个体工匠，这些染匠为使若干年乃至若干代积累起来的一技之长成为其在社会竞争中立足谋生的资本，故不会轻易向外泄露。因此，“相与世世为婚姻，惧他人家得其法也（《老学庵笔记》）”者终老不嫁的现象尤为普遍[2]。此现象透射出，个体工匠对于技艺的保守性达到了惊人的程度。在看到个体工匠这种难以言状的保守性的同时，更应该知道，正因为有了他们这种执着和敬业的精神，才使当时的手工业技术不断向前推进。

唐代织物印染中的绞缬工艺颇为特别，其通常分为两种形式：一是用线将布料捆扎成各种形状，然后入染。由于扎紧的部位接触不到染料，故而在布料上形成了色地白花的效果；二是将谷粒包扎在布料捆绑的地方，然后入染，能使之产生更为复杂的纹样。例如，新疆阿斯塔那古墓出土的西凉红地绞缬绢，其底色为绛红色，上排列有规则的菱形散点纹，大气而精美，还有一些以绞缬工艺制成的裙子也十分独特（图5-8）。

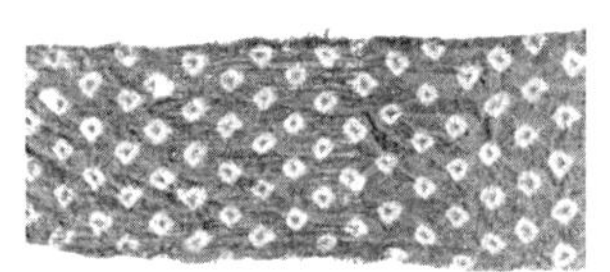

图5-8 西凉红地绞缬绢和锦缘绢地绞缬吊带裙

彼时的工匠还对染料的化学性质进行了分析研究，总结出一套分类印染的标准，碱印的出现即是一例。碱印也称为碱缬，其是利用碱对染料产生的化学作用而在织物上留下各色花纹的印染方法。由

[1] 曾在“丝绸之路”上穿梭的各国商人都将都兰作为贸易中转站。这里水草丰美、牛羊成群，各国的产品在此得以交换、流通。商人们亦得到了都兰国王的庇护，并将他视为保护神，其被誉为“伟大光荣的王中王”。许多商人还用本民族文字制成美丽的丝织品，献给都兰国王。后来，这些丝织品随着朝代的更替被尘封地下。千百年以后，它们终于“重见天日”，向我们诉说着唐蕃古道上的繁华历史。

[2] 元稹《元氏长庆集》记：“目击贡绫户，有终老不嫁之女”，《织妇词》曰：“东家头白双女儿，为解挑纹嫁不得”。其大意是，为了不泄露“挑纹”绝技，发生了两个女儿终老于家不得嫁人的事情。

于染料的物理属性不同（有的能溶于酸，有的能溶于碱），同时，也由于碱能脱去丝胶，使面料更为柔软，故能较多地吸收染料。利用碱剂染出的花纹能形成深浅不同的色调。当时的制衣匠人巧妙地将这种印染图案运用在服装的领、袖、门襟、下摆、裙边等部位，形成了别具一格的艺术效果。

在服饰造物的创新方面，工匠们也展现出他们的智慧。盛唐时，女性以体态丰盈为美，社会开始流行大髻宽衣。此衣肥大宽松，容易在行走时被鞋履牵绊，故制鞋工匠便设计出一种高头丝履，该鞋履前部装有较高的履头，可以钩住长裙的下摆，使其不被牵绊。此外，唐代裙裾的纹饰加工工艺也非常讲究。当时的裙子多以金缕刺绣、印花、织花等工艺进行装饰，其成衣效果在唐代画家周昉的《簪花仕女图》中有所体现。唐代百鸟裙的制作更是一绝，百鸟裙是使用多种飞禽的羽毛捻成线后织成的裙式，因做工精细，多见于宫廷。《旧唐书・五行志》记载："中宗女安乐公主有尚方织成毛裙，合百鸟毛，正看为一色，旁看为一色，日中为一色，影中为一色，百鸟之状，并见裙中"；《朝野佥载》也称："安乐公主造百鸟毛裙，以后百官百姓家效之。山林奇禽异兽，搜山荡谷，扫地无遗。至于网罗，杀获无数。"现在看来，百鸟裙的制作手段残害了无数生灵，极度残忍，但其也透射出该裙子制作技艺的精湛。百鸟裙只是唐代女性裙装中的一个缩影，从阎立本的《步辇图》、张萱的《捣练图》一直到五代顾闳中的《韩熙载夜宴图》等名家的绘画作品中，我们也可间接窥探到近三百年间唐代女性裙装、服饰的变化。

## 唐代饰物——葡萄花鸟纹银香囊制作技艺反映出的工匠精神

葡萄花鸟纹银香囊外径4.6厘米，链长7.5厘米，作燃放固体香料之用。香囊外壁为银制，呈圆球形，整体镂空，以中部水平线为界可分为上下两个半球。上下球体之间，一侧以钩链相勾合，一侧以活轴相套合，下部球体内又设两层银制双轴相连的同心圆机环（图5-9）。据说，此香囊是杨贵妃生前钟爱的饰物。从《旧唐书》记载来看，安禄山反叛，唐玄宗等逃离长安，途经马嵬坡时，赐死杨贵妃，并葬于该地。玄宗后自蜀地重返京都，念及旧情，密令改葬。当人挖开旧冢时，发现当初埋葬贵妃时用于裹尸的紫色褥子及尸体都已腐烂，唯有香囊还完好如初。彼时，考古专家一直对文献中的记载不甚理解，认为香囊应该就是一丝织香包，怎会无损呢？当实物出土后，他们才知晓原来该香囊是用全银制成的。

图5-9　葡萄花鸟纹银香囊样式

具体来说，葡萄花鸟纹银香囊设计精巧，制作别致，其分为外、中、内三层：外层栓有链钩，中间层为两个双轴相连的同心圆机环，最内层为半圆形香盂。外层机环连接球壁，内层机环连接香盂，球壁由两个半圆体构成，以子母扣扣合，饰以镂空葡萄花鸟纹。使用时，随着最内层半圆形香盂所受的重力和活动机环的作用，无论外层球体怎样转动，最里面的香盂总能保持平衡状态。香盂里装有香料，点燃时火星不会外漏，燃尽的香灰也不会撒出。此球状香囊不仅可以随意摆放、四处悬挂，还可随身携带，其平衡构造原理与现代陀螺仪相同。该原理在近代欧美国家被广泛应用于航空、航海领域，为西方列强开拓疆土提供了极大帮助。而在我国，此原理被应用于饰品设计上，可见我国工匠的别出心裁。

——摘自夏燕靖《中国艺术设计史（第2版）》，
南京师范大学出版社，2016年，第103页

与此同时，唐朝与西域、中亚、南亚及中东各国各民族贸易往来、文化交流频繁，这形成了我国历史上盛况空前的经济文化大交流、民族大融合局面。从文献、图像记载和文物考证来看，唐文化吸收了来自南亚的佛学、历法、医学、语言学、音乐、美术，中亚的音乐、舞蹈，西亚和西方的祆教、景教、摩尼教、伊斯兰教、医术、建筑艺术、马球运动等。当时的长安更成为中外文化汇聚、交流的中心。至唐玄宗开元、天宝年间，唐王朝的经济、文化实力已达到中国封建社会的鼎盛阶段，其艺术、服饰风格也呈现出富丽堂皇、大气磅礴的特点。例如，盛唐时，民众服饰穿戴自由，风格多样，传统风格、自然风格、西域风格、宗教风格等争奇斗艳；女着男装，袒露胸脯更是常态。彼时，各宗派林立且相互影响，统治者也大力支持，形成了“有容乃大”的大唐气势。邻国日本曾先后选派了十余批共数千名遣唐使前往中国学习——大到参照唐朝的制度进行政治、教育改革，再到学习制瓷、围棋、茶道、花道等生活方式，小到学习制豆腐、酱油、榨糖、缝纫等工艺，这无不体现出中国传统之“技”曾经大放光彩（图5-10）。[1]如今，在日本，

图5-10　日本和服中的唐代服饰风格影子

[1] 段卫斌.产品设计中“工匠精神”的传承与发展研究[J].上海工艺美术，2017(3):97.

“匠”既是对物件细节苛刻般的追求，亦是强调其制作工艺的精致。

唐代服饰造物文化与艺术风格在向世人展现一个色彩斑斓的世界的同时，也向人们展示了丰富多彩的工艺美学思想。这些工艺美学思想的形成又是与当时社会文化的宽松氛围分不开的，且在书法、绘画、雕塑等不同门类中取得了融通。例如，初唐书法家虞世南在《笔髓论》末篇《契妙》一节中，提出以“冲和”的意境美为中心的创作原理，精辟而深邃，体现了书学由“法”到“意”、由“技”而“道”的宏观思考。具体来说：“心正气和，则契于妙。心神不正，书则欹斜；志气不和，字则颠仆。其道同鲁庙之器，虚则欹，满则中，正则冲和之谓也”（《笔髓论·契妙》）。虞氏所述的“妙”境就是“冲和”之美的境界，而要达到此境界，则需创作者持有“心正气和”的心态。这些词句在阐释书道之理的同时，也点明了器物创作之原则，其可用于帮助理解我国古代一些器物创作中体现出的寓意象征性、庄严厚重性、整体适应性规律。所谓“寓意象征性”即寄寓于造物体，以象征特定历史阶段的意识形态与精神内涵；“庄严厚重性”即力求使器物的上中下各部位比例协调，左中右各部位保持平衡，以使器物的重心落在中心位置，从而取得沉稳的视觉效果，给人庄严肃穆的审美感受；“整体适应性”是强调器物造型、纹饰及功用的整体适应与协调。这种“技近乎道”的思考与实践对于纺织、服饰造物都具有一定指导作用。

此外，在唐代的文论中也有关于造物的一些论述，如唐宋八大家之一的柳宗元所著《梓人传》就是一例。作者通过对木匠师傅杨氏关于营造思想的分析及其营造行为的实际观察，阐述了造物设计的构思及其法则的重要性。特别是书中提出的营造工艺的总体准则是“有规矩、绳墨以定制也”“善运众工而不伐艺也”，意为以合理的预设、布局，兼顾各项具体工作的开展及其之间的相互配合，从而完成整个项目。可以说，柳宗元的《梓人传》借用统治者治理国家的方法，联系工匠的实践经验来论述相关造物设计的思想是独到的，特别是其对于总体造物设计原则的把握及运用已经超越了前人。

# 第六章

## 多元：宋辽金元时期的服饰造物文化与工匠精神

宋、辽、金、元是华夏各民族进一步融合并创造出灿烂文明的时期。宋代，商品经济繁荣，为手工业造物提供了广阔市场，但受"程朱理学"思潮的影响，宋代的服饰形制趋于婉约和保守。与宋并立的三个北方少数民族政权与宋朝均有着广泛的联系。例如，为加强统治，辽太宗采取"因俗而治"的方式，实行汉人和契丹人分治——即官分南北，南官以汉制治汉人，穿汉服；北官以契丹制治契丹，穿契丹服。金为女真族建立的政权，曾附属于辽，自从女真人进入燕地，便开始模仿辽国分南、北官制，注重服饰礼仪，后来，还采纳了宋代的冠服制度。西夏王朝由党项族建立，党项为羌族的一支，羌原为游牧民族，一向以武功立国，但在生活与文化上受汉族影响，服饰逐渐汉化。元代为蒙古族统治的时代，其衣冠服饰在保留本族特质的基础上也吸收了汉族服饰的诸多特征。

总的来说，公元11~14世纪，汉族与周边少数民族经济文化往来频繁。由于蚕桑基地不能迅速转移，故契丹族、女真族、党项族、蒙古族等均能仰仗汉族生产，为统治者提供高贵的丝绸。一些少数民族的缂丝技艺、织金工艺等也都被当时的汉族工匠所掌握，特别是游牧民族在用武力征服中原汉族的过程中，后又被汉族文化所征服。中华传统服饰造物文化与工匠精神在此多元的政治背景下继续向前发展。

# 第一节
## 宋辽金元时期的服饰造物文化

宋代的染织业在唐代的基础上又有了进一步发展，尤其是丝织产业进入全盛时期。彼时的丝织生产开始脱离农业生产，成为独立的家庭手工业，并逐渐趋于专业化和商品化。宋代管理染织生产的机构庞大，分工很细，少府监所属文思院、绫锦院、染院、裁造院、文绣院等都是管理染织生产的部门，当时丝织品的产量、质量及花色品种都有较大幅度的提升。例如，宋代的织锦就是一例，其花色种类繁多、织造技艺精良。一方面是由于装饰题材的扩大，使其品种名目增多；另一方面由于应用范围的推广，特别是为了适应少数民族的习惯与喜好，宋锦突破了传统丝绸纹样的格局，融入了轻快、洒脱、典雅的风格。例如，当时织锦中的“落花流水”纹（又称“曲水纹”）就是一种经典纹样，织造者以李白诗句“桃花流水窅然去，别有天地非人间”（《山中问答》）和《西厢记》中“花落水流红”诗词为意境，在锦中织出单朵或折枝形式的梅花或桃花与水波纹，富有浓郁的装饰意味（图6-1）。彼时，社会上还流行在锦中加金线或服饰上以金线为饰，极大地丰富了纺织服装的加工与装饰工艺。

图6-1　宋锦“落花流水”纹图示

除锦之外，宋代还出现了绮、纱、罗、绉、绸、绢、绫等织物，这些织物的织造方法均形成了固定的模式，且产量丰富。例如，纱是一种轻薄、透明的丝织物，表面有均匀的方形孔眼，经纬密度很小，一般用一两根经线为一组（一地经、一绞经）起绞而成。彼时还有一种花纱，即地纬与经同色，但纬纹与经异色的结构组织，反应出宋代丝织技艺的创新与独特。

罗在宋代被称为“宋罗”，其与纱相似，区别在于纱无横纹，而罗织物表面有明显的横条纹。宋罗的名目很多，有方目罗、结罗、云罗、越罗、轻罗、亮罗、瓜子罗、透额罗、孔雀罗等。据说，宋朝统治者每年向全国搜刮的罗织物“贡罗”在10万匹以上。罗是利用经线的左右纠转，使织物组织形成有聚散的变化，并产生大小不同的孔眼，从而形成各种装饰纹样的组织结构。因此，罗又可分为素罗和花罗两大类：素罗即单色罗，一般为白色；花罗的织造技艺较为复杂，织时不用梭子，也不用筘，而是利用斫刀来代替投杼和打纬。斫刀为梳形，背有三个直槽，可安杼子，旁开小孔，用以引杼。

绮主要指地纹为斜纹的单色织物，宋时出现了两色的绮。另从出土文物来看，宋代还出现了四种花纹的小花绮，即矩形点小花、菱纹小花、方形小花、几何小花。其中以几何小花最为精美，它利用经纬组织的循环，可织出8种不同形状、不同方向、不同结构的几何纹。除小花绮外，还有大花朵的折枝花绮，即利用单枝星菊和单朵梅花组成的两个折枝花的造型纹样。

宋代的绫织物也分素绫、花绫两大类，其表面有明显的斜纹。《释名》云："绫，凌也，其文望之如冰凌之理也"。宋绫的花色品种在前代的基础上有所增加，甚至多达百种，其中较为著名的有梓州的白熟绫、白花绫，蓬州的综丝绫，阆州的莲绫，荆州的方纹绫，宣州的熟线绫等。除作服饰用料外，绫还用于书画装裱。

图6-2　白地织金胡桃纹锦

到了元代，纺织工艺中融入了织金的技法（即在丝织物中采用加金技术），称为织金锦（图6-2），蒙古语也叫"纳石失"或"纳失失"。元代织金织物产生的原因有三个，一是与蒙古族的习俗有关，蒙古族是生活在塞外的游牧民族，喜好储存和携带黄金，饰"金"成为当地的一种风俗；二是由于元代国力增强，统治者从被征服地掠夺了大量黄金等贵金属，加之元代用大量纸币兑换黄金，使朝廷储备了大量黄金；三是元代上层统治者为了显示自身的地位，大力推崇金饰装扮。[1]彼时，在北京就有大都毡局、大都染织提举司等专门负责织金织物生产的机构。

此时，植棉技术也在中国广大地区获得推广。棉织物因其更实用、价廉而为广大民众所青睐。据王祯《农书·卷二十一》记载，棉织物相较于传统丝、麻织物至少有几方面的优点，如棉纺织加工工艺较为简单，可降低劳动者的劳动强度；棉织物制成服装后其抗寒能力也不比丝麻织物逊色，这亦为棉纺织业的发展提供了广阔空间。此后，作为纺织品的重要原料，棉花也逐

[1] 据《马可·波罗游记》记载，元代的蒙古贵族不仅穿着华丽的"纳石失"金锦，就连生活中的帷幕、被褥、椅垫等都为"纳石失"所制，甚至连军营里所用的帐篷都由这种织金锦制成。但现存出土或传世的"纳石失"物品不多，在新疆乌鲁木齐南郊盐湖元代墓葬中曾出土过两件:一件为捻金锦残片，另一件为片金锦。甘肃定西市章县元代葬墓群也出土过几件纳石失织锦，如"妆金天马纹锦""褐地团花妆金锦""妆银簇花纹缎"等。此外，北京故宫博物院还藏有"红地团龙凤龟子纹纳石失"和"绿地缠枝宝相花纳石失"，均是采用纬地纬花的方式织成的。

渐成为政府赋税的重要来源之一。❶

宋代，由于各民族之间的交流、交往，除了各有特色的生产工艺及物品外，一些少数民族民众也学习了汉族文化及各种纺织工艺，生产了绫、缎、绢、锦等织物。有的还取得了突出成就，如西夏的皮毛工艺在金代中都大兴府就被誉为“锦绣组绮，精绝天下”。

随着宋代雕版印刷技术的兴起，织物印染工艺也得到了较快发展。据《嘉定县志》记载：“（织物印花）出安亭，宋嘉泰中，土人归姓始为之，以灰药布染青，俟乾拭去，青白成文，有山水楼台人物花果鸟兽诸象”，这里说的是一种蓝印花布。在山西还出土有南宋时期的印花罗，其表现为一种散点团花纹，使用粉剂印花，和上述所指当属同一技法。据《朱文公文集》记载：“（唐仲友）又乘势雕造花板，印染斑獭之属，凡数十片，发归本家彩帛铺充染帛用”，说的是宋人唐仲友在江西婺州开设彩帛铺，就制作这种印花布。此外，在广西还生产一种蜡染布，据《岭外代答》记载：“瑶人以蓝染布为斑，其纹极细。其法以木板二片，镂成细花，用以夹布，而熔蜡灌于镂中，而后乃释板取布，投诸蓝中。布既受蓝，则煮布以去其蜡，故能受成极细斑花，炳然可观”，此印染方法，是夹缬和蜡缬的结合。

在西夏，印染技术也取得了长足的发展。当地主要采用熟染技术，即染生、草染、染杂色三类。彼时的工匠还记录了不同印染法的产出率，如《天盛律令·物离库门》记载：“为熟染时：染生一两无耗，依法交。草染一两上：混之一钱交入，……染杂色一百两生：白、银黄、肉红、粉碧、大红、石黄，……其余种种诸色皆本人交八十两熟。”此外，《天盛律令》还列出了纺织（绳索、丝、毛、刺绣等）、铸币、造纸、作印、烧陶等行业的工艺要求。国家建仓（如衣服库、皮毛库、绫罗库、绣线库等）以对这些纺织制品进行储存、保管。西夏纺织印染技术的进步客观上也与其和宋、辽、金政权形成对峙的局面有关——在长期的战争、对峙中，西夏形成了强大的外部贸易壁垒，这迫使其不得不发展自己的手工业来稳固政权和民生。❷

宋代的刺绣工艺亦较为成熟。彼时在宫廷设置了刺绣专门机构——“丝绣作”，在都城汴京还设有“文绣院”，内有绣工三百多人，专为皇室绣制御服和装饰品。刺绣主题有人物、花鸟、山水、楼阁等，其用针纤细巧妙、针法极为细密，称为神针。汴绣因而显赫一时。彼时的刺绣除用于服饰等实用物件装饰外，也和缂丝一样，向着观赏品的方向发展，为后来“画绣”的形

---

❶ 魏明孔.中国前近代手工业经济的特点[J].文史哲，2004(6):80.

❷ 杨浣.西夏工匠制度管窥[J].宁夏社会科学，2003(4):60-64.

成奠定了基础（图6-3）。明代书画家张应文《清秘藏》曾有相关描述："宋人之绣，针线细密，用绒止一二丝，用针如发细者为之，设色精妙，光采射目。山水分远近之趣，楼阁得深邃之体，人物具瞻眺生动之情，花鸟极绰约嚵唼之态，佳者较画更胜，望之三趣悉备，十指春风，盖至此乎。"

图6-3 宋代梅竹鹦鹉图绣品

从实物来看，宋绣制品在新疆、山西等地的宋墓中均有发现。例如，新疆阿拉尔出土的北宋四鸟刺绣包首，婉约精致；山西出土了南宋时期的刺绣物品多种，如纳纱花边、彩绣裙带、绫绣上衣、彩绣折枝花包首等，都很精美。这时的刺绣除以平绣针法为主外，还兼用锁绣针法，增强了艺术表现力。

元代的刺绣与宋代相似，除用于服饰等实用物品外，还用作欣赏品的装饰（如宗教挂饰）。其题材较宋代更为丰富，已不限于花鸟，禽兽、人物、自然风景、楼台殿阁等均被纳入刺绣主题。例如，山东邹县（今邹城市）李裕庵墓出土的刺绣花边，题材异常丰富，纹样形象稚拙可爱，设色浓艳，与宫廷纹样大相径庭，体现出大众的喜好与风格。

图6-4 《清明上河图》所绘人物（局部）

由于宋代纺、染、织、绣技艺的提高，服饰的发展也日新月异。从张择端《清明上河图》所绘各行各业人物（官吏、绅士、商贩、医生、车夫、纤夫、船工、僧人、道士等）来看，每个人都身穿不同的服饰，反映出当时服饰品类的多样与丰富（图6-4）。[1]

事实上，宋代服装无论是在服式上还是服色上多承袭唐代，只不过与唐代相比，其风格内敛许多。宋代男子服饰除在朝所穿的官服外，其燕居服与平民百姓的常服在形制上并无太大区别，仅在服色上有相应的规定和限制。宋代男子的"袍服"分为宽袖广身和窄袖窄身两种。此外，有官职者着锦袍，无官职者着白布袍。"襦""袄"则为日常之服，并有夹、棉之分。"短褐"是

[1] 具体来看，《清明上河图》中绘制的民间百姓穿戴大多以便于劳作的短衣、紧腿裤、缚鞋为主。彼时的工商各行业均有其特定的服饰形制，素称"百工百衣"。正如孟元老《东京梦华录》所述："其士农工商诸行百户衣装，各有本色，不敢越外。谓如香铺裹香人，即顶帽披背；质库掌事，即着皂衫角带不顶帽之类。街市行人，便认得是何色目"。

一种既短又粗的布衣，为贫苦之人服用，由于其体窄袖小，故又被称为“箭袖襦”。袄多为富人穿用，其质料有所讲究，多以绸、罗、锦、丝、皮制成，常见服色有青、枣红、墨绿、鹅黄等。

“衫”为宋代男子日用的常服，“衫”的穿着根据身份又有“白衫”和“紫衫”之别。白衫就是凉衫，因其色彩大多为浅白色，故称白衫；紫衫本是一种戎装，形制窄短，故又称“窄衫”，它前后开衩以便骑马，因固定色彩为紫色，所以称作紫衫。此外，宋代男服还有布衫和罗衫，内用的叫汗衫，其款式有交领与颌领两种，质料多用绸缎、纱、罗等，颜色有白、青、皂（黑）、杏黄、茶褐等。另据《宋史·舆服志》记载：“襕衫。以白细布为之，圆领大袖，下施横襕为裳，腰间有襞积。进士及国子生、州县生服之。”襕衫是一种衣裳下摆接一横襕的男式长衫（图6-5），此处的“裳”即沿袭上衣下裳的古制，是冕服、朝服或燕居服的基本样式。

图6-5　宋代襕衫形制

“直裰”是一种较为宽大的长衣，古时是士大夫、官绅穿着的长袍便服，亦为僧道穿着的大领长袍，由于背有中缝而得名。该衣式在宋代男服中也较为常见。与之相仿的还有“鹤氅”，这是一种用鹤羽或其他鸟毛合捻成绒织成的裘衣，衣长曳地，十分贵重，主要为官绅享用。

宋代的官服制度承袭前代，统治者还制定并完善了上自皇帝、太子、诸王、各级品官，下及士庶的各类服装形制。就官服的类别来说，有祭服、朝服、公服、时服、戎服等。朝服又称“具服”，其上为朱衣，下为朱裳（即绯色罗袍裙），衬以白花罗中单，束以大带，再以革带系绯罗蔽膝，挂以玉剑、玉佩、锦绶，搭配白绫袜、黑色皮履。此服饰依官职大小而有所区别，如六品以下无中单、剑、佩及锦绶。

图6-6　宋代帝王朝服样式

宋代帝王的朝服为绛纱袍、蔽膝、方心曲领，并配有通天冠、黑舄，其仅次于冕服，是皇帝在朝会、册命等重大典礼仪式中所着的服饰（图6-6）。此外，帝王服饰还有履袍、衫袍、窄袍与御阅服等。《宋史·舆服志》记载：“乾道九年，又用履袍。袍以绛罗为之，折上巾，通犀金玉带。系履，则曰履袍；服靴，则曰靴袍。履、靴皆用黑革。……衫袍。唐因隋制，天子常服赤黄、浅黄袍衫，折上巾，九还带，六合靴。宋因之，有赭黄、淡黄袍衫，玉装红束带，皂文靴，大宴则服之。……后妃之服。一曰袆衣，二曰朱衣，三曰礼衣，四曰鞠衣。”袆衣是皇后所用的级别最高的礼服，它既能作为祭服，也能作为朝服和册后、婚礼的吉服。袆衣为深青质，上有五色五采翟文，计用十二等，即十二重行。内衬素纱中单，中单之领绣以黼文，并以朱色罗縠缘袖及边。蔽膝随裳之色。大带随衣色，里用朱色，外侧加緄边，上用朱锦，下用绿锦緄之，带结用素组，革带用青色，系以白玉双佩，双大绶及小绶三，小绶间施玉环三（章彩尺寸同皇帝），青袜，乌舄（一作青舄），舄加金饰。亲蚕礼时皇后着鞠衣，黄罗为之，蔽膝、大带、革舄随衣色，余同袆衣，唯无翟文；朝谒、乘车辇时穿朱衣（绯罗制成），着蔽膝、革带、大带、佩绶、袜，金饰履，履随服色；礼衣为宴见宾客时穿用，如钗钿礼衣，十二钿，服通用杂色，制同鞠衣，加双佩小绶。

幞头发展至宋代已成为宋人的主要首服，其应用广泛。上至帝王，下至百官，除祭祀典礼、朝会需服冠冕外，一般都戴幞头。事实上，幞头在唐以后的五代十国中就有所变化，至宋代已发展成硬脚样式（图6-7）。宋元时期，还出现了各种造型之脚的幞头，如直脚幞头、曲脚幞头、交脚幞头、高脚幞头、宫花幞头、牛耳幞头等。其中直脚幞头系某些官职朝服，其脚长度时有变化，宋初时两脚尚短，后来两脚逐渐伸长，据说是为了防止臣僚在上朝站班时窃窃私语而改进的；交脚、曲脚幞头为仆从、公差或卑贱者佩戴；高脚、卷脚幞头多为仪卫及歌乐杂伎所戴。另有一些装饰丰富的幞头，称为簪戴幞头，即在幞头上簪以金银、罗绢之花，其花枝多采用红、黄等色的丝线制成，多在喜庆场合时佩戴。[1]

图6-7　宋代硬脚幞头样式

由于幞头逐渐演变成了帽子，并成为文武百官的固定装束，所以，宋朝的文人雅士又恢复起从前的幅巾习俗。彼时还形成了以人物、景物等命名的各种幅巾，如相传为大文学家苏东坡创制的“东坡巾”，还有“程子巾”“逍遥巾”“高士巾”等。不同身份的人往往佩戴不同样式的头巾。一个人行走在路上，人们只需看他的头巾，便可大致知晓他从事的职业或身份。正如宋人

[1] 据说，南宋时的临安即有成婚典礼之前，女家向男家赠送紫花幞头的习俗。（参见陈东生，甘应进.新编中外服装史[M].北京:中国轻工业出版社，2010:65.）

吴自牧在《梦粱录》中的记载："且如士农工商，诸行百户，衣巾装着，皆有等差。香铺人顶帽披背子，质库掌事裹巾着皂衫角带，街市买卖人各有服色头巾，各有辨认是何名目人"，裹巾的习俗一直延续到明代。

宋代的军服有戎服和铠甲，戎服是平时防卫巡逻时将士所着的战袄、战袍。袍和袄都是紧身窄袖的便捷装束，只是长短有别。而官兵作战时通常要穿铠甲。据《武经总要》记载："（铠甲）右有铁、皮、纸三等，其制有甲身，上缀披膊，下属吊腿，首则兜鍪顿项"；《宋史·卷一百五十》又载："乞以新式甲叶分两轻重通融，全装共四十五斤至五十斤止"。欧阳修在《晏太尉西园贺雪歌》中写道："须怜铁甲冷彻骨，四十余万屯边兵。"皮制的战衣也叫皮笠子、皮甲。宋代还有一种特制的铠甲——纸甲，为战事发生时士兵应急穿戴的甲衣，它用一种特别柔韧的纸加工而成，厚约三寸，该材质在雨水淋湿后更为坚固，铳箭都难以穿透（图6–8）。

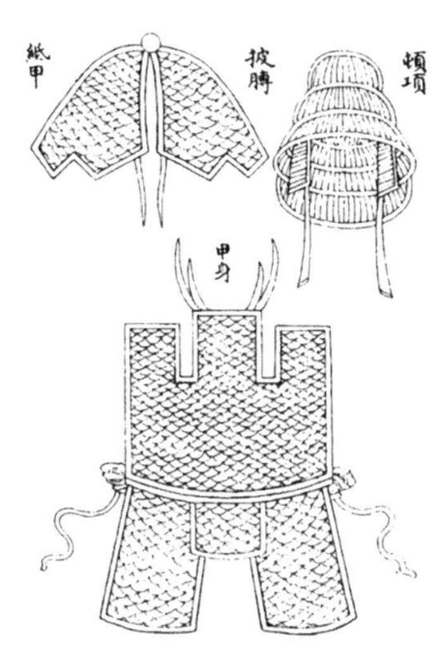

图6–8　宋代"纸甲"形制

宋代女性服饰可分为礼服与常服两大类。贵妇礼服多为大袖罗衫、长裙和披帛，这是晚唐五代遗留下来的制式，在北宋年间依然流行。穿着此服饰还需配上相应的首饰，包括发饰、面饰、耳饰、颈饰和胸饰等。大袖罗衫原本是皇后嫔妃的常服，因其两袖宽大，故名，后流传开来，逐渐成为贵族妇女的礼服。《朱子家礼》称："大袖，如今妇女短衫而宽大，其长至膝，袖长一尺二寸"，大袖罗衫为对襟、宽袖，衣长及膝，领、衣襟镶有花边。宋代女性常服也都沿用唐代制式，有襦、袄、衫、褙子、半臂、抹胸、裹肚、裙、裤等。

图6–9　出土的"褙子"造型

褙子是宋女常服中的经典制式，其直领对襟，两腋开衩，衣长过膝，衣袖有宽窄二式，领、袖口、衣襟下摆镶有缘饰，可罩在衫袄之外，既舒适合体又典雅大方（图6–9）。

宋代女性裙装也保留有晚唐五代的不少遗制。这些裙子宽度多在六幅以上，至多可达十二幅，中间抽细褶，形成"百褶裙""千褶裙"的样式。宋代女裙以长裙居多，裙腰从腋下降至腰间，穿着时还需在腰间加以绸带，并配有绶环垂下。[1]裙子的色彩繁多，有红、绿、黄、蓝、青等。宋代上层妇女还有用郁金香草汁液浸染裙子的习俗，浸染过的裙子阵阵飘香，故称为“郁香裙”。民间妇女外出骑驴则着“旋裙”，它前后开胯，便于骑乘。

宋代女子还流行佩戴花冠。花冠风俗始于六朝，唐朝得以普及，宋代花冠的样式在唐代基础上又有所发展，即有的用金银珠翠制成花鸟形状的簪钗梳篦插在髻上，有的用罗、绢、金、玉、玳瑁制成桃、杏、荷、菊、梅等花卉形态簪在髻上，谓之“一年景”。

彼时，与宋王朝并立的还有辽、金、西夏等政权。由于是少数民族，其服饰也各具特色。例如，辽本属契丹族，其长期盘踞在东北一带，辽推行“因俗而治”的统治方法，即“以国制治契丹，以汉制待汉人”——官分南北。南官以汉制治汉人、穿汉服，北官以契丹制治契丹，穿契丹服。契丹男性多着圆领袍衫，全髡发，位尊者裹巾帛。女性所穿服装多为交领左衽窄袖袍，梳挽螺髻，另在额上扎一道狭窄的巾帛。辽代皇后祭祀戴红帕，穿络缝红袍，悬玉佩和双同心帕，着络缝乌靴。皇后常服还有紫金百凤衫，杏黄金缕裙，红凤花靴，梳百宝花髻。后来，在辽文化与汉文化不断交融的背景下，模仿对方着装的情况也时有出现。

金为女真族建立的政权，曾附属辽二百余年，因此，金代服饰大体保持女真族形制。由于居于北方，气候寒冷，金代衣料多以毛皮为主。例如，男子头裹皂罗巾，身穿盘领袍，腰系吐鹘带，脚着乌皮靴，衣着颜色随季节和周边环境的色彩而变：冬季，他们多穿白色皮袍，和冰天雪地融为一体；夏季，则多穿绣有鹘、鹅、熊、鹿、山林、花卉图案的服装，和周围环境合二为一。这种装束相当于迷彩服，能让着装者避免被凶猛野兽发现，又便于其靠近猎物采取捕获行动。金代女性服装一般款式修长，上衣为团衫，黑紫色或绀色（赤青），直领，左衽，前拂地，后曳地，用红黄带，双垂在前；下身多着襜裙，黑紫色，上绣有全枝花，周身有六襕。贵族女性多戴羔皮帽，喜用金珠装饰。金在归并为宋北部疆域后，参酌宋制，朝廷法定服饰又承袭辽代样式，使金代服饰具有融合女真、契丹和汉族三个民族服饰的特征。

西夏王朝由党项族创建。党项原为西北游牧民族，一向以武功立国，后逐渐接受中原文化的洗礼。到西夏中期，统治者崇尚儒学，推行科举取士制度，逐渐失去了骑射尚武的传统，在服饰上也兴汉族衣着，形成了富有特色

[1] 在古代，玉制圆形绶环饰物的主要作用是压住裙幅，避免裙装在人走路或活动时随风飘动，影响衣着仪礼。史书中所称的“玉环绶”就是此类器物。

的民族服饰风格。例如，西夏王穿起汉式服装，希望与中原皇帝平起平坐，王妃则穿戴回鹘装，其形制为连衣长裙，翻折领、窄袖，衣身宽松，腰际束带，在翻领和袖口上饰有凤衔折枝花纹。有时，还搭配回鹘髻，上饰珠玉，簪钗双插，戴金凤冠，穿笏头履。

元代伊始，统治者就制定了较为开明的服饰政策，即蒙古人行蒙制，汉人用汉制。入关前，蒙古人的着装主要以貂鼠、羊皮制成的皮袄、皮靴、皮帽为主，样式为方领、右衽。入关后，此服饰形制也未有大的改变，以窄袖长袍为主，但袍式比辽制宽大。宫中服制则承袭宋式。直至1321年元英宗时期，才依据古制制定了天子和百官的上衣连下裳、上紧下短制式的官服，并在腰间加饰襞积（褶皱），肩背挂大珠，汉语称为“质孙服”或“一色衣”，即明代所谓的“曳撒”（图6-10）。“质孙服”的使用范围较广，官臣在内宫大宴中可穿着，乐工和卫士也同样可以穿着。但此服式有上下级的区别，且对质地有所讲究。具体来说，天子的质孙服冬装有十五个等级（均以质地划分），每级所用原料和色彩完全统一，服装和帽子一致。比如，服装若是金锦剪茸，其帽必然也是金锦暖帽；若服装用白色粉皮，其帽也必是白金答子暖帽。同样，天子的质孙服夏装也分十五个等级，与冬装一样，主要是质地的区别。百官的质孙服冬装分九个等级，夏装分十四个等级，均以质地和颜色区分。此外，元代皇帝还有虬龙袍，天鹅织锦袍，平时也着布袍，其领、袖间镶以皮毛。

图6-10 “曳撒”样式

元代男子的便装仍以袍服为主，但款式较辽代更大，而其穿着的辫线袍（袄）和燕居服则更具特色。从元代《射雁图》中所绘人物穿着的辫线袄来看，其形制为窄袖，腰有辫线细褶，密密打裥，又用红紫帛捻成线，横在腰间，又称“腰线袄子”。其与“质孙服”相似，唯腰间加多横褶。元代男子的燕居服还可从《百尺梧桐轩图》中描绘的人物着装来辨认。元代男子的靴有鹅顶靴、鹄嘴靴、毡靴、高丽式靴等。其帽式更为多样，冬季有金锦暖帽、七宝重顶冠、红金答子暖帽、白金答子暖帽、银鼠暖帽；夏季有宝顶金凤钹笠、珠子卷云冠、珠缘边钹笠、白藤宝贝帽、金凤顶笠等。暖帽的样式可见于当时一些王公贵族的画像中，钹笠帽的形制可见于西安曲江孟村和山西大同元墓出土的实物，短檐帽的形制可见于内蒙古赤峰宝山元墓壁画及甘肃漳县元代汪世显家族墓中出土的实物。

元代女性的着装分贵族与平民两种形式。贵族多为蒙古人，以皮衣、皮帽为穿戴特色，质料以貂鼠、羊皮居多，样式多为宽大的袍，袖口窄小、袖身宽肥。由于衣长拖地，贵妇人外出时必有女仆牵拉。此袍服还常搭配一织金锦制成的云肩，即所谓的“金绣云肩翠玉缨”，十分华美。作为礼服的袍服，其面料质地更为考究，多采用大红织金、吉贝锦、蒙茸等制成，颜色以红、黄、绿、褐、紫、金色为尚。

元代女子首服中最有特色的要数“故姑冠”（也称“姑姑冠”“罟罟冠”等）。《黑鞑事略》中记载：“故姑之制，用画木为骨，包以红绡金帛，顶之上，用四五尺长柳枝，或铁打成枝，包以青毡，其向上人，则用我朝翠花或五采帛饰之，令其飞动；以下人，则用野鸡毛。”故姑冠犹如一顶“高帽”，在汉族人看来颇为有趣，特别是在江南地区更成为一道“风景”（图6-11）。当蒙古族女子戴上此冠行走时，冠顶上的饰物随风摆动，为戴冠人增添了几分风采。

图6-11　元代“故姑冠”样式

元代汉族女子仍以襦裙穿着为主，颜色以华彩为尚。至元末，转为淡素风格，在短襦外常加一件齐腰长的半臂。半臂在元代女性服饰中较为常见，甚至有些男子也穿着，只是女性半臂大多加以珠饰。元代妇女还盛行佩戴一种四合如意“云肩”，此云肩在金代就已出现。

# 第二节
## 宋辽金元时期服饰造物中的工匠精神

宋代的农业、手工业、商业等较之于唐代均有一定发展，但力度相对减弱，或许可以认为是唐朝之后的一个延续维持期。宋代的文化风格也趋于保守，如对过去的传统文化采取的多是总结、改良的方略，未有太大的突破。

在整个宋代社会的意识形态中，理学占据了主导地位。其奠基于程颢而由朱熹集大成，号称是继承孔孟道统，故又称为道学。它强调伦理纲常，提倡“存天理，灭人欲”。宋真宗大中祥符二年（1009年）下诏复古，载曰：“近代以来，属辞多弊，侈靡滋甚，浮艳相高，忘祖述之大猷，竞雕刻之小巧”，并诫：“今后属文之士，有辞涉浮华、玷于名教者，必加朝典，庶复古风”（《徂徕集》）。随着理学在社会思潮中的地位日益凸显，其对于当时的造物文化、艺术风格都有极大影响。

例如，在服饰上，整个社会舆论都主张服饰不应过分华丽，应崇尚简朴，尤其是妇女服饰更不应奢华，这便造成宋代女装趋于拘谨、清雅、刻板甚至保守的特点。当时的朝廷也曾三令五申，多次提及服饰应“务从简朴”，不得奢华，甚至还将宫中妇女使用的多饰衣物、首饰等当众焚烧，以此告诫世人。宋太祖于乾德年间还规定，宫内妇女的服色要随大夫变化，庶民百姓不得穿用绫缣五色华衣。彼时的代表性服装——襦衣、褙子的遮掩功能加强，其将人体牢牢包裹，色彩趋于恬静，显示出质朴、洁净、自然、规整的风格，而弓鞋❶也成为对彼时女性身心最为“有力”的束缚之物。

南宋后期，“一钩罗袜素蟾弯”表明妇女裹足已成大势。这种习俗一方面残害了女性的身心健康，另一方面也影响了女性的着装习惯。此外，两宋在宗教信仰上抬高了道教，建立了许多道观，受此影响，各类服饰必然投合一定的释、道观念及审美意趣。而正是由于道教的盛行，着道袍在宋代亦成为一种风尚，这种领部对称的宗教服饰也影响了宋人的服饰造物活动，如褙子就呈现出这一对称的结构。彼时，宋代与周边的契丹族、女真族、党项族、蒙古族等交流频繁，这使诸多服饰在保留中原民族特点的同时也广泛吸取“各家”之长，呈现出新奇的面貌，这在上节已有介绍。

关于宋代的造物思想和工匠技艺，均有典籍记载。例如，郑樵《通志·器服略》在谈到器物时，认为其造型、装饰是本于大自然的万象，故提出了“制器尚象”的命题，此造物思想与儒家“天人合一”的观念关系密切。此外，还有强调造物从“载道垂戒”到“备物致用”，以及对于遵循“奇巧之禁”的适用原则的重视，即器物应首先满足人们的实际需求，美丑可以不计。欧阳修《古瓦砚》中有云：“砖瓦贱微物，得厕笔墨间。於物用有宜，不计丑与妍。金非不为宝，玉岂不为坚。用之以发墨，不及瓦砾顽。乃知物虽贱，当用价难攀。”在此咏物诗中，可以解读出士大夫关于精神生活与物质生活的辩证关系。这些理论和观点都体现出造物、设计追求理性节制的一面，其亦是北宋文人赏物推理的兴趣、爱物悯物的情怀与理学思想高度融合的体现。因此，在宋代官府手工业生产体系中，除了技术工匠，还有文人官员与宫廷艺术家，❷他们均从自己的立场及角度对当时的造物提出见解和方向。

---

❶ 弓鞋是中国古代缠足女性所穿的一种鞋履，其前端尖细、底部弯曲，又被民间称为“三寸金莲”。据悉，缠足之风始于五代，元陶宗仪《南村辍耕录》记载，南唐李后主令宫嫔窅娘“以帛绕脚，令纤小，……由是人皆效之，以纤弓为妙”。最初，该习俗还只在宫中流行，至两宋逐渐普及——“如熙宁、元丰以前人犹为者少。近年则人人相效，以不为者为耻也。”

❷ 顾平，邓莉丽.略论宋代造物教育[J].新视觉艺术，2012(4):30.

至于“工匠精神”的实质意义，由于有文人士大夫的阐释，尤其是对“奇技淫巧”之说的纠偏，到宋代，人们对“奇技工巧”之说开始呈现出正面评价，工匠及其职业性质也得到了人们的重新认识。例如，南宋时期，“抑工商”观念逐渐被摒弃，“工”“商”业者的地位可以被“士”纳入言谈之中。在《夷坚志》《东京梦华录》这类文人笔记中就有许多描绘市井生活和手工艺的内容——士农工商的界限逐渐被打破。有士大夫甚至开始从事工商贸易等活动。南宋后期，取士更是不受门阀的限制，出身工匠家庭，饱读诗书者皆能参加科考。同时，工匠亦能通过自身的创造，为社会、经济发展做出贡献。[1]

值得一提的是，有宋一代，关于造物工艺与制度规范记录最具代表性的著作莫过于沈括撰写的《梦溪笔谈》。该书分为“技艺”“器用”等篇章，涉及建筑、器物、纹饰、服饰、印刷等内容，可谓是记录彼时造物理论与工匠精神的重要典籍。研究中国古代科技史的著名英国学者李约瑟认为，沈括是中国科技史上最为卓越的人物之一，《梦溪笔谈》则是中国科技史论著中的里程碑。[2]例如，书中提到“营舍之法，谓之《木经》，或云喻皓所撰（《木经》系我国古代重要的建筑文献，现已佚）。凡屋有三分：自梁以上为上分，地以上为中分，阶为下分。凡梁长几何，则配极几何以为榱等。如梁长八尺，配极三尺五寸，则厅法堂也，此谓之上分”“古人铸鉴，鉴大则平，鉴小则凸。凡鉴凹则照人面大，凸则照人面小”等，都是对物体测量、审视及尺度作用的精彩总结。

宋代造物文化与工匠精神反映在与服饰息息相关的纺织技艺上更为明显。宋代的织物种类繁多，尤以锦、绢、绫最负盛名。锦大约有四十余种，著名的有苏州的“宋锦”（图6-12）、南京的“云锦”、四川的“蜀锦”，这在上节中已提及。1975年，考古学家在宁夏银川市郊贺兰山麓的西夏陵区发现了一批丝织物残片，其中最引人注目的是一种“茂花闪色锦”，该织锦经密纬疏，正反两面均为经线起花，经丝浮线蓬松，富有立体感，其经线密度

图6-12　蓝地缠枝蕃莲纹宋锦残片

---

[1] 夏燕靖.斧工蕴道：“工匠精神”的历史根源与文化基因[J].深圳大学学报(人文社会科学版)，2020(5)：18.

[2] 沈括是我国历史上公认的一位学贯各科的科学家。《梦溪笔谈》记载了沈括深入钻研科学技术的经验与成果。例如，在“器用”篇中，他通过对矢服、箭筒、弩机、铁甲、透光镜、玉钗的分析，阐述了这些器物的实际用途与制作技艺。对一些难以理解的现象，他还亲自作过观测和实验，得出的结论与今天科学家们通过实验手段所获结论一致。沈括这种实事求是的科学态度、精益求精的工匠精神，不仅在当时难能可贵，在今天仍值得我们学习。

为80~84根/厘米，纬线密度为36~38根/厘米，经纬组织和织造方式都很特别。如经线是先经过分段染色的（即按照设色要求，将不需染色的经线区段进行包裹，再入染），故能呈现出一段段不同色彩的视觉效果。将其与纬线合织，就会在织物上产生直向的参差不齐的彩色斑纹，绚丽缤纷。宋代缂丝工艺也是彼时织造技艺中的代表，其制作方法是“通经断纬”，即先挂好经线，然后将许多不同色彩的纬线根据图样用小梭子缀织上去，交接处承空，似有雕镂的痕迹，织出的花纹两面相同，极为精巧。当时还出现了几位著名的缂丝工匠，如朱克柔、沈子蕃等。

据史料记载，宋时管理丝织生产的机构规模庞大，有中央朝廷设置的，还有地方官府设置的。例如，丝锦生产一般由锦院管理，锦院设有织机400多张。在汴梁，政府曾于乾德四年（966年）将平蜀时虏获的四川锦工200余人置于绫锦院，成为锦院织物生产的主力。元丰六年（1083年）又建四川锦院，募军匠500人织造，有织机154张，用挽综工164人，用杼工54人，练染工11人，纺绎工110人，用丝125000两，红蓝紫染料211000斤。彼时官府还制订、颁布法令，对各类织物的质量、规格（尺寸、重量、成色）、用料等做出了明确规定。此外，宋代纺织工业已经趋于商业化，出现了桑、蚕、丝、织等分门别类的生产工艺流程。特别是“机户”（专门从事纺织的手工业户或作坊）的诞生，标志着宋代家庭丝织业向手工业作坊的转变已经成熟，桑蚕丝织的生产又带动了丝织贸易及相关产业的发展。当时民间织造作坊更是有“千室夜机鸣”的盛况。具体来说，北宋时期，养蚕、缫丝以吴越地区为主，朝廷对江浙地区的丝织生产极为重视，除兴修水利外，还奖励农民垦殖。因此，江南的丝织生产较北方兴旺许多。特别是宋室南渡后，北方大批统治阶层、官商及农民、手工业者纷纷南迁，使首都临安成为彼时丝织业与丝织产品的集散中心。《马可·波罗游记》提到南宋杭州时曾写道：“由于杭州出产大量的丝绸，加上商人从外省运来的绸缎，所以，当地居民中大多数的人总是浑身绫罗，遍体锦绣。”❶

宋代纺织工匠对于织造技术进步的贡献即是创造了优良的丝织加工方法，其中最具代表性的有两种：一是经纬线的加捻，即以不同的捻度使织物幅面产生皱褶变化。丝织品中的绉就是以此加工方式制成的。此外，还可以不同的捻向、力度，使织物产生不同的光泽效果，如丝织品中的闪光缎就是利用这种方法织造加工出来的。二是碾轧技术的应用，当织物织造完毕后，需放入浆桶浸泡，经过捣杵后再进行碾轧，或是在织物未下机之前涂上浆液，再

❶ 马可·波罗.马可·波罗游记[M].陈开俊，等，译.福州:福建科学技术出版社，1981:178.

下机碾轧。经过碾轧的织物，其幅面更为平整、光泽感更强，织花装饰效果更佳，具有光（幅面光滑）、平（幅面平整）、洁（织物洁净）、满（花纹饱满）的特性。在织物的装饰方法上，还有提花、印金、刺绣、彩绘等。故宋代服饰多在衣襟、袖口、裙边、下摆等部位采用印金、彩绘、刺绣等方法加以装饰，以增加其美感。

彼时，受到文人墨客工笔写生画的影响，宋代的织物和服饰中均出现了大量介于写实和几何图案之间的新纹样。例如，植物中的牡丹、山茶花、荷花、菊花、萱草、缠枝花、宝相花纹；动物中的云雁、仙鹤、孔雀、龙凤纹；几何形中的球路、方胜、龟背、万字、如意纹，工匠们将这些纹样织造在面料中并制成服装，取得了别样的效果。

男耕女织，不仅是中国古代农耕社会生活的真实写照，也是古人向往的传统田园生活的理想模式。例如，《耕织图》就成为许多南宋画家热衷于创作的题材，刘松年、梁楷等均绘制过此主题画作。其中，南宋画家楼璹所作《耕织图诗》45幅最为有名，并得到了历代帝王的推崇和嘉许。该组图包括耕图21幅、织图24幅，采用绘图的形式和纪实风格，诗画并用（每幅制诗一章），呈现了耕作与蚕织在天下四时中的流动场景，是古代耕织生活理想化、审美化的经典提炼。例如，《织图二十四首·攀花》一幅，其诗曰："时态尚新巧，女工慕精勤。心手暗相应，照眼花纷纭。殷勤挑锦字，曲折读回文。更将无限思，织作雁背云"，这生动、形象地描绘了劳动者耕作、蚕织的场景与流程。可以说，《耕织图》不仅包含农业生产、耕作技术等知识，还蕴含丰富的美学思想，它与其他以审美为主题的耕织诗文书画（如范成大《四时田园杂兴》）和以技术性记载为特征的农书（如宋代陈旉《农书》、元代司农司《农桑辑要》、元代王祯《农书》、元代鲁明善《农桑衣食撮要》）一起，构成了一系列生动的古代工艺技术导图与生活美学图景。[1]

元朝是由少数民族——蒙古族建立起来的政权，其文化背景相对复杂。蒙古族拥有独特的民族文化，其又与西域的广大地区保持着密切的联系，从而形成了不同民族"各依本俗"的面貌。于是，在同一时空内，蒙古族文化、伊斯兰教文化、汉族文化、藏传佛教文化欧洲基督教文化、高丽文化等多种文化并存，它们对彼时的手工艺造物活动及工匠精神产生了深远影响。[2]早在

---

❶ 邹其昌.传统经典中的"遗产"——《周礼》体系中的女性工匠文化[J].遗产，2019(1)：263.

❷ 在蒙古族兴起之前，就有许多西域商人进入蒙古高原等地区从事商业贸易活动。他们利用中亚的纺织品、器具、食物等换取蒙古人手中的貂皮等名贵土特产，蒙古人也因此了解到诸多西域优良的手工技艺类型。当蒙古大军进入西域后，当地的传统器具、工艺制品和物产让他们如获至宝。于是，速夫(毛布)、纳石失(金锦)、阿剌吉酒(蒸酒)、舍儿别(果子露)等中土罕见的手工艺制品被大量输入蒙古。与此同时，蒙军还俘获、拘刷、征召、搜罗了大批西域工匠、技师，为新兴蒙古政权服务。

蒙古建国时期，当地就形成了门类较为齐全且具备一定规模的手工业体系。蒙古贵族也极为重视工匠及其生产——他们在战争中每攻下一地，便把当地的工匠挑选出来带回各自领地，让他们制作武器、生活物品。在故都哈拉和林（今蒙古国中部后杭爱省杭爱山南麓），就有各族商人居住的街区和各族工匠聚居的汉人街。[1]元代西域工匠所在机构及其职掌内容可参见表6-1。

表6-1　元代西域工匠所在机构及其职掌内容一览表[2]

| 机构名称 | 设置时间 | 品级 | 隶属 | 职掌 |
| --- | --- | --- | --- | --- |
| 别失八里局 | 至元十三年 | 从七品 | 工部 | 掌西域人匠织造御用纳失失等 |
| 荨麻林纳失失局 | 至元十五年 | 从七品 | 徽政院 | 掌西域人匠织造纳失失 |
| 弘州纳失失局 | 至元十五年 | 从七品 | 徽政院 | 掌西域人匠织造纳失失 |
| 撒答剌欺提举司 | 至元二十四年 | 正五品 | 工部 | 掌西域人匠织造撒答剌欺 |
| 纳失失毛缎二局 | 不详 | 不详 | 工部 | 掌西域人匠织造纳失失 |
| 镔铁局 | 至元十二年 | 不详 | 诸色人匠总管府 | 掌西域镂铁之工 |
| 赛甫丁弓局 | 不详 | 不详 | 武备寺 | 掌弓矢制造 |
| 砂糖局 | 至元十三年 | 不详 | 宣徽院 | 掌砂糖蜂蜜煎造 |
| 尚饮局 | 不详 | 不详 | 宣徽院 | 掌酿造上用细酒和诸王百官酒醴（葡萄酒） |
| 尚醖局 | 不详 | 不详 | 宣徽院 | 掌酿造上用细酒和诸王百官酒醴（葡萄酒） |
| 茶迭儿局总管府 | 宪宗时期 | 正三品 | 工部 | 管领诸色人匠造作等事 |
| 荨麻林人匠提举司 | 太宗时期 | 不详 | 哈散纳管领 | 掌西域人匠 |
| 弘州人匠提举司 | 太宗时期 | 不详 | 镇海掌领 | 掌西域人匠 |
| 大都毡局 | 不详 | 不详 | 诸司局人匠总管府 | 掌制作毡毯等事 |
| 上都毡局 | 不详 | 不详 | 诸司局人匠总管府 | 掌制作毡毯等事 |

元初，蒙古贵族和军功吏才对科举取士制度并不在意并将其中断，这迫使文人求取功名无望而纷纷转向手工业行当谋生，此举间接地促进了元代手工业的发展。彼时，工匠凭借自身超众的技艺做官、擢升的不在少数。《元

[1] 有学者认为，元代匠户的数量应在20万户以上，这还不包括民匠和军匠。匠户的来源，一是蒙古族原有的手工艺人，二是金朝、南宋的匠户，三是其所征服、俘获的别国或其他地区的工匠。这些工匠来自不同民族或地域，故能生产出包括玉器、瓷器、金银器等在内的许多令人称绝的物品，以满足朝廷和贵族的需要。[参见于宝东.从出土玉器看元代北方手工业的发展[J].北方经济，2007(3):69.]

[2] 马建春.元代的西域工匠[J].回族研究，2004(2):81.

史·工艺》曾记载山西浑源人孙威因其所制铠甲坚固，得太祖赏识，被擢升为顺天、安平、怀州、平阳诸路工匠都总管的事迹；元宪宗蒙哥时期，吴德融因“善锻、有巧思”，被用为诸路银匠提举。❶

值得一提的是，“匠籍”制度在元代开始形成，后沿袭至明代。该制度将“人户”分为民、军、匠三等，编入特殊户籍的工匠归南镇抚司管理，并要求其世代承袭，以便对工匠缺员的增补。因此，编入“匠籍”的工匠都是“术业有专攻”的工艺师傅，他们的技艺多以家传为主，“匠籍”制度为元代及后世手工业的稳步发展奠定了基础。

有元一代在汉族聚居的广大地区仍然维护肇始于北宋的程朱理学思想的至尊地位，使汉民族的传统文化得以延续，这一点在手工造物思想中也有所反映，其突出特点便是强调手工业生产的实用性。例如，《南村辍耕录》❷有载：“孟蜀主一锦被，其阔犹今之三幅帛，而一梭织成。被头作二穴，若云版样，盖以叩于项下。如盘领状，两侧余锦则拥覆于肩，此之谓鸳衾也”，其记录了锦被的尺寸、样式与实用特征，表明元代造物思想以实用为原则的理念。在《道园学古录》中还记载了官府下属织染局和杂造局的生产管理方式：“凡宫室服御之事，土木金石丝缕彩色之工，经公指授，制作精异，非众思所及”；官府居室宅内使用的器物也反映出程朱理学等级制的观念：“凡精巧之艺，杂作匠户，无不隶焉”（《元史·卷四十三》）。

元代的纺织生产机构规模庞大，主要以官营为主。官府在全国各地设立的织染局有几十处，以生产满足宫廷、王侯和百官所需的产品。据《至正金陵新志》记载，仅建康织染局的东织染局就有“设局使二员，局副一员，管人匠三千六百户，机一百五十四张，额造段匹四千五百二十七段，荒丝一万一千五百二斤八两”，可见，官府在纺织生产行业投入了大量人力、物力与资金。彼时，官府扶持的纺织工艺在金锦、刺绣、毡罽和棉织等方面最具特色，如纱线中加金丝制作的“纳石失”就是元代最为著名的织锦。与之相关的各种工艺手段和加工器具也十分完备。元朝廷还屡次在全国各地招募织金工匠，甚至在忽必烈时期，将专门生产中亚风格的别失八里的织工迁到大都，织造各种金锦彩缎。这些被掳来的中亚匠人，被安排与本土织金锦匠人一同生产，极大地促进了元代织金技术的发展。

说到元代的纺织工艺，不得不提棉织工艺，而说到棉织工艺又不得不提

---

❶ 刘莉亚，陈鹏.元代系官工匠的身份地位[J].内蒙古社会科学(汉文版)，2003(3):13.

❷《南村辍耕录》是由元末明初文学家陶宗仪撰写的一部历史琐闻笔记，共有三十卷册。内容包括元代的典故、文物，并涉及文学、小说、戏剧、碑刻、书画、工艺技术、民间习俗等，有关工艺技术的内容包括染织、雕刻、玉器、髹漆、陶瓷、金银工艺等。

著名的纺织工匠黄道婆。黄道婆（又名黄婆、黄母）是元代著名的棉纺织工艺家，松江府乌泥泾镇（今上海市华泾镇）人。黄道婆出身贫苦，年少时受封建家庭压迫流落至崖州（今海南岛），她在崖州向黎族织工学习了一整套种棉纺织的技术，并于元祯年间（1295~1296年）回到家乡，将其所学的知识、技术带回了江南。黄道婆对于棉纺织技术及工具的改进，带动了整个江南地区棉织工艺和手工纺织业的进步，促进了商品经济的发展。其功绩虽未载入“正史”，但在元陶宗仪的《南村辍耕录》、王逢的《梧溪集》及明徐光启的《农政全书》中都有详尽记载。例如，《南村辍耕录》中提到黄道婆对于纺织技术、工具的改进，主要涉及捍（搅车，即轧棉机）、弹（弹棉弓）、纺（纺车）、织（织机）等。

捍（古字为“扞”，后写作“捍”）是一种脱除棉籽的工具。在我国古代，棉花用于纺织的时间要比丝、麻、葛晚，直至宋代末年，内地才开始普遍种植棉花。元朝初期，内地的棉纺织工具和技术还很落后。比如，棉籽生于棉桃内部，脱除棉籽是棉纺织过程中必不可少的工序。据《南村辍耕录》记载，当时人们主要采用手推“铁筋”的方法去除棉籽，其费时费力，且效率很低。见此情况，黄道婆发明了用以脱除棉籽的搅车（又名轧车），该搅车主体由装在机架上的两根辗轴组成，上面是一根直径较小的铁轴，下面为一根直径较大的木轴，两轴靠摇臂摇动，回转方向相反。将棉花喂入两轴间的空隙碾轧，籽落于内，棉出于外。利用搅车脱除棉籽大大提高了生产效率。直至1793年，美国才制造出轧棉机，相比黄道婆发明的搅车晚了400多年。

弹，又名“弹棉弓”，其形状似弓，是宋元时期较为流行的一种弹棉工具。直至近代，在我国乡村民间，“弹”也是常见的制棉加工工具。此前，江南地区普遍使用“线弦竹弧”弹棉，该弹棉弓仅有一尺五寸长，弹棉效率较低。黄道婆将其改造成四尺长并装有绳弦的大弹弓，并改用弹锤敲击绳弦以代替用手拨弦的方法。由于敲击时振幅很大，强劲有力，此弓每日可弹棉一百斤，不仅生产效率提高了，还使弹出的棉花既松散又干净。捍、弹等工具的革新，为彼时松江一带棉纺织业的迅速发展创造了条件。

纺，即纺车。在黄道婆家乡乌泥泾镇一带，民众过去均使用手摇单锭纺车纺纱，且通常需要多人相互配合。黄道婆和木工师傅经过反复试验，将用于纺麻的脚踏纺车改制成三锭棉纺车，使纺纱效率提高了两三倍。用该新式纺车纺制棉纱，既省力又高效，很快在松江一带得到推广。

黄道婆还将她从海南黎族那里学来的织造技艺与自己的生产实践经验相结合，总结出一套较为先进的“错纱配色、综线挈花”技法，革新了棉纺织提花方法（即使普通的棉布呈现出各种美丽的花纹）。经黄道婆改良的织造技术在乌泥泾和松江一带推广开来后，当时的松江布远销全国各地，并有“衣被天下”之美誉。当地民众在黄道婆的指导下，也迅速掌握了先进的织造技术。一时间“乌泥泾被”不胫而走，广传于大江南北，附近的太仓等地都加以仿效。即使黄道婆去世以后，松江府仍然是全国最大的棉纺织中心。

纺织器具是促使纺织业生产进步的利器，亦是工匠进行产品创新的载体。元代王祯的《农书》就记录了我国南北方农业、手工业器械（具）200多种。虽说书中有不少器械（具）是前人的创造发明，但“去世已远，失其制度”，经过王祯的搜集整理，列为图谱，后人才得以重新了解、制作并使用。例如，《农书》记载了我国工匠发明的以水力为动力的纺织工具——水转大纺车，这是世界纺织史上的重要发明。欧洲直到1769年左右才出现水力纺车，比我国整整晚了400多年。《农书》中还记载了曲面犁壁、耧车、耧锄等农业器具，这些器具不仅对我国农业、蚕丝业的发展起到了推动作用，对欧洲农具改革也产生过重要影响。例如，18世纪法国发明家蒙素·度哈莫（Duhamel de Monceau）的著作中就绘有中国耧车之图形，颇似王祯《农书》之图，这表明我国农业器具是西方犁耕改革或技术创新的样板。

# 第七章
## 沉淀：明清时期的服饰造物文化与工匠精神

明朝立国后，社会经济持续发展，其在较短的时间内完成了自宋代以来手工业从官营到私营的转变，且更为彻底。特别是明后期，大多数手工业都已摆脱了官府的控制，成为民间手工业，由此促进了手工业生产在民间的兴盛。彼时，棉花在中原地区及长江流域被大量种植，棉布成了民用衣料的主要来源，丝绸则向着精加工的高档面料发展。江南太湖平原蚕桑丝织业迅速发展，丝织加工技术明显提高。明中后期，市井文化的勃兴与儒学的转向给整个社会带来了一种“尊生贵人”的氛围。从朱子至心学倡导者王阳明主张的“格物”、王廷相推崇的“实学”到泰州学派王艮等人宣扬的“百姓日用即道”，都使劳动创造乃至实践主体受到前所未有的重视。此外，晚明工匠制度的松弛，也让手工匠人在经济收入、身份地位上有所提高。

为了维护政权，统治者在反映意识形态的服饰等领域提倡恢复汉族文明传统的制度，如要求承袭唐宋幞头、圆领袍衫、玉带、皂靴等服式，这亦促成了明代官服的基本风貌。此外，《天工开物》等科技巨著的出现，也为明代服饰造物的规范性与多元化提供了参考。当今，我国戏曲服装的制式、色彩、纹样等多来自明代服式，这亦是明代服饰对后世产生的影响。

清朝作为我国历史上最后一个封建王朝，其满族统治者在入关之后，采取了一系列服饰改革以维护政权统治。至清晚期，宫廷造物风格多向精细化发展，如服饰用料不惜工本，装饰繁缛富丽，客观上促进了刺绣等工艺的提升。在满汉文化交融的背景下，满、汉民间女性皆有模仿彼此着装的现象，一些新的服饰风格应运而生。鸦片战争后，清政府被迫通商开埠，西方工业产品开始渗入中国市场，传统手工艺制品饱受机械制造产品的冲击，如西方纺织品、西式服装等对近代中国服装样式、结构等产生了极大影响。彼时，民族工业初见雏形，造物文化也出现两极分化的趋势：一部分人坚守传统，力图保持原有的古典造物风格；另一部分人则走向学习西方的道路。但不论如何，我国工匠都是传统社会经济发展中的技术主体，同时也是早期工业化进程中人力资源的核心要素，他们作为明清时期工业生产中的主要劳动力群体，是推动彼时社会生产力发展的中坚力量。[1]

# 第一节
# 明清时期的服饰造物文化

## 一、明朝的服饰造物文化

明朝建国后，针对长期战乱造成的国家土地荒芜、城池虚空等情况，采取了一系列休养生息政策和恢复生产的措施（如移民垦田、奖励开荒、减轻赋税徭役、推广桑棉种植等），农业生产得以迅速恢复。随着农业生产力的提高和市场的扩大，工商业从业人数不断增加，新兴工业大量出现，纺染织业在一些地区出现了空前繁盛的局面。

为了加强对纺、染、织、绣等手工业生产的管理，明政府从中央到地方均设立了相关管理机构，如工部附属的文思院、织染所，内府监局附属的内织染局、针工局、巾帽局、尚衣监等。彼时的染织行业分工细致且明确，如染织工匠可分为挽花匠、染匠、织匠、针匠、挑花匠、捻金匠、洗白匠、织罗匠、裁缝匠、双线匠、网巾匠、攒丝匠等。同样，地方的染织生产管理机构规模也十分庞大，如在浙江建有杭州、绍兴、金华、台州、温州、湖州、嘉兴等10个织染所；在福建建有福州、泉州织染所；在山东设有济南织染所；在江苏设有镇江、苏州、松江织染所；在安徽设有徽州织染所。

明政府将从各地搜集而来的染织品分别储存在国库以备用。例如，工部“广盈库”负责贮存丝、纱、罗、绫、锦、绸、缎等；户部“承运库”贮存缎匹；“甲字库”贮存布匹、颜料等，故这些丝织品有“库锦”“库缎”之称。[2]

永乐年间（1421年），明朝迁都北京之后，在南京仍然保留了一套与北

---

[1] 余同元.传统工匠现代转型研究——以江南早期工业化中工匠技术转型与角色转换为中心[M].天津：天津古籍出版社，2012:4.

[2] 库锦又称“库金”或“织金”，是一种利用金线或银线织出的锦缎，其特点是花多地少，花朵较小。库锦还有几种样式，花朵少的称为“库金”，花纹用金银二色织出的称为“二色金库锦”，花朵用少量彩色绒线织成的称为“彩花库锦”。库缎是指在缎地上起本色花的织物，其花纹多系团花式。织造时由于经线的交织，可使花纹形成暗花或亮花等风格，并有闪色效果。库缎的经纬密度较大，缎面平整光滑，不易沾尘，因在缎地上起本色花，又名“摹本缎”。

京相似的管理机构，称为“南局”，专门负责织染生产。南京与北京合称“内外织染局”，内局以应上供，外局以备公用。此外，在南京还设有供应机房，其分工细达二三十种，主要织造御用的丝纱罗缎匹及各色花样袍服。

尽管庞大的中央管理机构垄断着纺、染、织业的生产，但民间的染织工业仍然保持着强劲的发展态势。例如，苏州是“郡城之东，皆习机业”（《苏州府风俗考》）；杭州是“桑麻遍野，茧丝锦织之所出，四方咸取给焉”（《松窗梦语》）。明万历年间，《铅山县志》记载了当时全国各地的染织所情况。铅山虽地处闽、浙、赣三省交界的偏僻地区，但这里经营的染织品品种却异常丰富，后逐渐发展成为南北商货贸易集散转运中心。“其货自四方来者，东南福建则延平之铁，大田之生布，崇安之闽笋……”（《铅书》），即是对此地纺织贸易盛况的真实写照。[1]

中央完备而庞大的纺织工业体系与民间多元的染织工艺作坊共同发展，使明代的纺织造物文化光彩夺目。例如，明代的丝织品种大体可分为罗、绸、缎、锦、绮、绒等类别，每类又设有许多不同的花色品种，其中以锦缎最具特色。明代锦缎依其制作方法和特点，可分为三类，分别是妆花、本色花和织金银。以织金银来看，彼时的织物加金已不限于锦，还出现了金线绒、织金绢、织金罗等，这都大大突破了元代的水平。值得一提的是，明锦的图案纹样丰富多彩，有云龙凤鹤类、花鸟草芥类、吉祥博古类、几何文字类等，在每一大类中又包含诸多小类，其中云龙凤鹤类所占的比重最大，变化形式也多样。仅云纹就有四合云（由四个如意形组成）、七巧云（形状如七巧）、鱼形云（形状像鱼，俗称“鱼妆”）、海水江崖云（形状似水波）、花形云（形状如花如树）等；龙纹有坐龙纹、行龙纹、盘龙纹、团龙纹等。几何纹样方面，有万字格、锁子纹、回纹、龟背纹、盘绦纹、如意纹、八达晕等，其中八达晕的应用最广，其具有庄重华美的艺术效果（图7-1）。质言之，这些图案蕴含吉祥的

图7-1　“八达晕”图案风格

[1] 清代官员尹会一在奏疏中提道：“江南苏松两郡最为繁庶，而贫乏之民得以俯仰有资者，不在丝而在布。女子七八岁以上即能纺絮，十二三岁即能织布，一日之经营，尽足以供一人之用度而有余”（《敬陈农桑四务疏》）。此外，“城乡中无论贫富妇女，绩苎织布，以备夏服”（《大埔县志》）、“西乡土性不宜棉而女红擅针黼，故以布为恒业”（《金泽小志・卷一》）等词句也反映出彼时的城乡妇女绝大部分都在从事纺织业。

寓意，反映出人们对于美好生活的向往和追求，并成为我国服饰图案中的经典代表。

印染方面，明代设有颜料局，专门负责掌管织物印染。芜湖是当时印染业最为发达的地区。据史料记载，明万历年间，工匠阮弼在芜湖创立染局，招来“染人”，分工合作，费用省而获利多，其产品行销全国各地。时任兵部左侍郎的汪道昆在《太函集》中描述了芜湖印染业的盛况：“五方购者盖集。其所转载偏于吴、越、荆、梁、燕、鲁、齐、豫之间，则又分局而贾要津。”彼时织物染色分工很细，染坊各有专职。例如，蓝坊专染天青、淡青、月白等色；红坊专染大红、桃红等色；杂色坊主要染黄、绿、黑、紫、古铜、水墨、血牙、驼绒、虾青、佛面金等色。明代的印染行业还形成了地域性的分工，如红染以江苏京口最为有名，蓝染以福州、泉州、赣州等地最为有名，所谓“福州而南，蓝甲天下”，故其也被称作“福建青”。

自宋代以来，官府就设有专门的绣院，以为统治者绣制服饰等物品。明代，在北京也设有刺绣作坊，但规模较大的还是民间绣坊，其中以“顾绣”最负盛名。明嘉靖时，有进士顾名世，居于上海露香园，顾氏一家几代都善于刺绣，因而被称为“顾绣”，其住所为露香园，所以又称“露香园绣”。据史料记载，顾氏所绣花卉、翎毛、山水、人物等“劈丝细过于发，而针如毫”，名噪一时（图7-2）。各地出售绣品的店铺也常以顾绣作为标榜，称为顾绣庄。但相较于传统刺绣，顾绣的风格和主题远离生活现实，俨然一种欣赏品，这也使明代的刺绣工艺开始向着实用与欣赏两个方向发展。

图7-2 “顾绣”代表性图案及艺术风格

纺、染、织、绣技艺的提高为明代服饰文化的繁荣奠定了基础。明建国之后即推行了一系列改革，从禁胡服、胡语、胡姓、对蒙古族生活习俗加以否定来整顿和恢复汉族礼仪。特别是根据汉族传统，上采周汉、下取唐宋，对服饰制度做出了新的规定（如废除元代少数民族服饰制度）。这些举措使汉族传统服饰文化得以延续和进一步发展，[1]对于维护汉族统治、复兴汉族文化具有极大意义。例如，明朝官员的服饰形制就是继承唐宋以来的圆领袍衫所形成的。彼时，皇帝在祭祀等重要仪式活动中的装束主要有衮冕服、通天冠、皮弁服、武弁服、常服、燕弁服六种，其中以衮冕服的等级最高。衮冕的形制基本与上古时期相同，长约二尺四寸，宽约一尺两寸，前圆后方，玄表纁里，前后各有十二旒。衮服由玄衣纁裳（施以十二章纹）、白罗大带、白罗中单、蔽膝、革带、玉佩、大绶、小绶、金舄等组成（图7-3），此装束在洪武二十六年、永乐三年均有过细节修改，但整体形制不变。此外，据《明史·舆服志》记载，（皇帝常服）洪武三年定，乌纱折角向上巾，盘领窄袖袍，束带间用金、琥珀、透犀。永乐三年更定，冠以乌纱帽之，折角向上，其后名翼善冠。黄袍，盘领，窄袖，前后及两肩各织一龙。带用玉，靴以皮为之。有意思的是，与此圆领袍衫相搭配的腰带多为虚束，如今戏曲舞台上的戏服穿戴仍保留了此制式。

图7-3 明代帝王衮冕服样式

在朝服上，明代百官的服饰制作技艺考究、工艺繁复，体现出森严的等级制度（其使用材质和纹样均需遵守规定）。官员朝服以袍衫为尚，特点为大襟，斜领，袖子宽松。所绣纹样，除前胸、后背两组之外，还分布在肩袖的上端及腰下。另在左右肋下各缝一条本色布制成的宽边，称为“摆”。明代刘若愚在《酌中志》中记载了该服饰特征：“曳撒，其制后襟不断，而两傍有摆，前襟两截，而下有马面褶，往两旁起。”官员所戴梁冠、佩绶、笏板等都有具体规定，如“公冠八梁，加笼巾貂蝉，立笔五折，四柱，香草五段，前后玉蝉。侯七梁，笼巾貂蝉，立笔四折，四柱，香草四段，前后金蝉。伯七梁，笼巾貂蝉，立笔二折，四柱，香草二段，前后玳瑁蝉。俱插雉尾。驸马与侯

[1] 1368年，朱元璋创建大明王朝，他认为“礼者，国之防范，人道之纪纲。朝廷所当先务，不可一日无也”（《洪武圣政记》）。因此，在礼法的规约下，明初民众价值观念守成，社会秩序相对稳定，社会生活多依礼而行。自然，朝服制度也按传统礼俗而立。洪武元年，朱元璋“诏复衣冠如唐制”，以服饰制度改革作为治理天下的先举，该制度被写入官修的《大明集礼》和《诸司职掌》。洪武元年，首先制定皇帝礼服。当翰林学士陶安请奏制定冕服时，朱元璋表示礼服不可过繁，祭天地、宗庙只需戴通天冠和穿纱袍即可；在服色上，一品至五品官员服紫，六、七品官员服绯。于是，洪武三年(1370年)，礼部官员提出建议，古代服色按五德始终说，夏尚黑，殷尚白，周尚赤，秦尚黑，汉尚赤，唐尚黄，明取周汉唐宋，以火德王天下，色应尚赤，该建议获得朱元璋认可。同时，还规定正旦、冬至、圣节(皇帝生日)、祭社稷和先农、册拜等大典要穿衮冕。

同，不用雉尾”（《明史·舆服志》），冠上梁数及所佩绶带均成为区分官阶等级的标志。

“补子”也是明代官服中最具代表性的部件之一。据清代张廷玉等人修撰的《明史·舆服志》记载，洪武二十四年（1391年）规定，官吏所着常服为盘领大袍，胸前、背后各缀一块方形补子，文官绣禽，以示文明；武官绣兽，以示威武。补子作为一种徽章，是用来区分官爵大小的标志，其以金线或彩丝绣织出不同的禽兽图案，缀于官服的前胸和后背（图7–4）。具体来说：“公、侯、驸马、伯服，绣麒麟、白泽。文官一品仙鹤，二品锦鸡，三品孔雀，四品云雁，五品白鹇，六品鹭鸶，七品鸂鶒，八品黄鹂，九品鹌鹑；杂职练鹊；风宪官獬廌。武官一品、二品狮子，三品、四品虎豹，五品熊罴，六品、七品彪，八品犀牛，九品海马”（《明史·舆服志》）。

图7–4　禽类“补子”样式

头饰方面，明代男子喜戴头巾，但彼时的头巾又与汉魏时期有所不同，一般都被缝制成固定的形状，使用时朝头上一戴即可，无须系裹。据统计，在明王朝存在的二百多年间，先后出现过的巾帽样式有数十种。官员常服常配用乌纱帽，其他的巾帽以网巾、四方平定巾和六合统一帽最为流行。乌纱帽是用乌纱制成的官帽，其由唐代的“幞头”演变而来，分为上下两层，两旁各有一翅，帽内有网巾可束发。此帽在制作时，先用铁丝编制外框，后在外围蒙以黑色漆纱（图7–5）。皇帝着常服所配的乌纱折上巾，样式与乌纱帽基本类同，唯将左右二翅对折向上，竖于纱帽后。后来，乌纱帽即成为明代官吏的象征。

六合统一帽也称小帽，俗称瓜皮帽。以罗缎、黑色绒为材料，裁为六瓣，缝合一体，下缀一道帽檐，故以“六合一统”为名，寓意“四海升平，天下归一”。市民百姓常戴此帽，其一直沿用至民国，甚至20世纪后半叶仍有老者佩戴。

图7–5　明代平翅乌纱帽样式

方巾又称“四方平定巾”，其以

黑色纱罗为原料制成，可以折叠，展开时四角皆方，故名。明太祖曾以“四方平定巾”之名颁行天下，并规定此为儒生、生员等文职人士专用帽款。但因其形制简单，佩戴方便，一些官吏在居家时也常佩戴。

明代皇后、妃嫔、命妇的冠服有礼服、常服等。《明史·舆服志》记载：“（皇后冠服）洪武三年定，……其冠圆框，冒以翡翠，上饰九龙四凤，大花十二树，小花数如之。两博鬓十二钿。袆衣，深青绘翟，赤质，五色十二等。素纱中单，黻领，朱罗縠褾襈裾。蔽膝随衣色，以缬为领缘，用翟为章三等。大带随衣色，朱里纰其外，上以朱锦，下以绿锦，纽约用青组。玉革带。青袜、青舄，以金饰（图7-6）。永乐三年定制，其冠饰翠龙九，金凤四，中一龙衔大珠一，上有翠盖，下垂珠结，余皆口衔珠滴，珠翠云四十片，大珠花、小珠花数如旧。三博鬓，饰以金龙、翠云，皆垂珠滴。（皇后常服）洪武三年定，双凤翊龙冠，首饰、钏镯用金玉、珠宝、翡翠。诸色团衫，金绣龙凤文，带用金玉。四年更定，龙凤珠翠冠，真红大袖衣霞帔，红罗长裙，红褙子。冠制如特髻，上加龙凤饰，衣用织金龙凤文，加绣饰。永乐三年更定，冠用皂縠，附以翠博山，上饰金龙一，翊以珠。翠凤二，皆口衔珠滴。前后珠牡丹二，花八蕊，翠叶三十六。珠翠穰花鬓二，珠翠云二十一，翠口圈一。金宝钿花九，饰以珠。大带红线罗为之，有缘，余或青或绿，各随鞠衣色。缘襈袄子，黄色，红领褾襈裾，皆织金采色云龙文。缘襈裙，红色，绿缘襈，织金采色云龙文。”

图7-6 明代皇后礼服样式

命妇朝见皇后、礼见舅姑、丈夫及祭祀时必须穿戴礼服，礼服主要由霞帔、礼冠、大袖衫及褙子组成。与后妃所戴凤冠不同的是，命妇所戴的礼冠——彩冠，其形状虽同于凤冠，但冠上不缀龙凤，仅缀珠翟、花钗，人们也习惯称其为“凤冠”。

霞帔早在魏晋南北朝时就已出现，其形状如两条彩带，下端垂一金玉坠子，使用时，将其绕过头顶然后披挂于胸前。隋唐以后，人们常赞美这种服饰美如彩霞，故有霞帔之名。诗人白居易在《霓裳羽衣舞歌》中咏道：“虹裳霞帔步摇冠，钿璎累累佩珊珊。”到了宋代，官方将其作为礼服使用。明代因袭旧制，还在霞帔的用色和图案纹饰上做出新的规定，如与红色大袖衫配套使用的霞帔，要用深青色绣花。命妇品级的差别主要体现在霞帔的纹饰上：

一品、二品命妇用蹙金绣云霞翟纹（即长尾山雉）；三品、四品命妇用蹙金绣云霞孔雀纹；五品命妇用绣云霞鸳鸯纹；六品、七品命妇用绣云霞练鹊纹；八品、九品命妇用绣缠枝花纹。

明代妇女下装以裙为主。崇祯初年，裙子多用素白，即使施绣也仅在裙幅下边一二寸处绣以花边作为压脚。明代女裙制式讲求八至十幅用料，甚至更多。当时流行的褶裙在裙腰间细缀数十条褶，穿着行动起来犹如水波荡漾。还有人将绸缎剪成规则的长条形，每条都绣有精美的花鸟纹样，并在底端缀以金线，装饰在裙上，成为凤尾裙。江南水乡的妇女，常穿一种较短的裙子，便于劳作。此外，还有一种从后腰围系至前腰的裙子，称为襕裙或合欢襕裙。

水田衣在明代也十分流行。这是一种民间妇女日常穿着的服饰，其以各色零碎布料拼制缝合而成，类似僧人所穿的袈裟，又因整件服装上大小不等的衣料呈纵横交错之势，形如水田而得名"水田衣"。实际上，水田衣在唐代就已出现，王维的诗句中就有"裁衣学水田"（《过卢四员外宅看饭僧共题七韵》）的描述。水田衣制作工艺特别、造型多样、色彩丰富，具有其他服装无法比拟的艺术效果，故在明末得到了妇女的青睐。据说，当时有富贵人家的女眷为了制作一件精致的水田衣，不惜剪断一批完好的缎子。

在发式上，明代妇女戴假髻的现象非常普遍。假髻有两种形式：一种是在原有的真发上掺入部分假发，并衬以特制的发托，以抬高发髻的高度；另一种则全由假发制成，使用时直接戴在头上即可。至明末，发髻的名目更为多样，有"罗汉髻""懒梳头""双飞燕"等。

配饰方面，明代妇女盛行佩戴珠子箍儿。珠子箍儿原本是贵妇常用的头饰，后流传至平民妇女生活之中，用时，以彩色丝带穿上珍珠后悬挂于额部即可。彼时，年轻女子还有佩戴头箍的习俗。头箍的式样及用料不一，冬季多用毡、绒等，制成中间窄两头宽的形状，外表覆以绸缎或加以彩绣，考究的还会缀以珠宝，两端加扣，用时围系于额上，扣于脑后。因其有御寒保暖之功用，又称为"暖额"。富贵人家的妇女冬天用水獭、狐、貂等兽皮制成的暖额，围在额上如兔蹲伏，故又名"卧兔"。

总的来说，明代服饰遵古而制，集汉族服饰之大成，并在此基础上有所创新。明政府当时还通过赐服制度实行服饰外交，确立与周边国家的藩属关系（赐服国家包括琉球、安南、朝鲜等国）。赐服制度是一项特别的制度，其虽不属于国家正式的服饰制度范围，但又存在于明代的政治事务之中。它来自国家官服形式，但又游离于服饰制度之外，传达出明政府的政治用意，反映出与藩属国及外国的同盟等级关系。服饰赏赐活动，亦是宣扬国威和维护宗主国地位的重要手段，该制度一直延续至清朝。在清代，皇帝分别赏赐藩属国国王、王妃、使臣等特定的服饰或织物，为彰显我国对外藩高度重视的态度、宣布主从关系发挥了重要作用。

## 二、清朝的服饰造物文化

清代的纺染织业承明代发展，并无太大变革，但织造技术和工艺均有所提升。例如，在中央设有“织染局”，管理“缎纱、染彩、绣绘之事”。在江南等地设有“织造局”，同时将优秀匠人征入官营工场工作。清代的织机部件和附属用器有百余种之多。彼时，南京织造局的织机达30000余架，在苏、杭织造局均有1000架以上的织机大工场。[1]

由于织造技术的发达，清代丝织品的种类繁多。例如，锦有云锦、蜀锦；缎有罗纹缎、金丝缎、大云缎、阴阳缎、鸳鸯缎、闪缎；绸有宁绸、宫绸、纺绸、川大绸、鲁山绸、曲绸、汴绸；绉有线绉、平绉、湖绉；罗有金罗、银罗、青罗；纱有库纱、官纱、实底纱、芝麻纱、亮纱；绢有花绢、官绢、箩筐绢、素绢等。

清朝时，苏州织造、杭州织造、江宁织造合称为“江南三织造”，三地自元、明以来，丝织产业就极为兴盛，至清代更是得到了较大发展——三地几乎承接了清王朝所需的全部丝织物品的制作。具体来说，清朝时“江南三织造”的织机从明代的一百七十余张增加到八百余张，工匠人数从明代的六百六十余人增加到二千三百余人。苏州织造还分“上用”“官用”两类，上用专供宫廷皇室使用，官用则为官府王公使用。[2]上用所产的宫廷物品包括袍、褂、披肩、袖、领、驾衣、伞盖、飘带、佛幔、经盖、被褥、战甲等，其纹样主要有龙、凤、翎毛、花卉、人物、云纹等，精致而繁复。可见，苏州织造虽然只是一个地区的产品名号，但它足以反映出清朝宫廷所用织物、服饰的全貌。

那一时期，云锦的发展也逐渐成熟。江宁府作为明代遗都，丝织业有着很深的根基。清代设有江宁织造局，不仅官家丝织物品定点在此生产，就连皇帝的龙袍也都交给江宁织造局负责织造。《首都丝织业调查记》中称：“江宁织锦之艺，由来已久。……时代江南锦缎乃贡品中最珍贵者，故设有专司监察督制。”当时，南京锦缎织物有头号、二号、三号之分，头号织物经数多至17000根，三号织物经数也有9500根（明代织锦经数一般为6000~15000根）。

---

[1] 田自秉.中国工艺美术史[M].上海:知识出版社，1985:312.

[2] 苏州织造局规定：“本部不时亲自下局，逐机查验。织挽精美者，立赏银牌一面；造作不堪者，责治示惩”[参见江苏省博物馆.江苏省明清以来碑刻资料选集[M].北京:生活·读书·新知三联书店，1959:3.]。可见，当时对于匠人制作的物品质量优劣是有奖惩制度及标准的。

雍正继位后，江宁织造局辉煌不再，但其生产的云锦仍然是中国丝织锦缎中的名品（图7-7）。可以说，江南地区成为中国丝织产业的集中地，既是该区域多种自然地理要素与人文环境互动互化的结果，又是一定时期内人们物质生产与精神创造相结合的文明成就。同时，亦是一定时空内人口与劳动力生产技能、身心素质特征融合的反映。[1]

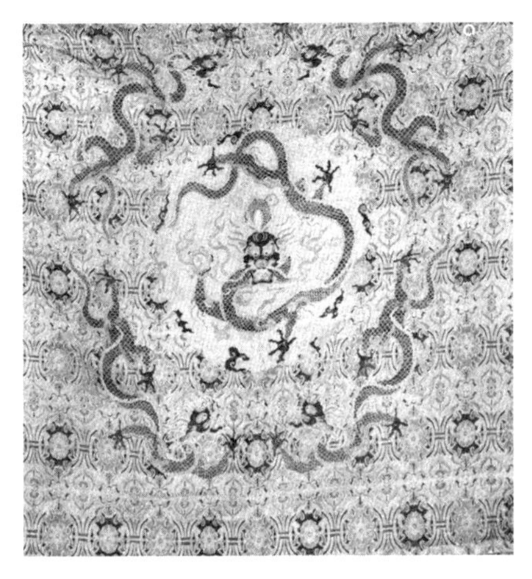

图7-7　江宁织造局织造的云锦风格

清代丝织品的纹样风格在清早、中、晚三个时期各有特点。清早期的丝织品纹样多延续明代风格，以八达晕一类的图案为尚，即纹样多以几何形为主，花样为小花小朵，格式严谨；清中期，由于织机的改进，织物采用多层经纬的织法，纹样较为丰富，色彩更加华丽，并出现了来自欧洲的巴洛克、洛可可风格纹样；清晚期，丝织物纹样又喜用折枝花等，花纹以大朵花为主，风格粗犷豪放，但从总体上看，有过于堆砌和繁缛之感。

据光绪二十五年（1899年）刊《蚕桑萃编》所记，清代丝织纹样依据服用者身份和职业各有不同，如贡货花样有天子万年、江山万代、万胜锦、太平富贵、万寿无疆、四季丰登、子孙龙、龙凤仙根等；官服花样有二则龙光、高升图、喜庆大来、万寿如意、一品当朝、喜相逢、圭文锦等；吏服花样有窝兰、八吉祥、奎龙光、伞八宝、金鱼节、长胜风、三友会等；商服花样有利有余庆、万字不断头、如意图、四季纯红、年年发财、顺风得云、百子图等；农服花样有子孙福寿、瓜瓞绵绵、喜庆长春、六合同春、金钱博古等。

清代刺绣工艺在承袭明代的基础上又有显著发展，其可分为欣赏品与日用品两大类：欣赏品包括镜片、壁饰等；日用品则是刺绣中的主流，包括衣裙鞋帽（如在云肩上刺绣的云纹，施加于领、袖口、下摆边缘的缘饰，补子等）、被褥帐枕、家具物件（椅披、坐垫、桌围、茶壶套等）、佩饰小品（荷包、扇套、香囊、钱袋、镜盒、笔插等）等。清代刺绣的题材除花鸟、山水、人物外，多为吉祥图案，表现出一定的主题和寓意，反映出人们对于美好生活的追求和向往。

由于刺绣工艺的蓬勃发展，至清代，已形成了不同地域特色的刺绣类别，

[1] 余同元.传统工匠现代转型研究——以江南早期工业化中工匠技术转型与角色转换为中心[M].天津：天津古籍出版社，2012:344.

其中最为著名的要数苏绣、粤绣、蜀绣、湘绣“四大名绣”，以及京绣、鲁绣、汴绣、瓯绣“四小名绣”。

在我国历史上，清朝的服饰制度算是条文规章最为庞杂和繁缛的，其不仅保留了本民族的服饰特征，还在一定程度上吸纳了汉族服饰的精华。例如，以“十二章纹”作为衮服、朝服的纹饰，以绣有禽兽形象的补子作为文武官员职别的标识，以金凤、金翟等纹样作为后妃、命妇冠帽上的装饰等。总的来说，在清朝服饰中，最具代表性的要数皇族礼服和官服。

皇帝、百官在朝会、祭祀时所着礼服与前代不同的是，清代祭祀时只有皇帝着祭服，皇后与百官均着朝服。皇帝的朝服与祭服通用，但服色有所区别，分为冬夏两种。礼服由朝冠、朝服、朝珠、腰带，以及套在朝服外的衮服与端罩组成。

具体来看，皇帝朝服基本形制为上衣下裳，右衽，腰部有腰帷、襞积，衣袖由袖身、熨褶素接袖和马蹄袖端组成，分夏冬两式。

夏冬朝服的区别主要在于缘饰上，即春夏用缎，秋冬用皮毛以做服装的缘饰。此外，冬朝服的形制又分两种：第一种为十一月朔至上元穿着，色用明黄，唯南郊、祈谷、常雩（求雨）用蓝。披领及裳俱表以紫貂（现为国家一级重点保护动物），袖端薰貂。绣文两肩，前、后正龙各一，襞积行龙六。列十二章，俱在衣，间以五色云。第二种为九月十五日或二十五日穿着，色用明黄，唯朝日用红。披领及袖俱石青，片金加海龙缘。绣文两肩、前、后正龙各一，腰帷行龙五，衽正龙一，襞积前后团龙各九，裳正龙二、行龙四，披领行龙二，袖端正龙各一，列十二章，日、月、星辰、山、龙、华虫、黼、黻在衣，宗彝、藻、火、粉米在裳，间以五色云，下幅八宝平水。皇帝夏朝服为三月十五日或二十五日穿着，色用明黄，唯雩祭用蓝，夕月用月白。披领及袖俱石青，片金缘。缎、纱、单、夹，各唯其时，余制如冬朝服。[1]

皇帝的龙袍即其所穿的吉服袍，样式为圆领、右衽、大襟、窄袖。用明黄色，领袖俱石青，片金缘边（图7-8）。胸、背、肩、袖、衽内各绣一条正龙纹（双肩与襟内各一条，正背所见为五条，数合“九五之尊”），腰帷绣五个行龙纹，襞积前后各绣九个团龙纹，下裳绣二正龙纹、四行龙纹，传统的“十二章纹”列为衣裳左右，披领上还绣二正龙纹。下摆绣有对称的斜向排列的曲线，称“水脚”，上有浪花、山石宝物，名曰“海水江崖”，有“一统山河”延绵无尽之意。

---

[1] 允禄，等.皇朝礼器图式[M].牧东，点校.扬州:广陵书社，2004:104-106.

图7-8　清代皇帝龙袍样式

皇太后、皇后礼服有朝袍和朝褂，均是在朝会祭祀时所穿的服装。朝袍制式有三：一式是披领及袖皆为石青色，片金缘边，前后绣金龙纹九条，相间以五色云，中有襞积，下绣八宝水平纹，披领有龙纹两条，两袖端各有正龙文一条，袖相接处有行龙纹两条；第二式为前后各绣正龙纹一条，两肩部各绣行龙纹一条，腰帷处绣行龙纹四条，中有襞积，下幅有行龙纹八条，其余与第一式相同；第三式为领袖片金加海龙缘，夏朝袍用片金缘边，中无襞积，后开衩，其余同一二式。

清代的首服类别（如冠帽）亦非常丰富。例如，用于祭祀庆典的有朝冠，用于朝见的有吉服冠（图7-9），燕居时有常服冠，出行时有行冠，下雨时有雨冠等，每种冠帽都分冬夏两种制式。冬天所戴之冠称暖帽，夏天所戴之冠称凉帽。例如，皇帝朝冠，其暖帽制式为圆形，帽顶弯起，帽檐反折向上，帽上缀红色帽纬，顶有三层，用四条金龙相承，饰有东珠、珍珠等；凉帽为玉草或藤竹丝编制而成，外裹黄色或白色绫罗，形如斗笠，帽前缀金佛，帽后缀舍林，也缀有红色帽纬，饰有东珠，帽顶与暖帽相同。皇子、亲王、镇国公等人的朝冠，形制与皇帝的大体相似，仅帽顶层数及东珠等饰物的数目依品级递减。

图7-9　清代吉服冠样式

清代妇女冠服中，等级最高的为皇后、皇太后，其次为亲王、郡王、福晋、贝勒、镇国公及辅国公夫人、公主、郡主等皇族贵妇。其形制与男冠服大体相似，只是冠饰略有不同。如皇太后、皇后朝冠冬用薰貂，夏用青绒，上缀红色帽纬，顶有三层，各贯一颗东珠，以金凤相承接，冠周缀七只金凤，各饰九个东珠，一颗猫眼石，二十一颗珍珠，后饰一只金翟，翟尾垂珠，共有珍珠三百零二颗。冠后护领垂两条明黄色带，末端缀宝石。福晋以下级别的将金凤改为金孔雀，也以数目多少及不同质量的珠宝区分等级。此外，还配有相应的金约、耳环等，金约用来束发，戴在冠下，这也是清代贵族妇女特有的冠饰。

清代官服多以袍褂为主，其拥有清代服饰体系中最为严格的制式，即以“勿忘祖制”为戒，形成了一套极为详备、具体的规章。清太宗皇太极于崇德二年（公元1637年）就曾谕告诸王、贝勒：“我国家以骑射为业，今若轻循汉人之俗，不亲弓矢，则武备何由而习乎？射猎者，演武之法；服制者，立国之经。嗣后凡出师、田猎，许服便服，其余悉令遵照国初定制，仍服朝衣。并欲使后世子孙勿轻变弃祖制”（《清史稿·舆服志》）。皇太极的该项谕令在乾隆时期被正式载入清代官服制度中，直至清末，此制度也无大的变动。具体来说，清代官服除箭袖、蟒服、披肩、翎顶为王公大臣朝服所必具，四季色彩质料、当胸补子、朝珠等级、翎子眼数、顶子材料都有严格区别。比如，蟒袍也称“花衣”，是官员的礼服袍，蟒与龙形近，但蟒衣上的蟒比龙少去一爪，为四爪龙形（图7-10）。皇子、亲王等亲贵以及一品至七品官员俱有蟒袍，并以服色及蟒的多少区分等级。例如，皇子蟒袍为金黄色，亲王蟒袍为蓝色或石青色，皆绣九蟒，一品至七品官员按品级绣八至五蟒，都不得用金黄色，八品以下无蟒。凡官员参加三大节、出师、告捷等大礼必穿蟒袍。

图7-10　清代官服“蟒袍”样式

清代官服上的补子制式同样有所讲究。亲王、郡王、贝勒等皇室成员用圆形补子，固伦额驸、镇国公、辅国公、和硕额驸、公、侯、伯、子及各级品官均用方形补子。

文武官员的朝冠式样大致相同，但因品级的差异而有细微差别，如彰显清代官员身份地位的“顶戴花翎”就因级别的差异而有顶珠质料和色彩的不同。具体来说，一品官员用红宝石，二品用珊瑚，三品用蓝宝石，四品用青金石，五品用水晶石，六品用砗磲（一种南海产的大贝，古称七宝之一）。雍正八年（1730年），朝廷更定官员冠顶制度，即以颜色相同的玻璃代替宝石（一品为红色明玻璃，二品为红色涅玻璃，三品为蓝色明玻璃，四品为蓝色涅玻璃，五品为白色明玻璃，六品为白色涅玻璃……）。乾隆以后，冠顶的顶珠基本都采用透明或不透明的玻璃来制作，称作亮顶、涅顶。此外，在翎的选用上，也有蓝翎、花翎之别。如蓝翎由鹖羽制成，表现为蓝色、羽长、无眼，等级较低；花翎是带有“目晕”的孔雀翎，“目晕”俗称“眼”，有单眼、双眼、三眼之分，以翎眼多为贵。

与王公贵族服饰相比，清朝平民百姓的日常服饰相对来说就朴素很多。例如，男子的日常着装为长袍、长衫，外配马褂、马甲，束腰带，系手巾。清朝的袍初期较长，后逐渐缩短，至清中后期，袍衫衣身逐渐加宽，总体保持平直的造型与结构。马褂长及脐，左右及后开衩，袖口平直，袖有长有短，长至过手，短至手腕。马甲又称背心、坎肩，为无袖的紧身上衣。马褂、马甲都有对襟、大襟、琵琶襟、一字襟等式样。其中，对襟马褂多用作礼服，大襟马褂多当作常服，一般穿在袍服外；短衫与短袄均有右衽大襟与对襟两种样式，短衫为单，短袄为夹，多为蓝灰色等易染之色。清代男帽的形制较多，有承袭明代六合统一帽而来的瓜皮帽、普通百姓所戴的毡帽、老年人戴的风帽、孩童戴的狗头帽、用藤竹编织而成的笠帽等。

清朝满族与汉族女性的日常服饰均有其特点，从整体上看，满族女性都着长袍，汉族女性则以上衣下裙为主。至清中期，满汉妇女有互相效仿对方穿戴的情况。清末，二者互相效仿的程度加深。

具体来说，满族女性的长袍为圆领、大襟、袖口平大，长可掩手足，外面还可加罩坎肩，地位稍高或富有一点的妇女所着长袍纹饰丰富，袖端及衣襟、衣裾镶各色花绦或彩牙儿（图7-11）。特别是在袖里的下半截，还加一块彩绣以各种与袖面不同色彩、花纹的袖带，称为挽袖。领与袍的分离是清代初期袍服的一大特色。当时妇女携带一条叠起约两寸宽的绸带子，围在脖上，一头掖在大襟里，一头垂下，形如一条围巾，称为“龙华”。至同治、光绪年间，开始出现带领的袍、褂，甚至坎肩也有领子，领的高低不断变化。

图7-11 清代满族女性常服样式

满族妇女穿在袍外的坎肩又称马甲、背心，其形制有对襟、一字襟、琵琶襟、大襟和斜襟等。坎肩的镶缘可随时增设，如在交襟处或对襟下端及左右腋下处都可作如意头式样的镶绲。后来，受到汉族女服镶绲工艺的影响，坎肩上的镶绲层数逐渐增多，甚至盖过了原有衣料的面积。

满族女性的鞋履以木质为底料，外涂白粉，高跟在鞋底中部，为5~10cm，其上敞下敛，呈倒梯形，似一花盆，故名“花盆底”（图7-12）。有的鞋底凿成马蹄形，又称“马蹄底”，鞋面多为缎制，绣有花纹，富家女子还在鞋跟周围镶嵌宝石。此种鞋底极为坚固，往往鞋面已破，鞋底仍可使用。

清代汉族女性服饰继续沿袭明朝的制式——以上身着袄、衫（图7-13），下身束裙为主，有的还在袄、衫外加一件较长的背心，到清后期又流行下身着裤。

顺治以后，汉族女性上衣袖管较前代缩小，此后一般在一尺左右。开始时，衣服的镶绣仅限于门襟及袖端，至嘉庆年间，衣服上的镶绲逐渐增多，

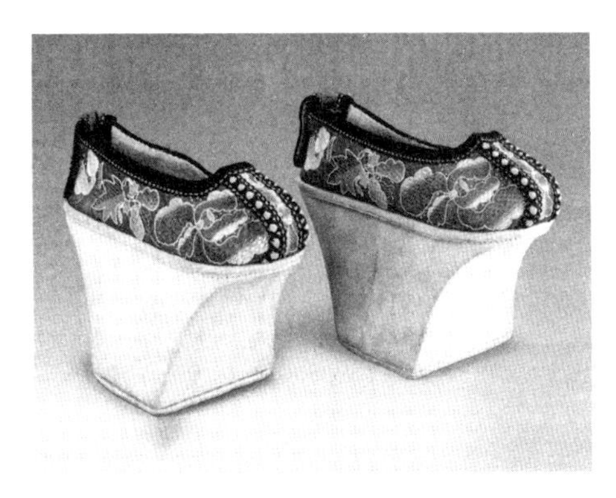

图7-12 清代满族女鞋“花盆底”

图7-13 晚清汉族女袄样式

袖口也逐渐放大。彼时的服饰大多以曲院中妇女的着装为尚，南京和扬州均是服饰流行的中心。至咸丰、同治年间，京城妇女服饰上的镶绲更加繁复，一道又一道地加镶，称为“十八镶”。光绪年间，服饰流行的中心又转移至上海。此时，上衣长至膝下，衣袖细小且短，常露出里面的衬衣，袖口、衣襟仍有双重镶绲，第一道较宽，第二道较窄；衣领逐渐加高，有的已掩至颔下。乾隆后期，苏州又成为全国服饰流行的中心。

清代民间女性的裙子样式也极为丰富。清初，女性多着百褶裙，该裙裙门处绣花并加花边襕干，左右打细裥，相合恰好是100褶，也有左右各80褶，相合为160褶的。[1]此后，还出现了不少新的裙子款式，如“月华裙”——在一裥之中，五色俱备，好似月亮呈现出的光华（图7-14）；还有一种“弹墨裙”（或称“墨花裙”），是在浅色绸缎上用弹墨工艺印出黑色小花制成的，其色调素雅，颇受妇女喜爱；还有的裙上绘制了西湖十景或人物仕女图等。康熙、雍正、乾隆年间又流行“凤尾裙”，此裙是将绸缎裁剪成大小规则的布条，每条上绣以花鸟图案，两边再镶以金线，后拼制而成。爱美的女性还喜在裙上装饰飘带，或在裙幅底下系上小铃，行走时叮当作响，很是有趣。清晚期，洋货逐渐进入中国，以西洋印花布为面料制成的裙子开始登场。

图7-14　清代“月华裙”样式

在饰品上，清朝民间女性佩戴的各类发饰层出不穷。例如，光绪时流行一种空心簪，其两端通气，有孔插入发髻间。还有一种步摇，簪头用金银、

[1] 咸丰、同治年间，民间还出现了一种“鱼鳞百褶裙”，这是对传统百褶裙样式的改良，即将裙子褶裥处用丝线交叉串联，当人穿着该裙行走时，裙子展开犹如鱼鳞一般，煞是好看，得到了女性们的青睐。

珠翠制成凤凰形垂下，非常精美。在北方，有一种以红丝制成的球形饰品，其大如茶杯，中置小铃，插于簪左，李静山在《增补都门竹枝》中提道："红丝染得彩球形，插鬓行来最可听。想是怕招蜂蝶至，钗头也系护花铃。"这些饰品反映出当时匠人们别出心裁的匠意和娴熟的手工技艺。

由于满族是从游牧民族发展而来，其对于骑射特别重视，故清朝的兵服（如铠甲、胄）非常精致。据《大清会典》记载，清朝武士甲（即铠）的种类就有明甲、暗甲、铁甲和绵甲，形制为上衣下裳，一般用布或绸缎制成，上绣有纹样，并缀以铜或铁泡钉。上衣左右上部有护肩，护肩下为护腋，另在胸前和背后各佩一块金属护心镜。裳间有前挡，腰间左侧佩"左挡"，右侧不佩挡，以留作佩弓箭囊等用（图7-15）。清朝的盔也称胄，其材料有革或铁，表面髹漆，分遮眉、舞擎、覆碗，碗上有形似酒盅的盔盘，盔盘中竖一根插缨枪、雕翎或獭尾用的铁或铜管，后垂石青色的丝绸护领、护颈及护耳上绣有纹样，并缀以铜或铁泡钉，此盔甲要比之前的铁甲轻便，故更适合作战。与盔甲配用的主要有挂在腰旁的用于保存弓矢的撒袋，其中一二品官员用皮革制，六品以下官员加红黄线二道，兵丁用黑革制。

图7-15　清代八旗军服形制

光绪三十一年（1905年），清政府制定了陆军的新服样式，规定只在大礼时需戴翎顶。陆军服式分为军礼服、常服两类，衣服都用开襟式，结以纽扣，其长齐两胯之圆轴骨。军帽前有黑色帽檐，夏季可遮阳，冬季可卸下。官及骑兵用皮靴，步兵用宽紧皮鞋，用麻布裹腿。上衣上还有扁章，绣金色团蟒并以金辫、红丝辫的道数多寡以区分等级。领上绣有领章，样式为金色飞蟒抱珠和金辫，以金辫数区分级别。在色彩上，军服礼服用天青色；常服冬用深蓝，夏用土黄。兵士常服不用肩牌，于胸前第二、三纽扣间刺字或印字，蓝衣刺白字，土灰白衣刺红字。

总的来说，清朝的纺织、服饰造物文化既有皇族的威严、精致，又有民间的淳朴、简约，其体现出成熟的纺、染、织、绣等技艺，是我国传统手工艺在服饰制作与发展过程中形成的一座丰碑。

# 第二节 明清时期服饰造物中的工匠精神

## 一、明朝服饰造物中的工匠精神

明太祖朱元璋为了维持明朝的“长治久安”，大兴屯田，兴修水利，下令农民开垦的荒地归自己所有，且免除三年的徭役和赋税，并推广种植桑、麻、棉等经济作物。这一系列措施使农业生产迅速恢复，并为手工业的发展创造了条件。至明中期，冶铁、制瓷、纺织等工业都超过了前代水平。

明政府自成化二十一年（1485年）颁布法令：“轮班工匠有愿出银价者，每名每月南匠出银九钱，免赴京；……北匠出银六钱，到部随即批放。不愿者仍旧当班”（《明会典·卷一八九》）。这即是说，政府以自愿的方式，在全国范围内实行轮班工匠征银代役。至嘉靖四十一年（1562年），又题准班匠全部以征银代役。至此，占全国工匠百分之八十的班匠基本得到了工作自由。班匠人身依附关系的减弱，大大提高了他们劳动生产的主动性与积极性，此变化对于明中后期商品经济的增长是一个重要刺激因素。由于手工业和商品货币关系的进一步紧密，当时的手工业成了另一种意义上的商品生产方式。[1]而成为自由人的手工艺匠人，他们的器作目的已由徭役转变为面向市场的商品生产。高超的技艺加上难得的商业机遇，使他们很快获得了丰厚的财富回报与相应的社会名望。

郑和七下“西洋”，打通了中外海上贸易的通道，促进我国与“西洋”各国的联系日益密切，并使我国沿海一些城市与东南亚的许多城市取得“联姻”。明中后期，在商品经济较为发达的江南地区，资本主义生产关系逐渐形成，并涌现了三十多座较大的城市，形成了一批专业性的生产基地。例如，江浙地区成为全国丝织生产的中心，其产量大，生产的丝绸质地优良。江浙地区丝织生产尤以苏、杭、嘉、湖等城市闻名。[2]明万历年间，仅苏州丝织生产中受雇于私营机房的织工就有数千人，是官局的两三倍。苏州本地织造的

---

[1] 秦佩珩.明清社会经济史论稿[M].郑州:中州古籍出版社，1984:154.

[2] 苏州是明代的纺织业生产中心，其所产织物种类繁多，甚至还出现了诸多新型的纺织花样。例如，对织物的加金不仅限于锦，还出现了金丝绒、织金妆花布、织金妆花绢等。

花罗、素罗、缎、绸等有数十种；杭州成为各地“（大贾）不远数千里而求罗、绮、缯、帛者，必走浙之东也”（《松窗梦语》）的城市；嘉兴“蚕桑组绣之技，衣食海内”（《松江府志》）。此外，还有诸多在丝织工业发展基础上形成的新兴市镇，如吴江的震泽镇、盛泽镇。[1]闽、广也成为继江浙之后的我国主要丝织生产基地。例如，当时福建有一种“改机”，独具特色。《福州府志》记载：“闽缎机故用五层，弘治间有林洪者，工杼轴，谓吴中多重锦，闽织不逮，遂改缎机为四层，故名改机。”用改机织出的丝绸双面都呈现花纹，且以中小型花朵图案为主，略似南京的库锦。另漳州的天鹅绒、广东的纱都是全国有名的丝织品。

丝织工艺的发展进一步丰富了面料的风格与种类。例如，明代的锦缎，按其制作方式和艺术特征可分为三类：妆花、本色花、织金银。妆花是一种多彩的丝织物，是云锦中最为华美的一种。其用不同的色线织成，花纹较大，色彩丰富，故民间有“走马看妆花”的说法。妆花技术在明之前就已形成，但作为整件织物的织造方法，却是明代丝织工艺的重要成就。[2]本色花通称“库缎”或“摹本缎”，因其在缎地上泛起本色的花色而得名。本色花又可分为亮花与暗花两种，亮花织纹组织多浮于缎面，暗花织纹组织浮于缎面的较少，是由经纬组织的不同变化而形成的。织金银是在缎地上用金线或银线织出花纹所形成的一种锦缎面料，此方法是从元代“纳石失”技艺传承而来。

在北京昌平大峪山东麓，明十三陵之一的定陵地宫曾出土有袍服及成匹的织锦，图案极为精美，虽在地下三百余年，出土时仍金光闪闪。尤其是孝靖皇后曾穿过的一件罗制百子衣，衣上绣有双龙寿字，周身用金线绣松、竹、梅、石、桃、李、芭蕉、灵芝八宝及各种花草、百子图案。百子姿态各有不同，有捕捉小鸟的，有捉迷藏的，有登上凳子摘桃的，有围在一起戏鱼的，有在水盆中洗澡的，有放风筝的，有执伞盖的，有跳绳的，有看书的，也有假装教书先生的（图7-16）。百子们神态自然、惟妙惟肖，反映出明朝丝织匠人高超的织绣技艺。

---

[1] 以盛泽为例，据《吴江县志》记载：“明初以村名，居民止五六十家，嘉靖间倍之。以绫绸为业，始称为市”；《醒世恒言》又载：“居民稠广，……俱以蚕丝为业，男女勤谨，络纬机杼之声，通宵彻夜。”

[2] “妆花”是一种古老的织锦品种，其是在汉代织锦工艺的基础上发展起来的。妆花本义是指“好看的花色”，其色彩丰富，一般为6色或9色，多至18色，装饰性极强。因为是使用挖梭(俗称“过管”)的方法，即在织造时边织边配色，所以在同一排的几个花朵上可以显现出完全不同的色彩，这种方法是任何通梭织花无法比拟的。也有一幅只织出一个单位花纹的，如一条龙、一只凤或一枝花，称为“彻幅纹样”，它具有宏伟博大的气势，能形成若干不同的色段。因过去多用芙蓉花作为主题纹样，故称为“芙蓉妆”。妆花还可根据织造的底料来命名，如缎面的称为“妆花缎”，罗地的称为“妆花罗”，绢地的称为“妆花绢”。

图7-16 “罗制百子衣”制式及图案

事实上，明朝的织绣图案已成为纺织品与服饰上的一大亮点，其形成了以美的饰纹、造型来趋利避害、祈求幸福平安与美满生活的表现。具体来说，明代的吉祥图案大致分为五类：一是动物图案，如斗牛、对雉、翔鸾、飞凤、游鱼等，此皆神灵之物，多为富贵人家所用，象征着飞黄腾达；二是植物图案，如牡丹、海棠、山茶、莲花、灵芝、萱草等，此皆美丽圣洁之物，多用于女子衣着，象征着贤淑娇美，德貌双全；三是器物图案，如灯笼、宝瓶、如意、银锭等，象征着富贵荣华、物资丰足；四是几何图案，如龟背、方胜、盘绦、云纹等，寓意祥和长寿、福如东海；五是百花与鸟兽组合图案，如松、竹、梅组合，称为“岁寒三友”，芙蓉、桂花和万年青组合，意为“富贵万年”，蝙蝠与云朵图案组合，称为“福从天降”，青鸾与桃子图案组合，意为“青鸾献寿”，太阳与凤凰图案组合，称为“丹凤朝阳”。

上述吉祥图案在服饰中的应用也颇为讲究，如手工艺人常在服饰大襟边缘、袖口、底摆处刺绣一些二方连续（如缠枝花纹）的细小纹样。具体来说，在女性服饰中，多绣“莲”“鱼”等图案。在我国古代，“莲”是女性的象征，具有“藕复萌芽，展转生生，造化不息”的寓意；“鱼”为丰产的象征，也是男性的象征。因此，“鱼戏莲”其实就是男女结合、生活美满、子孙满堂的写照。此外，在女性肚兜上也常绣有牡丹、凤凰等图案，寓意吉祥富贵。下装的图案多体现在裙上，如马面裙的“马面”上一般绣有蝴蝶、凤鸟、牡丹等图案，在相应位置还有挖云图形，有的还在腰间系一条宽而长的绫绸彩带，彩带上绣以精致的吉祥图案。在湖南衡阳的某明代墓葬群中，考古专家就发现了近百件材质为丝、麻、绸、棉的陪葬服饰，服饰纹样有凤鸟纹、菊花纹、回纹、云纹及缠枝花纹等，不仅工艺精美，且式样繁多。

众所周知，一直以来，我国古代工匠的身份地位较低，而传统儒家文化中“重道轻器”的观念也影响着文人士大夫眼中的工匠形象。随着商品经济的发展，晚明逐渐步入消费社会，形成了以富商和缙绅为代表的消费群体，

固有的“士农工商”四民观产生了动摇，士、商阶层的社会等级和阶级秩序逐渐模糊。❶

明中后期，由于生产工具的改进和生产力的发展，江南一带的工匠获得了相对的人身自由，他们有了更多的自主支配权，逐渐富裕起来，并获得了一定的社会地位。在巨大的生产利益支撑下，工匠的人脉与手艺资源得以扩充，他们从事的手工业活动逐渐获得社会中产阶层的认可。一些工匠还建立起以个人或家族招牌为主导的产品，有了一定的社会声望。此外，部分工匠开始脱离“匠籍”，以“儒匠”身份向封建社会人人都向往的仕途寻求发展。至此，由工匠以自身技艺创造出的精美器物在社会上产生了一定影响，文人士大夫对其的态度也发生了转变。例如，明朝工部尚书张瀚在《松窗梦语》中写道：“是以善为国者，令有无相济，农末适均，则百工之事，皆足为农资，而不为农病。故低昂轻重之权，在人主操之尔”；明代笔记作家王锜在《寓圃杂记》中记载：“吴中素号繁华，自张氏之据，天兵所临，虽不被屠戮，人民迁徙实三都、戍远方者相继，……邑里萧然，生计鲜薄，过者增感。正统、天顺间，余尝入城，咸谓稍复其旧，然犹未盛也。迨成化间，余恒三四年一入，则见其迥若异境，以至于今，愈益繁盛，……人性益巧而物产益多。至于人才辈出，尤为冠绝。”彼时，许多名匠都极具修养，且兼具诗画之能，其所制器物工艺精湛，品地清雅，与文人的审美情趣暗合，这使他们获得了社会有识之士的赏识。❷

需要说明的是，晚明还出现了大规模的“匠人入仕”，即工匠可以凭借“匠艺”拔擢入仕。《明实录》中就记载了大量营造匠官的资料。彼时民间经济活跃，社会风气日渐奢靡，一切服饰、器玩都追求奢美，社会上对于艺术品、手工艺品的大量需求刺激了价格的上涨，此背景也为文人和匠人的合作奠定了基础。例如，一些开明文人对于匠人和工艺技术产生了浓厚兴趣，他们依照自己的审美标准，将工匠的“技”纳入自我的价值体系之中，视工匠为“人性益巧”的群体。例如，张岱就认为：“世人一技一艺，皆有登峰造极之理”（《石匮书后集·妙艺列传总论》），他对技艺精湛的工匠评价极高。匠人在与文人打交道的过程中也极大提升了自己的审美品位和文化修养。随着

---

❶ 朱晓璐.晚明园林消费与哲匠身份认同[J].美术大观，2020(2):116.

❷ 明末清初文学家、史学家张岱在《陶庵梦忆》中记载：“吴中绝技：陆子冈之治玉，鲍天成之治犀，周柱之治嵌镶，赵良璧之治梳，朱碧山之治金银，马勋、荷叶李之治扇，张寄修之治琴，范昆白之治三弦子，俱可上下百年保无敌手。但其良工苦心，亦技艺之能事。至其厚薄深浅，浓淡疏密，适与后世赏鉴家之心力、目力针芥相投，是岂工匠之所能办乎？盖技也而进乎道矣。”［参见张岱.陶庵梦忆[M].马兴荣，点校.上海:上海古籍出版社，1982:9.］

双方交流的深入，曾经的尊卑观念被打破，一些文人与匠人相交已不仅仅是兴趣和礼仪的需要，更成为一种人格上的认可和精神上的互通。[1]因此，晚明文人甚至在某种程度上成了造物设计的指导者——文人为匠人提供创意，匠人迎合文人的审美趣味来创作，二者在交流合作中建立了良好的互动关系。

有明一代还出现了记载当时造物制度、规范与方法的诸多典籍，这些典籍有以类书形式出现的，有以集部类目呈现的，还有由图谱类书籍构成的，其中较为著名的要数《园冶》《天工开物》《长物志》《髹饰录》等。

文震亨撰写的《长物志》是晚明一部较为系统地论述园林建造及各类生活器具品鉴的典籍。书中所涉及的对园林选材、构造、布局及书画、几榻、衣饰、舟车、香茗等内容的品鉴，体现出明代造园活动与文人生活的意趣，真实地反映出明朝士大夫的精神追求。

《长物志》的命名源于文震亨将环境及生活中的各种事物看作“长物”（长，读音“zhǎng”，为多余之物或身外之物的意思）。但事实上，文震亨已将长物完全融入了文人所追求的清雅、自然的生活之中，他借“长物”来抒发其性情及人生理想。加之文氏以切身的生活经验来品评造园艺术和赏玩各种器物，故其所阐发的许多见解都极具价值。例如，在“室庐”篇中，他提出造园及庭院环境应遵循“令居之者忘老，寓之者忘归，游之者忘倦”的观点，是对人与环境和谐共处的解释；在“器具”篇中，提出“制具尚用”的原则，是对制器讲究功能原则的论述。《长物志》写的虽是明代文人造园赏物的内容，但从中折射出晚明文人表达个人意趣和洒脱性格的思想。自古以来，文人遵循“修身齐家”的封建传统道德观，且一向被塑造成“治国平天下”的有作为的人群，而非追求自我需要的人士。因此，文人大多不随意发表对于生活的感悟。但到了晚明，随着商品经济的发展，市民阶层的日益壮大，特别是当时激进思想家、文学家李贽等人，猛烈抨击伪道学，提倡个性精神，致使许多“离经叛道”的思想被广泛传播。晚明以文学家袁宏道为代表的公安派，在接受李贽学说的同时，提出了以“性灵说”为内核的主张，肯定了文学及艺术真实地表现人的个性化情感的作用。加上明末时局动荡，前途未卜，这促使文人士大夫冲破了传统思想的禁锢——他们好歌舞，游山水，造园林，嗜茶酒，谙美食，着蓑衣，追求着理想自由的生活。

宋应星编写的《天工开物》是记述农业和手工业生产技术的一部重要典籍，它是对明中叶以前流传下来的各项农业和手工业生产技术经验的系统性

[1] 杜游.身份与角色——“大小传统”视域下明代中晚期文人与匠人的设计合作[J].南京艺术学院学报(美术与设计),2016(5):105.

总结，被誉为“中国17世纪的工艺百科全书”。书中以普通生活物件、专业器具为例，主张造物技术的科学化，其详细记载了各物件的设计结构、规模尺寸、制作方法等，还绘有诸多工艺图示，反映出明代学者重实践、避空谈，重试验观察、轻烦琐考证，重实用技术、轻神仙方术的科学精神。

具体来说，《天工开物》内容几乎包含了社会生产的各个领域，各章先后顺序的安排是根据“贵五谷而贱金玉”的原则进行的。宋应星将与民生休戚相关的衣食各章置于全书之首，其次是有关手工业各章，而以不切国计民生的珠玉一章殿后，体现了作者重农、重工和重实学的观念。《天工开物》对于工匠造物的启示主要体现在三方面：一是顺应自然，物尽其用。即自然界本蕴藏诸多美好而有益之物，但却不能被轻易取得，需要人们“巧生以待”，顺应自然规律，凭借自己的智慧和技术将其开发致用。二是在造物活动中，应保证整个过程的系统性、协调性与规范性。要有效地协调各个环节（“人与自然”“人与物”“物与物”）之间的关系，严格按照操作步骤，确保造物的有效性。三是强调造物要“关心民生，立足民生”。如书中多处提到“效用于日用之间”，传达出一种具有普遍意义的造物思想。[1]

此外，《天工开物》还将器物制作与当时的社会文化背景相关联，从阶层区分着眼进行论述，阐述了为宫廷、士大夫服务和为下层普通民众服务的器物制作及使用的差异性。例如，在《乃服》篇中记述“龙袍”：“凡上供龙袍，我朝局在苏、杭。其花楼高一丈五尺，能手两人扳提花本，织来数寸即换龙形。各房斗合，不出一手。赭黄亦先染丝，工器原无殊异，但人工慎重与资本皆数十倍，以效忠敬之谊。其中节目微细，不可得而详考云”（《天工开物·上篇·乃服》），详尽描述了贡品制作的精致程度。

值得一提的是，自明中晚期开始直至清代，工匠编纂造物著作的案例比比皆是。据粗略统计，明清之际，匠人的造物著作大致有周嘉胄的《装潢志》《香乘》、黄成的《髹饰录》、午荣的《鲁班经匠家镜》、计成的《园冶》、孙云球的《镜史》、朱子建的《服制图考》、范铜的《布经》、丁佩的《绣谱》、沈寿的《雪宧绣谱》、汪裕芳的《布经要览》、姚承祖的《营造法原》等。[2]可以说，在文人士大夫的熏陶下，匠人突破了以往对造物和设计的粗浅认识，他们已经能将文化内涵视作造物的灵魂。而那些专业的技术不仅不需要保密，还应广为宣扬，其不仅能标榜个人的文化修养，还能扩大本行业的社会影响力。因此，著书立说即成为明中晚期具备一定文化素养的匠人们的普遍举

---

[1] 夏燕靖.中国艺术设计史[M].南京:南京师范大学出版社,2011:191-192.

[2] 余同元.传统工匠现代转型研究——以江南早期工业化中工匠技术转型与角色转换为中心[M].天津:天津古籍出版社,2012:187-188.

动。[1]这些著作对于提升匠人的整体文化水平和造物风貌具有重要意义，对于我们研究彼时的造物文化与工匠精神亦具有重要价值。

## 二、清朝服饰造物中的工匠精神

清代的纺织业依然可分为官营与民间两大体系，官营织造业承担着朝廷官府的纺织品、服饰生产需求。例如，顺治二年（1645年），政府恢复江宁织造局，杭州局和苏州局均于顺治四年重建。自乾隆至咸丰初年，江南三个织造局每年承造的各色丝织品有14000~15000匹。[2]其中，苏州局以产绢、罗为主，其又可分为生、熟、花、素四大类；杭州局织造的丝织物雍容华贵，远销海外，主要类别有杭绸、杭缎、杭纺、杭罗等。据史料记载，杭州艮山门一带，自宋元以来就是丝织零散机户的集中之地，明清以来，植桑、养蚕、缫丝，丝织作坊遍布全城，系驰名中外的“杭纺”主要产地。当时，还有织匠织出《西湖十景全图》，这代表了清代丝织技艺的极高水平。

众所周知，官营织造由于主要生产皇家贡品，集结了一批技艺娴熟的工匠，这亦在丝织技术的提高和织造品种的改进上刺激了民间丝织业的发展。清廷曾一再下令，官局所织缎匹“务要经纬匀停，阔长合式，花样精巧，颜色鲜明”（《历年织造敕谕》）。明代时，苏州局织造的海马、云鹤、宝相花、方胜等锦类已令名扬天下的蜀锦“自惭逊色”，至清代，许多丝织产品“精妙绝伦，殆人巧极而天工错矣”（《长洲县志》）。《苏州府志》记载：“织造府所制上供平花、云蟒诸缎，尤精巧，几夺天工”，这些技术在局外生产时必定会表现出来，其有利于民间织造技术更加趋向于精益求精。

正因为官营织造局在民间丝织业发展过程中起到的推动作用，使苏、杭、宁三大城市形成了独步全国的丝绸生产与销售中心。[3]例如，苏州“工役渐集，规模已成，杼声盈耳，彩色盈眸，春秋迭运，不愆其期”（《织造经制记》）、“织作在东城，比户习织，专其业者不啻万家”（《长洲县志·卷十六》）。此时，行会组织建制进一步完备，行会内部的生产经营和劳动组织日益形成一套稳固的制度。从顺治四年十二月在苏州设立的《织造经制记》和乾隆五十八年定下的《遵奉各宪详定纸坊条议章程》这两块富有代表性的碑文内容中可知，清代行会制度包括其工作条例、收徒的规定，产品规格、数量的

---

[1] 以前，工匠们的技艺传承均是依靠口口相传。此方式的弊端在于，随着时间的流逝，许多内容的谬误也会相应地增长，而校勘几乎是不可能的。这使匠人们在很长时间内无法完成行业范围内技术的全面总结和突破，导致其理论知识和经验总结只能在一个无序的环境内流传。而当文本载体出现后，这种信息内容就能够长久稳定地保存，并在此基础上不断补充、完善与更新。

[2] 范金民，金文.江南丝绸史研究[M].北京:农业出版社，1993:114，171.

[3] 范金民.清代前期江南织造的几个问题[J].中国经济史研究，1989(1): 89.

规定，工匠工资水平及其应遵守的规章制度等。[1]不得不说，行会对于清官局统管民间机户起到了重要作用，它承担官局的“分派领织”任务，助其“雇募工匠”，使民间商品经济中有一部分被纳入政府官局的经济框架中。[2]

清代最有名的织造基地非江宁织造局莫属。说起“江宁织造”，不得不提云锦，云锦是“江宁织造”盛极一时的织锦名品，代表了江宁织造工艺的最高成就，其与四川蜀锦、苏州宋锦并誉为“三大名锦”。云锦最为突出的特点就是大量用金，此技术最早始于元代，而“云锦”一词的由来则源于清道光年间苏州的“云锦织所”，最早的文字记载可见于民国时期南京出版的《工商半月刊》和《首都志》。[3]由于该织物用料考究，织工精细，图案色彩典雅富丽，宛如天上的彩云，故被称为“云锦”。

云锦的图案有贡货花样、时新花样、官服花样、吏服花样、商服花样、农服花样等，这些图案表现出中国传统吉祥寓意的核心主题——“权、福、禄、寿、喜、财”等。为了使云锦看上去既富丽堂皇又不失变化，织锦艺人们创造了“三色金”的织造方法。所谓“三色金”，即用含金量98%的赤金线、含金量88%的青金线及纯银线制成材料进行云锦织造。此外，根据银线会氧化变黑的特性，云锦艺人们又选用它来代替勾勒图案的边缘线，致使织出后的图案纹理能更加清晰，同时又不失金属的光泽。也正是由于大量用金的缘故，云锦的织造工序烦琐，素有“寸锦寸金”的美誉。一个云锦艺人一两天仅能织出几寸锦缎。彼时，织锦艺人还尝试使用某些特殊材料，如孔雀羽绒来织造锦段。在《红楼梦》第五十二回，描述晴雯深夜补裘衣的一段，就是述说晴雯用漂亮的孔雀羽绒和织金配合使用，织补出金翠交辉、闪烁着七彩光泽的云锦衣物的情节（图7-17）。随着织锦在不同角度和光线下的位移，孔雀羽绒还能显现出棕、紫、蓝、绿、黑等不同色彩。这源于孔雀羽毛在加工时，羽上的翠绒经过搓捻，会形成螺旋状竖起的立绒，在不同光线下，立绒会产生神奇的“转眼看花花不定”的色彩变化效果。

图7-17　电视剧《红楼梦》中晴雯补裘衣情节剧照

云锦织造的特点是通经断纬、挖花妆彩（即一根纬线通过多次挖花完成，其不受色种

[1] 江苏省博物馆.江苏省明清以来碑刻资料选集[M].北京:生活·读书·新知三联书店，1959:66-72.

[2] 唐明峰.清代行会的性质和作用[J].史学月刊，1988(4):47.

[3] 云锦的“锦”，是“金”字偏旁与“帛”字的组合。《释名》曰:“锦，金也，作之用功，重其价如金，故惟尊者得服之。”这即是说，锦是豪华贵重的丝帛，在古时只有达官贵人才能享用。

限制，相同的单位纹样可织成不相重复的色彩，看上去富丽堂皇），该技艺现已被列入国家级非物质文化遗产名录。从南京博物院现藏的一台云锦生产设备“大花楼提花织机”来看，也能证明该工艺的精细与繁复。这台织机造型独特，结构复杂，分为楼上、楼下两部分。织造时，楼上拽花工根据花本要求，提起经线，楼下织手对织料上的花纹妆金敷彩，抛梭织纬。一根纬线的完成，需要小纬管多次交替穿织，上下两人配合，实现换色。时至今日，云锦仍然使用传统大花楼提花织机进行手工织造（其无法被现代化的机器替代）。

在配色方面，云锦采用了色晕与调和的技法，此配色方法与我国古代宫殿建筑的彩绘装饰技艺一脉相承。例如，在“妆花缎”的地色中，很少使用浅色，大多以红、深蓝、宝蓝、墨绿等深色作底（也有用黑色的）。而主体花纹的配色，多用红、蓝、绿、紫、古铜、鼻烟、藏驼等色。此外，由于运用了“色晕”和色彩调和的处理手法，使深色底上的重彩花纹获得了非同一般的视觉效果，形成了庄重典雅的艺术风格，与宫廷中恢宏大气、庄严肃穆的气氛相协调。

除了隶属于官府织造局的机户及其生产的名贵锦缎（如云锦）外，民间也有大批机户和机匠。特别是在商品经济发达的东南沿海地区，纺织业十分发达，其生产能力大大超过了明中晚期的兴盛时期。康熙、雍正、乾隆时期的丝织品种（如绫、绸、缎、纱、罗、绢、绒、绉等）已呈现各具特色之势。此外，珠江三角洲地区自明代发展起“桑基鱼塘”的生产模式后，蚕丝与丝织业趋于繁荣，至清前期已成为仅次于江南地区的又一全国性丝织生产中心，产品行销海内外。

同样，随着纺织器具的改进与革新，使棉布生产与染织工艺都较前代有了很大提升。长江三角洲一带的棉织业产量巨大，主要集中在江苏、浙江两省的沿海、沿江、沿太湖一带。这里生产的棉布花色、种类、规格繁多，质地有的细密轻软，有的坚韧厚实，其中又以松江、太仓最为发达。例如，当时的“松江大布”名噪一时，成为棉布中的精品；太仓棉布则以“太仓棉花”为招牌，属于清代优质棉布的代表性品种。松江、太仓地区所产的“飞花布”也极为有名，其“布光如银，尤为精软”，妇女裁作衣裙，极为典雅。此外，还有兼丝布、斜纹布、高丽布、黄纱布等都是松江、太仓地区主产的棉布品种，受到当时民众的普遍喜爱。

生产出的棉布还需经过加工处理，如“染色”和“踹光”，[1]这些工艺最初是和棉布生产结合在一起的，明末开始逐渐与棉布生产相分离，成为独立的

---

[1] 在传统染色工艺中，将染过色的棉布或未经染色的本白棉坯布在专用的凹形大石和木碾辊子上进行碾压、水洗、研光的过程称为“踹光”，其目的是进一步去除布料上黏附的天然杂质，以改善布料的密实性与吸水性能，使之光亮、柔软。

行业。例如，芜湖、松江都是清代棉布加工的集中地，有一大批染、踹作坊。彼时盛产的药斑布即“以灰药布染青，俟乾拭去，青白成文，有山水楼台人物花果鸟兽诸象”（《嘉定县志》）。后来，染布与踹布工艺进一步分离，形成了染坊业与踹坊业。康乾时期，江南地区的染、踹行业从松江转移至苏州，苏州成为全国最大的棉布生产、加工基地，并在此汇集了一大批染、踹工人。

如前所述，清代服饰中的装饰工艺极为精湛，刺绣便是其中的“主角”。在其他物品的装饰上，刺绣也被广泛使用。彼时，“四大名绣”的出现就是最好的例证。例如，苏绣是以苏州为主要区域生产的刺绣类型，其特点为多用“留水路”[1]的分色表现方法，苏绣色彩搭配和谐，画面秀丽典雅，富有诗意之美；粤绣是以广州、潮州地区所产刺绣的代称，广州刺绣的特点是色彩对比强烈，喜用金线，有着富丽堂皇的视觉效果。潮州刺绣除喜用金线外，还采用垫绣（加入填充物）的方法，使绣品具有浮雕般的立体感；蜀绣的产地以四川成都为中心，其特点是富于浓厚的民间色彩，自然淳朴，厚重工整；湘绣源于湖南，以长沙为生产中心，它擅长表现狮虎等动物的皮毛，著名针法为“鬅毛针”，并享有“绣花能生香，绣鸟能听声，绣虎能奔跑，绣人能传神”的美誉（图7-18）。除这几种刺绣类别之外，北京的京绣、山东的鲁绣、河南的汴绣、浙江的瓯绣、贵州的苗绣等也都是清代著名的刺绣品类，且各具特色。例如，京绣是为满足清代皇宫的需要而发展起来的一种刺绣形式，生产地为京郊一带，其绣法精巧工整，载体多为佩饰小件，如荷包、扇套、镜袋等。

图7-18 苏、粤、蜀、湘“四大名绣”的艺术风格

由于清代刺绣工艺和技法的成熟，绣匠们将其总结为一种理论，以便于

[1] “留水路”又称“水路”，是苏绣的一种技法。水路是指刺绣绣品上纹样交接与重叠处所留出的一线绣地，其作用是区分色彩与空间层次。水路应留得整齐、匀称。即刺绣时先绣上面完整的纹样(让水路留在下边的纹样上)，再绣下面的纹样，纹样边缘要绣得平稳、均匀，以保证其轮廓的齐整。相反，另一种绣法就是“不留水路”，其是指刺绣纹样交接或重叠处层层相压，不留空隙。具体操作方法是，刺绣时先绣后面(远处)的纹样，针脚要跨过前面纹样的轮廓线，再绣前面近一层的纹样，轮廓边缘针迹要整齐、细密，以区分前后层次，此绣法具有使纹样物态重叠的真实感。[参见夏燕靖.中国艺术设计史[M].南京:南京师范大学出版社，2011:213.]

传承和发扬。故在道光年间，就出现了专门记载刺绣技艺的著作，如丁佩的《绣谱》。作者从多年的工艺实践和认识出发，论述了刺绣作为一种工艺和一种艺术的基本特征，总结了刺绣的工艺要求和艺术审美原则，条分缕析地阐释了刺绣具有的妇德教化、陶冶情操的功用价值。例如，《绣谱》提道："工居四德之末，而绣又特女工之一技耳，古人未有谱之者，以其无足重轻也。然而闺阁之间，藉以陶淑性情者，莫善于此。以其能使好动者静，好言者默，因之戒慵惰、息纷纭，壹志凝神，潜心玩理。……至于师造化以赋形，究万物之情态，则又与才人笔墨、名手丹青同臻其妙。"[1]具体来说，丁佩所论刺绣的环境要求是"闲""静""明""洁"。"闲"是创作之前的一种自然状态，是保证高质量创作的前提；而"静则其志专而心无物扰，静则其神定而目无他营"，只有在安静、闲适的心态下，创作者才能不被外界干扰，潜心创作。如果说"闲""静"是对于创作者的内在要求，那么"明""洁"则是对外部环境的一种"挑剔"，即刺绣时所处环境的光线必须充足、明亮，场地要干净、整洁。其中也透射出中国古代的哲学思想，恰如老子《道德经》中的"致虚极，守静笃"。

依据上述环境要求、工艺标准和审美原则，彼时的刺绣工匠以审时、度势的观察方法，通过师造化以赋形，究万物之情态，悉心体察自然生态事物的构成法则，从外在表象中提取其本质内涵，最后落实于那一方布帛之上。是故，刺绣那细腻的针脚、生动的图案、排列有序的线条即构成了一种"有意味的形式"。这既深切于现实具体的生活，又神往于高远超逸的境界，体现出比原生形态更为多彩的意蕴。[2]同时，此意境又是随着刺绣者多年练习、积累和对生活事物的情感依托升华所形成的。特别是在一些日用品的刺绣装饰图案中，往往传达出吉祥寓意的观念，此观念是"图必有意，意必吉祥"的中华传统美学精神的表征。

此外，由清末吴县苏绣名家沈寿口授录成的《雪宧绣谱》也是一部刺绣理论名著，其分别叙述了绣备、绣引、针法、绣要、绣品、绣德、绣节、绣通等内容。《绣谱》和《雪宧绣谱》两部著作均成为后人学习刺绣工艺的必备教程，是我国古代工匠将自己的实践经验与理论知识转化为文字和文化精神的写照。清华大学美术学院李砚祖教授曾在其著作《装饰之道》中提道："刺

[1] 丁佩.绣谱二卷[A].《续修四库全书》编纂委员会.续修四库全书1115子部·谱录类[C].上海:上海古籍出版社，1996:165.

[2] 如明末清初文学家程嵪在其《顾绣》一文中褒赞华亭缪氏绣囊"绣法奇妙，真有莫知其巧者。余携归，终日流玩。为纪于简"；明末文人姜绍书曾称缪氏绣品"刺绣极工，所绣人物、山水、花卉大有生韵，字亦有法。得其手制者，无不珍袭之"。[参见姜绍书.无声诗史——韵石斋笔谈[M].印晓峰，点校.上海:华东师范大学出版社，2009:172.]

绣之用，大到庙堂之事，小到鞋帽花边，俗到辟邪肚兜，雅到独幅画绣；刺绣题材几乎包罗一切。”[1]刺绣作为一种工匠技艺、一种艺术表现，它不仅书写着中华民族手工艺壮丽的诗篇，也成为中国女红文化世代相传的典范，具有丰富的审美内涵与文化价值。

不同于上述专业匠人对于某一类手工艺造物规范、标准的记录，明末清初文学家、美学家李渔从创新与审美的角度对当时的造物文化及风格进行了品评。在《闲情偶寄》中，李渔指出：“新异不诡于法，但须新之有道，异之有方。有道有方，总期不失情理之正。”他不被传统说教禁锢，而是用自己所创造的新物示人，并以“有道之新”和“有方之异”的方法去引导和改变他人的造物观念。李渔认为，造物的创新求异不是简单的元素叠加或重组，而是一种与人相宜、相适的追求与创举。李渔对彼时社会上造物的奢靡之风、极尽奢华的雕琢之行尤为小视，他主张宣扬个性、反对抄袭，所谓“性又不喜雷同，好为矫异，……因地制宜，不拘成见，一榱一桷，必令出自己裁”[2]即是此观念的反映。在他看来，“独创”才是艺术家、造物者最为宝贵的精神品格和生存于世的原则。

可以说，李渔的造物思想与创新实践，不仅在其所处的社会时代有着一定的道德意义和指向作用，对于现代设计的理念与行为亦具有诸多启示。李渔的造物思想、行为与风格是在继承文人清雅脱俗气质的基础上不断推陈出新、挖掘生活内涵、追求艺术生活化和生活艺术化的人生经历中形成的。[3]作为工匠文化“寄”的范式与方法，李渔《闲情偶寄》之“寄”为构建中华传统工匠文化体系提供了“非连续性建构”的致思理路，即《闲情偶寄》中的工匠文化和审美理念是基于日常生活世界的基本结构，在日常审美或行“乐”的主旨性思维体系中催生出来的一种非连续性的“闲情”之意，它在知识叙事方法上主张“缺漏”立法与“支离”立论，从而达到知识叙事的整体可信度与实证性。[4]

我国传统工匠文化在自我发展的历程中还受到了外域文明的影响。事实上，该影响自明代就已开始——明万历年间，西方传教士来华，带来了诸多思想理念与科技文化，这些思想理念与科技文化的渗入，改变了我国部分传统造物活动及方式。特别是在清中叶至清晚期，西方各种技术（如造船、铁

[1] 李砚祖.装饰之道[M].北京:中国人民大学出版社，1993:422.

[2] 李渔.闲情偶寄[M].王永宽、王梅格，注解.郑州:中州古籍出版社，2013:220-221.

[3] 杨婧，陈建新.从“雅致”到“新奇”——在继承中发展的李渔造物思想[J].设计艺术研究，2016(2):103.

[4] 潘天波.从“考工记”到“考工学”:中华考工学理论体系的建构[J].学术探索，2019(10):117.

路修筑、采矿、印刷、建筑、工业制造等）又一次大量传入国内，其伴随西方的新知识、新观念，对我国近代工业、经济产生了极大影响。在此背景下，国内洋务派主张采取“中学为体，西学为用”的态度来面对西学，彼时他们关注的主要是西方的先进武器及相关器械运输等实用技术。甲午战争爆发后，国破家亡的局面致使许多有志之士开始更为积极地学习西方，出现了梁启超、康有为、谭嗣同等一批伟大的爱国主义思想家。

在纺织服饰领域，西方纺织材料不断引入国内，服饰风格潮流也不断渗入，这无疑对我国传统手工业产生了冲击。鸦片战争后，此情况愈演愈烈，我国江南的棉纺织生产每况愈下。毕竟，经历了工业革命的西方，机械化生产技术突飞猛进，其相较于我国传统手工作业具有极大优势，这一局面也激励着国人奋发图强。例如，洋务运动时期，清廷先后在各地兴建了数十个新式军用工厂，这些工厂大多具备两个特点，一是军火制造与轮船制造并行，使引进的西方制造技术在多个领域获得应用；二是大中小企业结合，解决了企业生产资金的融通问题。其中大型工厂由清廷户部拨款开办，中小型工厂则由地方督抚自筹经费开办，有的甚至是由当地绅商捐款所办。

至清晚期，西方机器化生产中的标准部件及制造方式被引入国内，该生产模式的应用、推广，提升了我国机械制造与产品设计的效率，由此也间接地培养出一批本土的工程技术人员，这是洋务派对促进晚清新式工业发展所做的贡献。也正是这一引进和学习，开启了纺织织造、服装制作等生产方式的变革——一个初具规模的近代服装工业体系逐渐形成。

# 下篇

# 中国传统服饰造物及其工匠精神的传承与创新

# 第八章
## 工业经济时期的服饰制造与机械工匠精神

工业经济时期是人类社会历史发展过程中的一个重要时期，它由技术革命所引发，以机器化工业生产为标志——机械文明由此诞生。这亦是人类社会生产方式的一次重大变革。在此背景下，工业技术成为物品创作与制作的核心，而机械化生产促成了标准化制度的实施。此前集多种身份于一体的工匠变成了设计师、技术人员、管理人员等，他们在各自的岗位开展自己的工作，履行自己的职责。也正是在此规模化生产之下，代表着精确、速度、效率的机械造物方式和造物美学诞生了。此造物方式是与几何化、模块化风格、新材料、新技术的兴起与发展密切相关的，它通过机械化大生产创造了一个崭新的人类世界，促成了一种全新的工业造物方式。同时，它开启了未来信息化、科技化、数字化生产方式的序幕，具有联结过去、铸就现在和指向未来的历史意义。

### 第一节
### 工业经济时期的服饰制造

18世纪下半叶，发生在英国的工业革命揭开了人类社会发展的新纪元，它从工业资本充足的英国扩展到欧洲大陆、北美及世界上的许多国家。从形式上看，这场革命表现为生产技术上的革新，它由蒸汽机的发明和机械化的生产、应用所引发，是人类从手工业文明进入机械工业文明的开端，其核心是机械化生产方式。工业革命引发了一系列社会生产关系的变革，使西方世界完成了从封建社会到资本主义社会的过渡和蜕变，深刻地影响着近代以来人类文明的进程。

说来也巧，工业革命首先是从新兴纺织工业开始的，新兴纺织工业的形成肇始于技术的革新。1733年，英格兰兰开夏郡的工匠约翰·凯伊（John Kay）发明了一种“飞梭”，“飞梭”将人的双手从不断地抛梭、织造中解放了出来，大大加快了纺织的速度。18世纪60年代，纺织工匠詹姆斯·哈格里夫斯（James Hargreaves）发明了一种被称为“珍妮机”的手摇纺纱机，此纺纱机可以同时纺织十几根纱线，大大提高了纺纱效率。1769年，理查德·阿克莱特（Richard Arkwright）发明了借助水力的纺纱机，并于1771年建立了第一座水力纺纱厂。在此基础上，塞缪尔·克朗普顿（Samuel Crompton）综合各种纺纱机的特点，制造了功能更为完备的“骡机”。直至18世纪80年代，牧师爱德蒙·卡特莱特（Edmund Cartwright）设计制造出了第一台动力纺织机，其效率相当于四十个纺织工匠一同织造。巨大的变革发生在格拉斯哥大学机械制作工詹姆士·瓦特（James Watt）在18世纪80年代制成的改良蒸汽机后。这是人类制造出的第一个将热能转化为机械动能的装置，其于1785年首次被用于诺丁汉的棉纺厂中。彼时，英国的工业产品成倍增加，仅棉布产量就从18世纪80年代到19世纪80年代的100年间增长了160倍。

机械工业化生产模式带动了工业设计的发展。工业设计（Industrial Design）最早出现在20世纪初的美国，其因代替工艺美术或实用美术等概念而被使用。随着人们物质生活水平的提高，对于各类产品的需求也不断增加。此时，只有机械化生产才能制作出更多标准化的产品以满足大众的需求，于是，生产外形相同、质量统一的产品就显得尤为重要。1930年前后，美国与全球经济大萧条时期，工业设计作为解决经济不景气的有效手段，开始受到企业家和社会各界的重视。彼时的设计也已成为一个独立部门，其关系到整个产品的规划与流程。成立于1957年的国际工业设计协会联合会（ICSID）曾于1980年给工业设计下了定义，即“就批量生产的工业产品而言，凭借训练、技术知识、经验及视觉感受而赋予材料、结构、形态、色彩、表面加工以及装饰以新的品质和资格，叫作工业设计”“工业设计师应在上述工业产品的全部侧面或其中几个侧面进行工作，而且，当需要对包装、宣传、展示、市场开发等问题付出自己的技术知识和经验以及视觉评价能力时，这也属于工业设计的范畴”。[1]工业设计的勃兴促成了一种新的商业消费模式的诞生。在商业化背景下，设计不仅使商品进入到了社会生活的各个领域，成为与大众生活息息相关的事情，还使商品成了市场竞争与提升销售业绩的手段。企业可以

---

[1] 李砚祖.造物之美——产品设计的艺术与文化[M].北京:中国人民大学出版社，2000:53.

根据市场需求来调整商品设计方略，商品经济的发展又能促使设计理念的进一步提升。

是故，工业设计可以从广义与狭义两个方面来定义——广义的工业设计涵盖全部的“设计”范畴；狭义的工业设计主要指工业产品的设计，其核心是对产品形态、功能、色彩、材料、结构、装饰等方面的创造或创新。20世纪80年代，工业设计被引入我国，其对于我国刚刚起步的工业化生产具有极大促进作用。彼时工业设计涉及的内容有日用陶瓷、玻璃器皿、文具、家具、家电、服饰、机床、医疗器械、交通工具等。

在近代工业发展与工业设计的直接推进下，我国服饰设计与生产也发生了极大的转型，当然这与一定的政策引导也有关系。彼时，在上海，随着工商业的迅速发展，市场意识逐渐形成，工商各业都开始注意到要通过产品设计来树立品牌形象。以往那种将设计局限在“皇宫之内宫廷工艺品的造物手段”的理念一去不复返，设计被不断融入具有商品属性的生活物品中。在此背景下，我国的服饰设计、产品设计、家居设计等均迈入了现代化进程。

具体来说，从前（如古代）的服饰造物基本是由传统手工工匠一人完成，即从构思、设计、制作到生产等，都由一人完成。那时的“工匠”是策划师、设计师、技术工、艺术家等多重身份或职能的集合。工业经济时期，特别是机械化生产模式下，该局面被打破。行业的细分致使生产分工越加明确，技术的变革让传统造物活动演变成设计、生产、制作等环节，制度化、标准化成了此阶段造物的核心。相应地，传统工匠逐步向现代设计师、技术工人或工程师等身份转变。设计师的工作职能也随着社会经济结构的转型和民众生活所需发生了变化。例如，大多数设计师的工作转移到形而上的设计与思考，并成为用户和产品之间沟通的桥梁。[1]在服装设计领域，特别是在服装产业化背景下，设计、制作、生产、销售相分离，一部分人成了专业的设计师，一部分人成了板型师，一部分人成了工艺制作师，一部分人成了检验师……他们均是服装产业链上不可或缺的一环，其工作既彼此独立又相互联系。例如，设计师在完稿之后，板型师要根据设计稿绘制服装结构板型图，制作出相应

---

[1] 设计师也需对其设计的产品的整个生产流程有所了解。例如，世界上第一代工业设计师亨利·德莱福斯(Henry Dreyfuss)在其1955年出版的《为人的设计》(*Designing for People*)一书开篇中即谈道：“他(设计师)不仅仅是一位设计师，还是一名商人，同时还是一个制作图纸和模型的人，……知道商品是如何进行生产、包装、分销和展示的，……他承担着管理者、工程师、消费者之间联系纽带的责任并与这三者共同协作。”［参见亨利·德莱福斯.设计经典译丛:为人的设计[M].陈雪清，于晓红，译.南京:译林出版社，2012:1-2］。法国设计师帕特里克·茹安(Patrick Jouin)也曾在一次接受采访中提道：“设计师对方案的职责要行使到最后一刻，……对产品的构成、制造环节与工艺流程有深刻的认识。”［参见阿格尼丝·赞伯尼.材料与设计[M].王小茉，马骞，译.北京:中国轻工业出版社，2016:166.］

的服装样板以供工艺师裁剪使用（其间，设计师还需和面料采购进行交涉；采购设计师所需的面料后再交付给服装制作部门）；服装工艺师根据板型将面料裁剪成裁片，然后交给缝纫工进行缝制、加工；当样衣缝制好之后，还需经过人体模特试穿、修改完善，才能进入批量生产环节；生产出的服装经检验合格后才能投放市场，进入销售渠道，即我们在商场所见到的服装成品。

综上可知，传统工匠的现代转型主要包括技术转型与角色转型两方面内容。技术转型主要指工匠技术在知识形态和物质形态上的转变，首先表现为经验型技能向科学理论型技术的转变，其次表现为科学技术化中的技术生成方式和技术操作方式的转变；角色转型则指传统工匠向现代工人转变中主体身份、地位与职业角色的变化。是故，工业经济时期的服装设计与生产可以概括为“设计—制板（纸样）—出样（样衣）—生产制作—进仓—销售”等流程环节。每一个工作流程、环节都是由相应的工人（工匠）来承担的，工匠精神在他们所负责的工作中得以体现。

## 一、设计

在机械化、工业化背景下，设计成为商品筹划和生产的重要环节。服装作为工业经济产品中的一大类别，设计师成了服装产业中的灵魂人物——他需要洞察市场风云变化和大众需求，善于分析各类流行资讯，确立设计目标并对设计过程进行统筹规划，推动产品的创新发展。因此，服装设计师作为设计类工匠，他要了解服装对于人们生活的重要性，要熟悉机械工业化生产下的服装设计流程，并对未来潮流趋势进行准确判断（图8-1）。因为设计是一种强调实践的活动，设计师应能对事物的可能发展趋势和状态有所预见，并拥有使抽象概念具体化、现实化的能力，以创造出符合人们需求的满意产品。[1]特别是在市场经济背景下，服装企业是以营利为目的的。作为设计师，就必须明确产品的设计定位和目标消费人群。设计定位是决定服装产品成长及未来发展的关键，只有当设计师的头脑里有预期对象的需求、市场的导向时，方能对未来产品的款式、风格、色彩、图案等作出正确判断。[2]

[1] 方晓风.论主动设计[J].装饰，2015(7):16.

[2] 法国时装品牌皮尔·卡丹(Pierre Cardin)刚进驻中国时，曾仔细研究过驻中国的外企人数、婚姻登记人数、旅游者出入境人数、外国领事馆和商社在华人数、中国出国留学生和商务考察人数等数据资料。其借用量化分析方法，推测出“皮尔·卡丹”品牌的潜在消费人群，并预测出品牌的市场规模。针对中国幅员辽阔，南北方人体的不同体型特征，“皮尔·卡丹”于20世纪80年代末在中国进行了全国范围内的人体数据测量调查——他们通过对十多万人的体型数据采样，科学地归纳出中国人的9种体型、100多个号型，这使中国“皮尔·卡丹”西服板型合体率达80%以上，其西服销售量达10万套/年。短短几年内，“皮尔·卡丹”在中国名声大噪、家喻户晓。其成功进入中国市场的诀窍，乃是在充分了解中国市场和人群体型特征的基础上，进行准确的产品定位。

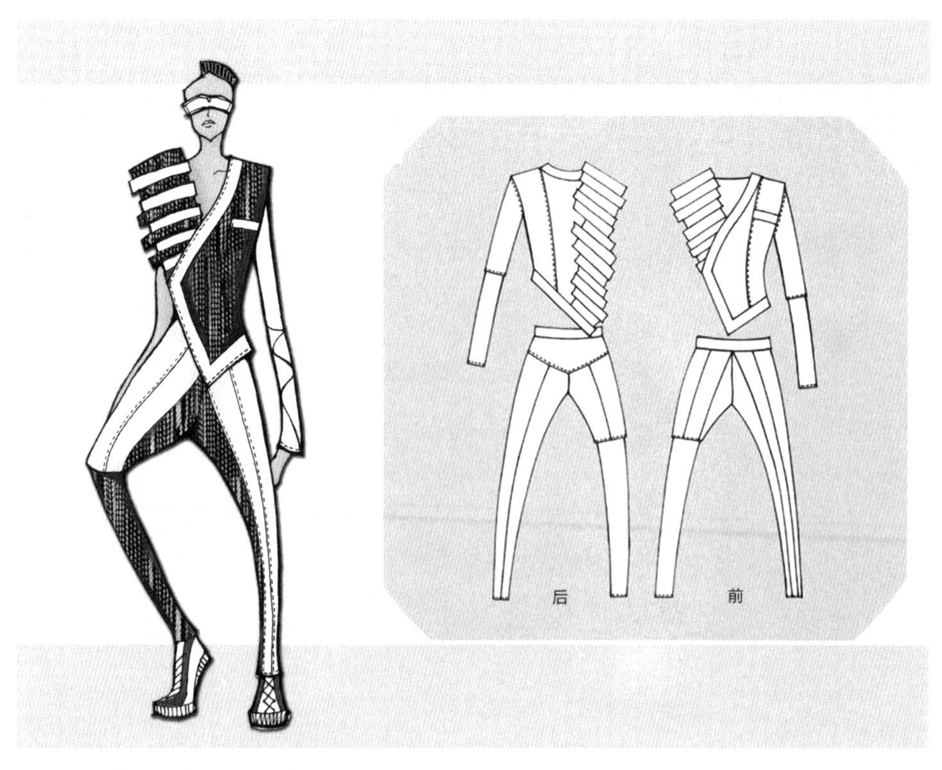


图8-1　服装设计效果图与结构图

## 二、制板（纸样）

当设计师完成设计稿（服装效果图、结构图）之后，下一步就是按照此设想绘制服装纸样图（也称服装板型图），纸样是使服装制作成型的重要环节（图8-2）。在制作纸样之前，需要设定成衣规格尺寸，该尺寸一般以国家标准中服装号型的中间值为基础，以便于成衣的样板缩放和批量生产。[1]服装板型师是此工作环节的技术工匠，他根据设计师开发的款式风格，通过专业的计算和对人体的测量，根据号型规格尺寸和具体结构特征，依次绘制并裁剪出服装各部位的标准样板，这一步亦是使服装从平面图纸到立体成衣转换的关键。批量生产的服装，其样板一般采用平面裁剪法进行，而个性化如高级时装的样板制作一般采用立体剪裁法，有时，两种方法可结合使用。绘制好的板型即可按其缝制工艺的先后顺序编号成套，提供给工艺师进行面料裁剪与缝合。值得一提的是，因为板型（纸样）是服装标准化生产的工具，一套板型（纸样）一旦制作出来，便可以无限制地循环使用，故板型的合理性与科学性尤为重要。

---

[1] 中国标准《服装号型　女子》(GB/T　1335.2—2008)统计的我国女性中间体型数值为160/84Y、160/84A、160/88B、160/88C;《服装号型　男子》(GB/T　1335.1—2008)统计的我国男性中间体型数值为170/88Y、170/88A、170/92B、170/96C。

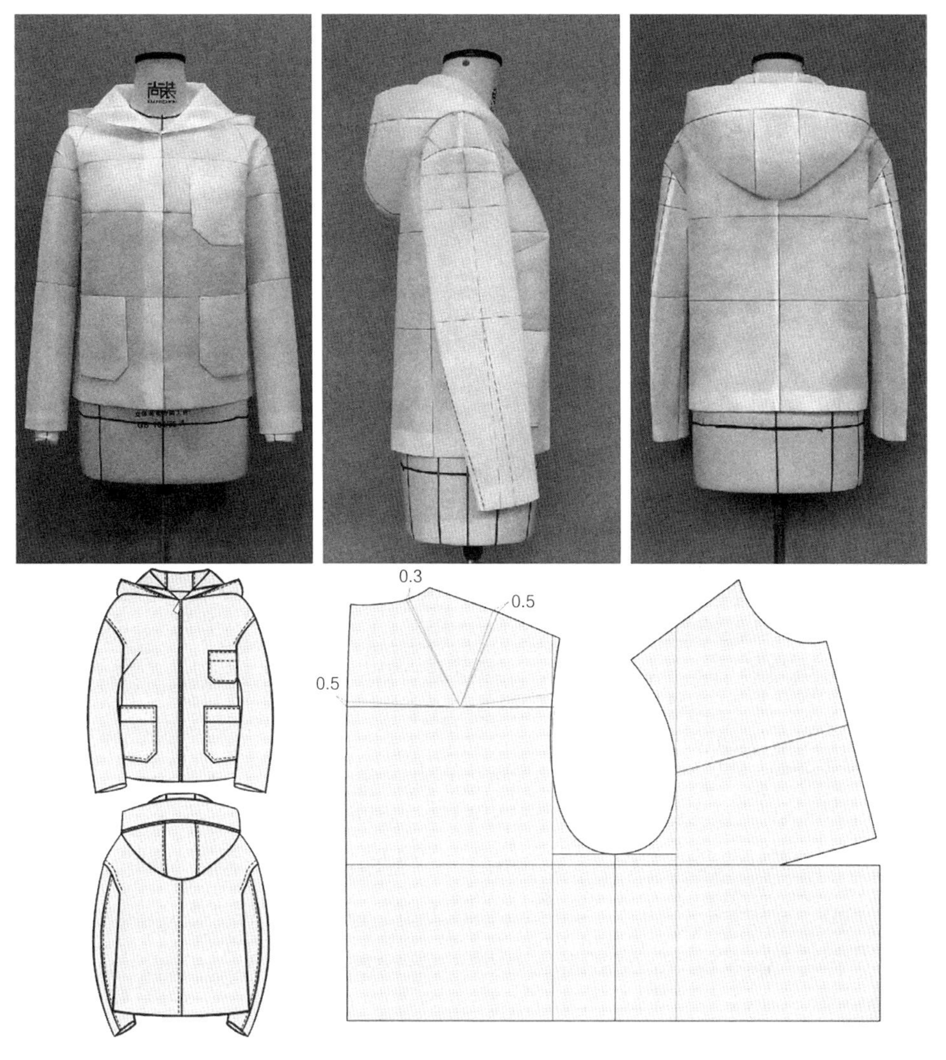


图8-2 服装纸样（板型）

## 三、出样（样衣）

### 基础样衣的重要性

基础样衣是指在成衣批量化生产之前，先用白坯布制作出此服装基本造型的步骤。通常来说，在服装设计中，设计效果图是无法充分表现服装的实际立体造型效果的，故需要通过基础样衣来显示服装的实际造型效果及各部位的结构关系。在基础样衣的制作中，并非单纯地依据设计效果图机械地将服装造型具象化，而是要在样衣的制作中，有意识地补充和完善其设计效果的表达。因为，在样衣的制作过程中，常常会发现原有的设计构想存在的不妥之处，故样衣师可以在基础样衣上进行调整、修改，为后续服装批量化生产提供样板和参考。

——摘自刘元凤、胡月《服装艺术设计（第2版）》，中国纺织出版社有限公司，2019年，第226页

出样是服装工艺师根据服装板型（纸样）的规格、选定的面料，将板型（纸样）在面料上复制、裁剪出裁片，并将这些裁片通过机器缝制成一件完整服装的过程。服装工艺师是此阶段工作流程的技术工匠，他必须了解人体的结构，遵循一定的制作方法，将裁剪好的布料以娴熟的技艺和十足的经验制作成一件可用于人体穿着的服装。由于只是批量化生产前的雏形，所以称为“基础样衣”（图8-3），基础样衣需经过模特试穿、修改后，才能进入大批量生产，故这是关系到服装批量化生产的重要一环。

图8-3　制作好的基础样衣

## 四、生产制作

基础样衣调试好之后，即可对服装样板进行再次修订。修订完成之后，就可按照工艺流程进行服装的批量化生产与制作了（图8-4），其主要流程包括以下七个方面。

材料选择：包括面料、里料、辅料（如拉链、纽扣、绳带、缝纫线等）的选择。其中，面料和里料是最重要的，它们直接影响着服装的款式、风格、造型。此外，面料的色彩、质感、图案等还应与设计效果图吻合。辅料的选择也应力求与设计效果图和最初的目标一致。同时，材料选择还需考虑其价格是否与服装的成本预算相符合，否则会影响成衣的市场销售。

图8-4　服装批量化生产车间与场景

生产准备：对生产时所需的面料、里料、辅料等进行必要的检验与测试（包括面料的预缩和整理等）；对各项制衣工序、工艺、器械等进行检查、修整，以避免在生产过程中出现问题。

裁剪工艺：裁剪是将面料、里料按照板型图纸、划样后裁剪成衣片的过程，其

还包括排料、算料、坯布疵点的借裁、套裁、验片、编号、捆扎等程序。

## 工业机械化背景下服装裁剪技术的发展

传统的服装裁剪工具多采用直刀或圆刀，工人借助带式裁剪机进行成批的服装衣片裁剪。但由于裁刀是人工控制，且裁剪时裁刀顶端电动机的重量使裁刀经常发生轻微振动或偏移，极易引起裁剪误差，令裁剪精度降低。此外，裁剪技术工人的劳动强度较大，导致生产效率偏低。

随着机械技术的不断发展，服装裁剪方式也产生了变革。例如，一些新型裁剪设备的出现，使服装裁剪的现代化程度大为提高。特别是20世纪80年代中期，利用计算机进行衣片裁剪的设备开始在国内大中型服装企业普及，这些设备在大幅度降低技术人员劳动强度的同时，提高了裁剪效率，衣片裁剪的精度与质量也得到了保证。

例如，某些大型服装企业还引进了自动化裁剪生产线，由工人控制计算机，制订裁剪计划，并采用具有自动对齐布边、自动控制铺料张力的全自动铺料机以完成铺料程序。后由全自动裁剪系统CAM与CAD联机，自动进行样板衣片的裁剪，直至裁片标签机完成打号。可以说，现代化裁剪生产线的应用使原本需要4~5天完成的工作（从面料投入至裁成衣片）缩短至1~2天，能帮助服装企业实现快速生产。

此外，在裁剪技术变革的过程中，设计师能懂得使用何种方法节约原料成本（有效地增加布料利用率），以及利用不同的裁剪方式更加合理地设计服装的造型与结构。

——摘自刘元风、胡月《服装艺术设计（第2版）》，
中国纺织出版社有限公司，2019年，第111–112页

缝制工艺：缝制是整个服装批量化生产制作中的关键环节，它需按照不同的服装尺码及规格要求，通过工业缝纫机将各裁片缝合成一件完整的服装成品。[1]所以，如何合理地组织缝制工序，选择缝迹、缝型、机器设备和工具都十分重要。值得一提的是，缝制工艺及其流程、方式也在机械化生产模式中发生了诸多变革。例如，在传统服装企业中，通常采用人工搬运服装裁片的形式进行缝制，此方式是将裁剪好的同类衣片捆扎起来，以成捆的形式传

[1] 缝纫机的问世无疑为服装的大批量生产与制作提供了条件。19世纪30年代，法国人巴塞莱米·希莫尼(Barthelemy Thimonnier)发明了木制的可移动链式线迹缝纫机，并于19世纪40年代发明了每分钟可缝200针的金属缝纫机，这些缝纫设备在普法战争中为法国军队制作军服的公司所采用，大大提高了服装生产效率。

送，这不仅增加了相关工作人员打捆及解捆的时间，且由于捆绑后的衣片褶皱增加，还加重了熨烫工作的负担。为解决此问题，有公司研制出了衣片吊挂传输系统。此系统由各工作站、吊架及传输轨道组成——裁剪好的衣片会被挂上吊架，吊架在传输轨道上运行，待到达某工作站时，此流水线工作人员可取下吊架上相应的裁片进行缝纫加工，加工好之后，再将其挂回吊架，通过传输轨道运送至下一工作站进行加工。[1]

熨烫工艺：当成衣制作完成后，就需要经过熨烫处理。熨烫实际上是对服装成品进行“规整”的一种高温高压物理技术。整烫可以去除服装面料上的皱痕，使缝合处平整光挺，以保持服装造型的美观。不得不说，现代整烫技术也随着成衣工业技术的发展而变得越来越先进。最早的熨烫工具是烙铁，随后发展成蒸汽调温熨斗，但在使用蒸汽调温熨斗对衣物进行熨烫时，由于纤维本身的特性、熨斗的移动或衣物各部位受热不均等情况，会使面料表面容易产生焦黄、“极光”或熨烫不到位等情况。为了解决这些问题，20世纪初，蒸汽式烫衣机被发明并生产出来（即现在脚踏式蒸汽熨烫机的雏形），标志着熨烫技术进入一个新的时代。目前，以微电子技术为标志的现代科学技术在熨烫器具中得到广泛应用，如由计算机控制的智能化熨烫设备已问世，这为服装的熨烫提供了更为科学、便利的手段。

成衣品质控制：成衣品质控制是使服装产品质量在整个批量化生产过程中得到保证的一项必要措施。该措施能杜绝服装产品在生产加工过程中可能出现的质量问题，并能据此制定相应质量检验标准以保障服装产品的品质。

## 五、进仓与销售

成衣品质检测完成之后，就需要进行包装、储运，这是整个服装批量化生产过程中的最后一道工序。包装工匠按照包装工艺的标准和要求将成衣折叠包装好，装进货箱入库后就可以等待销售了。

此外，为了达到理想的销售效果，服装成衣产品通常需要通过展销会、订货会或市场试销洽谈会等形式，征求来自销售方面的有关意见和市场反馈，验证其市场认可度。该环节一般可利用电视广告、报纸、杂志、网络等媒体对新产品进行宣传，并寻找有效的销售渠道和方式将新产品推向市场。

[1] 笔者曾在某大型服装企业的生产线上见过此类机械化作业方式：吊架在传输轨道上，由计算机控制，经过各工位并向前移动，直至所有的加工工序完成。在中央主控机的彩色显示屏上，有以不同颜色显示的各工作站的生产状况及库存情况。例如，黄色表示在制品量过多，绿色表示在制品量正常，红色表示在制品量不足，黑点表示非标准工序。如此一来，管理人员即能方便且迅速地从中央主控机的显示屏上了解整个服装生产线中各工位的实际生产情况，并能及时提醒对应的工位，调整作业方式。

可以说，在上述服装批量化生产制作过程中，每一项工序、步骤的完成都需要不同工匠的参与、配合，工匠精神在他们各自所属的工作流程及场景中得到了体现。

## 第二节 工业经济时期服饰制造中的机械工匠精神

与自然经济时期的手工艺造物相比，工业经济时期的造物活动依靠的是工具、技术设备，以人来操作机器完成相应产品生产、制作的方式。例如，蒸汽机、内燃机、发电机等能为机械设备提供动力，其解放了人类的双手，促进了产品生产效率的提高。这种以技术进步为依托的变革促进了生产方式的变革。是故，技术选择的过程也是工业生产方式选择的过程。伴随此种技术模式的转变，工业生产的方向、模式、速度也将随之发生变化。[1]从纺织产业、服装工业发展来看，其与化学工业、计算机科学技术的结合，能极大提升相关产品的科技含量，这也成为工业设计创新的一种手段。因此，服装设计不仅仅是一种纯粹创意的活动，而是与科学技术、新材料、市场营销等交织、联系起来的复合型产业。同时，设计的基本要求是“以人为本”，即产品是为人所创造、为人服务的，其必须满足人们的实际需求。

作为衣、食、住、行中排在首位的物质需求，服装不但要满足人们日常的生理需求（如保暖、防寒、保护身体），还需体现出一定的审美特质，故服装具有实用与审美的双重属性，设计师也要紧紧围绕这两种属性来展开设计。

对比过去，可以发现，工业机械化生产之前的服装均以手工工艺的形式完成，那是一种慢工出细活的传统造物方式。一件服装的成型，从纺纱、织布、染色、裁剪、缝制往往需要数月的时间。而工业经济时期，技术的发展与革新，让服装的设计与生产流程缩短至几天，这极大地缩短了人们的劳动时间。特别是批量化生产出的服装均以人体的平均数值和体型差异为分类标准，服装的制作只需按照这些号型来生产、制作即可，[2]突破了以往手工业时

---

[1] 张铃.工程与技术关系的历史嬗变[J].科技管理研究，2010(13)：297.

[2] “服装号型”是批量化成衣设计、制作的规格与依据。“号”指高度，以厘米表示人的身高，是设计服装长度的依据；“型”指围度，以厘米表示人的胸围或腰围，是设计服装围度的依据。我国国家标准《服装号型》由全国服装标准化技术委员会归口上报和执行，由中国纺织工业联合会主管，主要涵盖《服装号型　男子》《服装号型　女子》及《服装号型　儿童》等类别，其制定依据为大量人体体型的测量和数据统计分析，并根据人群体型的变化每隔数年修订一次。具体数据标准可登录“全国标准信息公共服务平台”进行查询。

期需要逐一量体裁衣的局限，满足了相似体型的一类人群的共同需求，这不得不说是一种进步。

此外，工业经济时期，服装设计与生产的制度化、科学化、精准化也解决了以往手工艺作业时容易出现的弊端，使服装成品的造型更为合理、用料更为舒适、色彩更为多样。这也是机械工业化、化学工程、人体工程学等发展进步的结果。特别是服装人体工程学的出现，它以人的身体条件和生理状态为依据，科学地探究人体的每一部分结构、肢体的生理特征与活动区域，研究如何使人体与服装、环境更为协调，让服装的外环境与内空间环境取得平衡，使服装更能满足着装者的身心需求（图8-5）。因为，只有当人、服装、环境之间的匹配达到最优之时，处于不同状态、条件下的人才能有安全、舒适的感受。

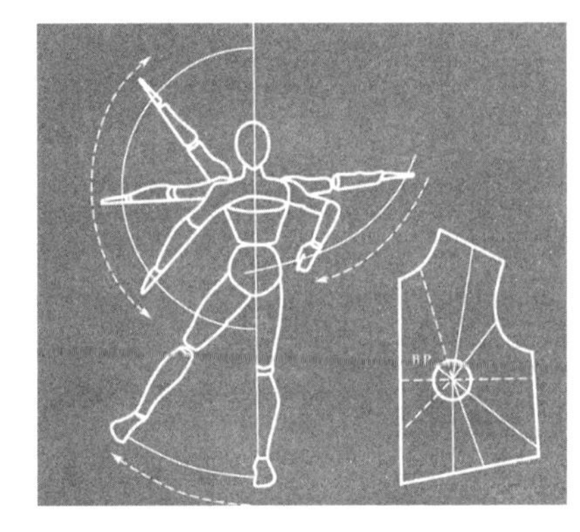

图8-5 基于人体工程学的服装板型设计

## 服装工业化、大批量生产的意义和特点

服装的大批量生产意味着规模化，规模化降低了成本，从而进一步降低了成衣的价格，使其能被广大消费者所接受，因此，是适合当今社会需求的成衣生产方式。

正因为是工业化模式下的大批量生产，所以不允许在单件服装上精工细做，这是与过去手工作业最大的区别。然而，为了满足消费者多元的需求，在产品投产之前的设计策划就显得尤为重要，如市场调研、产品定位、广告促销等，均是成衣设计与销售的重要环节。

总的来说，服装批量化生产具有以下几个特点：

1.加工速度快，服装的流行周期缩短。由于是机械化生产，服装的生产加工效率不断提升，消费者的需求随之提高，这也使服装的更新速度加快，流行周期不断缩短。

2.以较低成本获取较高收益。成衣生产必须将能省的都省去，同时又要以“少”代“多”，满足消费者的需求。因此，款式、色彩、图案等所有构成大众成衣的因素都必须遵循简洁、美观、实用的原则。同时，这也使大众成衣设计应不断追求资源的最优产出，毕竟企业是以盈利为目的的。由于企业在原料、资金、技术、信息等方面的获取程度和投入是有限的，故要使现有的资源产生最大效益。

3.遵循科技发展规律，受到技术手段的制约。工业化成衣的号型标准需要依靠统计数据来定。在设计、制作成衣的过程中，还要以人体工程学为依据，要建立在对人体科学分析的基础上。此外，不同面料的组织结构、性能都决定着服装穿着的舒适性，这些都需要设计师、工艺师熟悉并对其合理运用。

——摘自刘元风、胡月《服装艺术设计（第2版）》，中国纺织出版社有限公司，2019年，第72-73页

在服装标准化设计背景下，有设计师对服装廓型进行了总结与分类，并按照英文字母的造型，将服装廓型分为A、H、T、X、Y等类别，这些形象的字母廓型对于人们选择相应的服装具有一定参考意义（图8-6）。而随着材料科学的发展，众多优质纤维和新型面料的出现，特别是人工合成纤维的诞生，解决了某些天然纤维织物存在的问题。合成纤维面料是将不同类别、性质的（人造、天然）纤维按比例进行混纺所形成的，它能强化各纤维的特性、革除其缺陷，让制成的服装穿着更为舒适。在面料的印染和服装色彩方面，机械化生产方式让面料和服装的染色更为便利，不同化学染料的研发，让印染种类更为丰富，染色牢度更为稳固。[1]特别是数字喷墨印花技术的诞生，革新了传统的印染工艺，只需将选好（或设计好）的图片输入计算机，发送指令给关联的印花机，即可在面料上喷墨打印出相应的图案，其解决了过去设计师需要某种花色的面料却寻找不到的尴尬问题（图8-7）。在服饰图案方面，传统手工艺时期的服饰图案一般通过刺绣、绘画等方式作用于服装上，而在机械化生产和技术革新的背景下，服饰图案及其工艺又有了更多的表现形式，如机绣、钉珠、贴花、烫钻等，这都能以一种标准化、快速化的方式让服装的装饰更为丰富和便利（图8-8）。

图8-6 根据字母廓型归纳出的服装造型风格

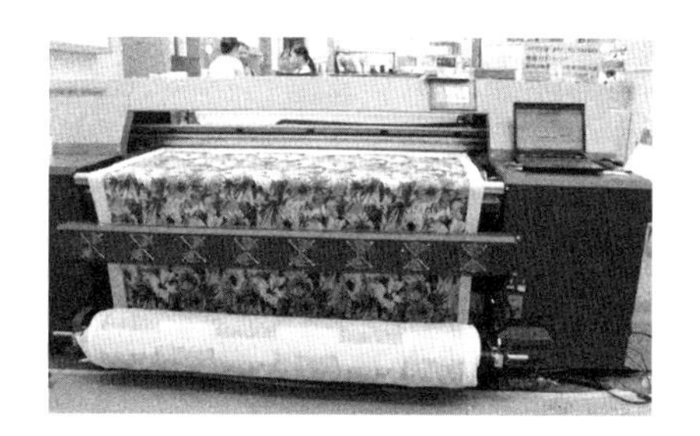
图8-7 数字喷墨印花技术的应用

[1] 直接印花是指在白色或预先染好色的织物上直接印以染料或颜料，再经蒸化等后处理的印染方法。其印花色浆是由染料(或颜料)、吸湿剂、助溶剂与黄糊精原糊调制而成。该印花工艺流程简洁、应用广泛；防染印花是指在织物上先涂以防止地色上染或显色的印花色浆，然后将织物浸泡在染缸中进行染色以制得色地花布的印花工艺；拔染印花也称雕印，它是借助还原剂和氧化剂将有色织物的底色破坏(即将拔染剂涂于有色织物上，将已经染过色的部分色素破坏)以获得局部消色或有色的各式花纹、图案的印染方式。

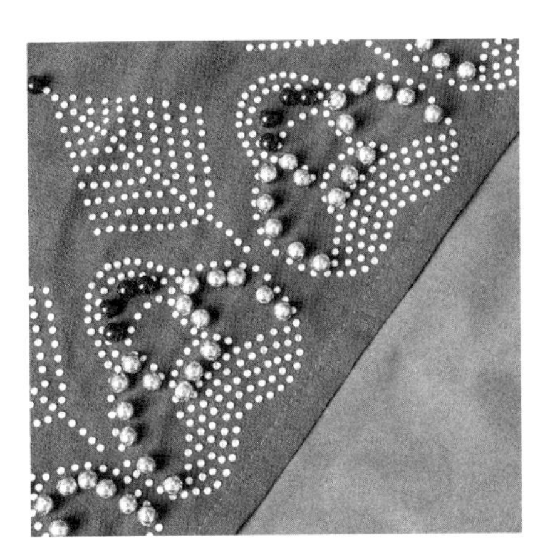

图8-8　机器钉珠、烫钻工艺及效果

综上可见，机械化生产模式开启了传统工业技术生产转型的过程和技术科学化的途径，这也是自17世纪以来，工匠传统与实验科学结合并推动近代科学发展的佐证。它一方面促成了长期分离的学术理论传统与工匠经验传统的联姻，另一方面也促成了科学理论的技术化及科技主体的社会化。❶

换言之，人类创造科学技术，人的目的规定了科学技术的本质，人的社会实践是科学技术发展的内在依据。而科学技术又是人类的一种理性追求，科学技术植根于社会，依赖于社会，其内在的规定性是从社会中获得的。所以，劳动生产者身份的转变，特别是作为工业科技主体的传统工匠的职业角色的社会化，无疑是传统工匠现代转型的表现途径之一。传统社会向现代社会转变，实际上是一种技术的科学化与科学的技术化过程，是工业文明渗透到政治、经济、文化、思想等各领域，并引起社会组织、结构与行为发生相应变革的过程。❷

笔者曾在某大型服装企业进行过调研，该企业生产的服装以男装、西服、制服为主，其生产流程全部实现了机械化和自动化。例如，在服装制板阶段，板型师使用CAD软件进行制板、排板；公司购买的自动裁床机可以一次性裁剪面料百层以上。当裁剪指令经计算机传输至自动裁床机后，工艺师只需简单地按下几个操作键，即可在几分钟之内完成上千个服装部件样片的裁剪。裁剪好的服装样片被工人挂上吊挂机，吊挂机便可将这些部件裁片传输至不同的工作台，在不同工作台工作的缝纫师即可以根据自己的工作任务领取相应的服装部件裁片进行缝纫。待服装完全缝好之后，再次挂上吊挂机，传递给熨烫工，熨烫工利用立体式蒸汽熨烫设备，即可完成对所有服装的熨烫（图8-9）……这一系列操

图8-9　服装批量化生产制作中的“吊挂系统”

❶ R.K.默顿.17世纪英国的科学、技术与社会[M].范岱年，等，译.成都:四川人民出版社，1986:20-31.

❷ 进一步来说，传统工匠向现代技术工人的角色转换，既表现为其个体身份地位的转变，又表现为该群体社会组织结构及功能的转变。[参见余同元.传统工匠及其现代转型界说[J].史林，2005(4):63-66.]

作流程都是通过机械化来实现的，其不但极大地提升了服装产品的生产效率，还大大减少了人工工时和劳动力成本。

如今，在一些工厂或工业制造过程中还设有“防呆制度”，这是一种为避免使用者操作失误而造成机器或人身受到伤害的制度。“防呆制度”使用避免产生错误的限制方法，让操作者不需花费较多注意力、也无须经验与专业知识即可无误地完成相应操作，[1]这对于机械化生产中产品制作时的安全保障无疑具有重要意义。

总的来说，工业经济时期的机械化生产开启了人类造物文化的新纪元，人们至今所使用的大多数物品都离不开机械化生产的环节。而设计师、技术工匠们对于机械化和大规模生产的方式也日益认同。该体系与模式的形成正如达尔文所提出的“自然选择”，其是一种无法避免的社会发展规律。正因如此，工业经济时期的工业文明使社会化大生产和政治、经济、管理等社会活动急剧扩大，以及以科学技术为主导的生产领域空前发达。这是一种理性主义的造物模式，也是一种真正体现人的精神自觉的时代。其以一种强有力的方式贯穿于人类的一切生产、生活领域。正如机械化、电子化、自动化使现代社会的生产、经营、市场交易等活动越来越体现出自身的优势，即现代科学思维和技术理性强调以不断更新的现代知识和信息作为行为决策的依据，强调行为目标的合理性和行为过程及行为结果的可预测性及精确性（图8-10）。理性主义文化还催生出一种理性主义科技美学，它把人从自在自

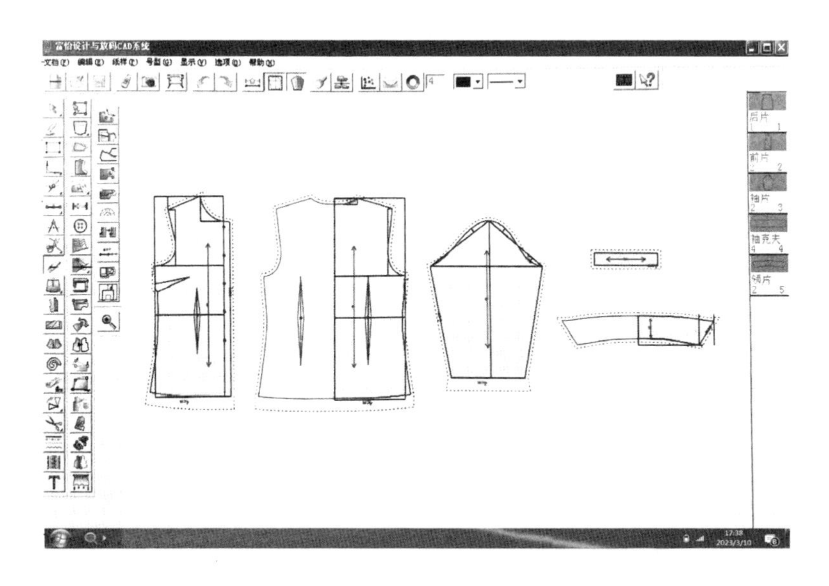

图8-10　服装CAD软件体现出的精准计算与设计

[1] 宋拙.工匠精神与品牌建设:造物还是谋事[J].国际公关，2016(6):52.

发的生存境遇提升到自由自觉和创造性的生活状态。相应地，现代工业文明构建起一个越来越发达、开放的非日常生活世界，促成了一套多元的、开放的价值观念与思想体系。该思想体系通过设计造物活动、文化艺术和道德哲学等传达出来，它推崇人本精神，强调人的主体能动性、参与意识和创造意识，赋予人的行为以自觉的价值内涵，使人们不再满足于传统思维所关心的“是什么”，而是更多地借助科学思维来探寻“为什么”和“应如何”；它超越了传统自然主义和经验主义以保守性思维观念为代表的行为模式，逐步培养起人的创造本能和主体精神。

值得一提的是，在工业经济时期的机械造物活动中也出现了不少异化现象。正由于机械化生产是以固定的标准和模式为主的，这致使产品的设计、生产形成了一种程式化特征。特别是一些商家为了降低成本，甚至采用廉价或不合格的原料以次充好，导致产品质量良莠不齐，消费者或因此受到蒙骗及损失。例如，在服装生产领域，化学纤维的发明的确解决了某些自然纤维存在的不足，其价格也便宜许多。然而，化学纤维并不适合贴身穿着，但某些服装产品使用这些化纤面料制作，却打着纯天然纤维的旗号蒙骗消费者，这不得不说是一种不道德的行为。还有一些服装面料，使用的是廉价、劣质的染色剂染色。那些染色剂残留在服装上，与人的皮肤接触会导致病患；而染色废水不经处理直接排放至河流之中，也会造成环境破坏。正如马克思所说：“劳动产品的商品形式，或者商品的价值形式，就是经济的细胞形式”，[1]所以，为了谋取更多的经济利益，生产厂家不得不选用价格低廉的原料，缩短必要劳动时间来生产更多的产品。因此，在机械工业化背景下，如何树立正确的产品设计与生产理念，如何以传统工匠精神作为工作指引，是当代社会需要提倡的。

自19世纪开始，技术创新的负价值，特别是社会人文、生态领域的负价值日益显现。在人文领域，人类社会陷入虚无主义的危机，迷失了自己的精神家园。正如雅斯贝斯（Karl Theodor Jaspers）所言：“……今天的人失去了家园，因为他们已经知道，他们生存在一个只不过是由历史决定的、变化着的状况之中。存在的基础仿佛已被打碎。”[2]科学技术创新促进了生产力的发展，却造成机器与劳动的对立、脑体分离、城乡分离和其他社会群体的分离；技术创新改变了地球的面貌，却导致资源枯竭、土地贫瘠和环境污染，[3]这不得

---

[1] 马克思.资本论:第1卷［M］.中共中央马克思恩格斯列宁斯大林著作编译局，译.北京:人民出版社，2018:8.

[2] 卡尔·雅斯贝斯.时代的精神状况[M].王德峰，译.上海:上海译文出版社，2003:2.

[3] 让娜·帕朗-维亚尔.自然科学的哲学[M].张来举，译.长沙:中南工业大学出版社，1987:3-10.

不引起我们的反思。

如今，一些纺织品或服装的主要进口国已纷纷通过立法或制定相应标准（如OEKO-TEX Standard 100）[1]对所进口的纺织品或服装的安全性及环保性实行严格监控。监控内容主要是纺织品或服装面料及辅料中的成分，包括禁用偶氮染料、可萃取重金属、游离甲醛、含氯酚、杀虫剂等。进一步来说，我国的服装产业不仅在规模上处于世界首位，其制造水平也已排在世界前列。因此，如何在大力发展自主品牌创新的同时，提高产品的附加值，让服装的生产、制作流程更为环保，是值得我们思考的。这不仅关系到我们生存、生活的环境，也关系到子孙后代的未来。

**中国服装产业的发展历程与前景**

改革开放40多年来，中国服装产业从20世纪70年代末为解决占世界1/5的中国人口温饱问题的小产业发展到如今成为世界上最大的服装生产、消费、出口的大产业，为中国的经济建设做出了重大贡献（如中国服装业创造了数千万个就业岗位，从业人员中约70%为农民工，其对于促进农村劳动力的转移发挥了重要作用；服装产业的发展还直接带动了纺织、化纤等产业的发展）。在中国，数以万计的服装企业遍布全国各地。特别是在东南沿海，产生了一大批具有专业化、社会化效应的中小企业产业集群，显示出旺盛的生命力。

目前，中国已成为全球服装领域最具活力的消费市场和最有吸引力的投资市场。中国服装企业不仅自力更生，还不断吸引海外投资。海外投资不但带来了先进的设计观念、管理、营销模式，还促成了中国服装企业培育原创品牌和发展现代企业文化的格局。此外，中国服装企业还迈出国门，在设计、生产、营销等环节纷纷与国外品牌合作。如今，已有500多个国际服装品牌以属地生产形式进驻中国市场，这对于提升我国服装设计师的国际视野与企业生产能力都大有裨益。

——摘自刘元风、胡月《服装艺术设计》，中国纺织出版社，2006年，第81、82页

随着全球新一轮产业革命的兴起，一些重要产品的生产都在不断向着

[1] OEKO-TEX Standard 100 是1992年德国Hohenstein研究协会和维也纳-奥地利纺织品研究协会联合制定的一项认证标准。OEKO-TEX Standard 100现有16个检测协会，其主要任务是检测纺织品中的有害物质，以确定它们的安全性。OEKO-TEX Standard 100 禁止和限制使用的纺织品上已知的可能存在的有害物质包括:甲醛、可萃取重金属、杀虫剂/除草剂、含氯苯酚、致敏染料、有机氯化导染剂、有机锡化物、PVC增塑剂等。只有经过严格检测和检查程序并提供可证明质量担保的生产商才能在他们的产品上使用OEKO-TEX标签。OEKO-TEX Standard 100是目前全球使用的最具权威、影响最广的纺织品生态标签。

“高精尖”的方向发展，“精益求精”已成为当代高水平制造和高质量生产的理念。一方面，我国的传统产业正面临着转型升级的机遇，其中一项核心任务便是生产技术与工艺的改良。这不仅需要一大批“身怀绝技”的工匠，更需要所有奋战在生产一线的技术人员、劳动者的努力。另一方面，我国的战略性新兴产业正在加速发展，大部分新兴产业都是高科技产业。越是科技含量高的产业，其对于从业者的知识文化水平和技能水平要求就越高，也越需要从业者具备精益求精的工匠精神。[1]所以，我们应多学习先进国家的知识技术，立足中国本土社会发展的实情，以创新为理念，以绿色发展为导向，以产出高质量、高环保的服务大众的产品为目标。

[1] 张文，谭璐.新时代职业教育工匠精神的新内涵、价值及培育对策[J].教育与职业，2020(7):74-75.

# 第九章 虚拟经济时期的服饰创造与数字工匠精神

虚拟经济是工业实体经济发展到一定阶段的产物，它以金融系统为依托，是通过对虚拟资产的持有和交易活动实现价值增值的经济运作形态。与虚拟经济相伴而生的是数字技术的发展，数字技术是将许多复杂多变的信息转变为可以度量的数字、数据的技术类型。人们可根据这些数字、数据建立起相应的数字化模型，并将其转化为一系列二进制代码，引入计算机内部进行统一处理，最后通过通信、网络等手段应用到生活的各个领域。

以信息技术为载体的数字化革命改变了人类世界的生活图景，并向人们展现出一个异彩纷呈、美不胜收的数字世界。“数字工匠”即这一时期的工匠形态，他们在各个领域发挥着重要作用。从服装设计领域来看，虚拟设计、虚拟制作、虚拟仿真等系统逐渐完善，让服装设计的创意过程、制作过程、消费过程都能通过数字化手段呈现。它亦促使技术、人文、艺术等融为一体，让人类的物质需求、精神思想、情感表达得以跨时空汇集。可以说，虚拟经济时期的数字工匠创造了人类高情感化、高智能化的数字美学图景和后人类的新兴生活方式，为人们的衣、食、住、行带来了更为便捷的智能化体验。

## 第一节 虚拟经济时期的服饰创造

工匠精神在不同的时代有着不同的表现形式。从手工业时期的手工制作，到工业时代的机器制造，再到数字化时代的数字创作……虽然工匠的身份和工作形式发生了变化，但以工匠精神为主要内核的匠心文化却具有永恒不变的特质。[1]如今，我们已经进入数字化时代，数字化时代以信息技术为载体，信息技术则是以现代通信、网络、大数据为基础，以计算机为处理工具（手段），将各要素汇总至数据库，再供不同人群使用的一种技术形式。从设计领域来看，数字技术是对现代设计的又一次分工，其促成了一种全新的设计方式——数字化设计的形成。而以数字技术作为设计创新手段的人群称为“数字工匠”。换句话说，“数字工匠”是指那些具有数字化技能或以数字化为基础开展相应工作的先行者。数字工匠的类别也有很多，如数码设计师、网络工程师、计算机编程人员、软件工程师、后期技术人员等。其中，数码设计师的工作主要是根据某种需求或目标，借助软件绘制相应的图像或产品形象，然后进行3D建模、图像修复及虚拟呈现；网络工程师是维护网络安全与稳定的“卫士”，其工作主要是保障网络的通畅和安全；计算机编程人员则需通过编辑程序，对计算机下命令，以使其能根据人们的需求完成相应任务；软件工程师是开发具体软件的工匠，如我们经常使用到的Photoshop、CorelDRAW、3Dmax等就是软件工程师的杰作。有了这些软件，我们才能便捷地完成数码绘图和虚拟设计；数码后期制作人员的工作主要是对视频、照片等数字化影像作后期剪辑、处理，如我们常见的电视节目片头、电影中的特效等都是他们的成果。

正所谓，技艺制作的过程不仅是赋予质料某种形式，使之转化为人工物品的过程，还是物本身从“遮蔽”到“显现”的过程。数字工匠的技艺和本领输出大部分并非借助实体工具，而是依靠编码、计算等方式来实现。因此，这需要他们正确处理人与社会、人与科技之间的关系。这也是数字化时代，数字工匠对传统工匠精神的发扬与继承。[2]有学者曾提到，除了人类自身，人造的物理系统与数字系统均会走向智能化。通过赛博空间所构建的物理世界的数字体系，不仅可以一改成本高、周期长的传统造物生产方式，还能通过数字化、智能化实现全社会的知识共享。[3]

从服装产业来看，传统工业化生产模式下，服装的研发和制作成本高、产效低、库存积压严重。此外，服装行业的产业链较长、环节多，产品业绩需要经过较长的反射周期才能显现出来。如何有效地缩短服装新品的研发周期，提升流行趋势的预测准确率，从而实现快速生产，快速销售，降低库存，

[1] 张婧.泛文化背景下匠心文化体验类节目传播形态比较——基于《了不起的匠人》《非凡匠心》《百心百匠》的分析[J].出版广角，2019(8):74.

[2] 林嘉雯.超越“符号化”：“数字工匠精神”对当代大学生培育的启示[J].成都中医药大学学报(教育科学版)，2020(2):32.

[3] 吴廖.数字时代下的大国“工匠精神”[J].科学新闻，2016(12):77.

是当今服装企业不得不思考的问题。[1]

数字化技术为服装的设计与生产革新创造了条件。特别是数字软件的开发、数字化服务平台的创建，均能帮助服装企业解决上述问题。例如，当下的服装产业，从设计、制作、生产到销售等环节均融入了数字技术的理念，以信息化带动工业化发展的模式已被服装行业普遍认可和接受，其能在设计创新、板型绘制、制作工艺、成衣展示、营销推广等多个环节发挥独到的作用。[2]

在设计方面，以往设计师在稿纸上以手绘的形式逐渐被电子化的设计模式所取代。例如，计算机、手绘板等专业工具和绘图软件的出现，让设计师可以通过数字化系统和屏幕进行虚拟绘图创作。而平板电脑和手机的普及，让大众能随时随地进行设计、创作——设计与创作已不再是专业设计师的事情。“创客”一词由此诞生。[3]以数字化方式绘制的服装效果图可通过互联网在不同媒介平台传播、呈现，解决了地域、时空的局限问题。

在人体数据测量方面，以往的人体测量需使用皮尺，由人工亲手测量。但由于每个人的经验和测算方式存在差异，可能导致测量数据不尽准确。而数字化技术所带来的新的人体测量方式或能帮助解决上述问题。例如，时下流行的非接触式测量，其利用三维人体扫描设备扫描人体，在激光与结构光的基础上采用激光测量法、立体摄影测量法、莫尔条纹测量法、分层轮廓测量法等，可获取人体表面的数据资料。[4]这些测量方法速度快，能在数秒内完成人体各部位尺寸的数据测量信息，且结果精确（图9-1）。此外，基于三维人体扫描的建模方法也日益普及。该方法将人体测量数值直接输入计算机，通过软件对数据的处理，可以构建个性化的三维人体模型，[5]以为服装的数字化设计提供精准的虚拟人体模型。



---

❶ 如今，数字化、智能化已成为服装产品设计与研发的新趋势。浙江凌迪数字科技有限公司开发的数字化服装设计系统就是一例，其核心产品包括服装3D数字化建模设计软件Style3D、3D数字化设计研发管理软件SaaS、3D数字化服装供应链交易平台。具体来说，Style3D能以高仿真的方式在计算机屏幕上生成与实物完全一致的虚拟服装模型。围绕“3D虚拟服装”，SaaS管理软件能实现企业内部的协同研发、企业间及上下游的对接和管理，并推动“款找人”的新型营销模式落地。凌迪数字科技有限公司开发的数字化服装设计系统打破了国外对于服装数字化软件的垄断，为我国服装产业的数字化设计、生产与管理做出了贡献。[参见朱烨.Style3D:3D虚拟服装重构时尚产业链[J].服装设计师，2020(12):90.]

❷ 如当今火热的虚拟服装，就是数字化、信息技术与服装设计相结合的产物。其是指利用虚拟现实技术、图形学技术和仿真技术等对服装面料进行模拟，并通过建模，将服装的全貌展现出来的一种设计手段。[参见王诤.虚拟服装技术对服装界的影响[J].纺织导报，2010(8):88.]

❸ “创客”一词源于英文单词“Maker”，是指出于兴趣爱好，勇于创新，努力将各种创意转变为现实的人。创客们富有极大的热情与活力，在他们心目中，没有什么是不能进行创意的，他们亦希望通过创意、创造，为自己和他人的生活增添更多乐趣。

❹ 张卓，丛洪莲.基于虚拟现实技术的服装3D仿真与应用[J].上海纺织科技，2021(5):19.

❺ 夏明.基于椭圆傅里叶的女性体型分析与个性化原型定制研究[D].上海:东华大学，2015:1.

| 3D人体测评报告 | | | | | | | |
|---|---|---|---|---|---|---|---|
| 扫描编号: | | | 采朱日期: | | 扫描时间：6s | | |
| 姓名 | 21 | 身高 | 180.3厘米 | 体型 | A体型 | 门店 | （初始化时固定） |
| 款式 | 标准 | 体重 | 0.0千克 | 手机 | 136XXXXXXXX | 裤子 | 无裥裤 |

| 多数名称 | | 净尺寸 | 成品尺寸 | 放量尺寸 | |
|---|---|---|---|---|---|
| 上衣 | | | | 衬衣 | |
| 0 | 前衣长 | 77.9 | 0.0 | 前衣长 | 80.0 |
| 1 | 后衣长 | 75.2 | 0.0 | 后衣长 | 79.0 |
| 2 | 领围 | 35.7 | 0.0 | 领围 | 37.9 |
| 3 | 胸围 | 98.9 | 12.0 | 胸围 | 98.9 |
| 4 | 中腰 | 80.2 | 10.0 | 中腰 | 80.2 |
| 5 | 腹围 | 83.6 | 0.0 | 腹围 | 83.6 |
| 6 | 下摆 | 99.6 | 10.0 | 腹围高 | 44.3 |
| 7 | 肩宽 | 48.1 | 0.0 | 腕围 | 22.0 |
| 8 | 右肩斜 | 26.0 | 0.0 | 臀围1 | 28.2 |
| 9 | 右肩高 | 7.6 | 0.0 | 臀围 | 99.6 |
| 10 | 右袖长 | 56.9 | 3.0 | 肩宽 | 47.1 |
| 11 | 上臀围 | 28.2 | 0.0 | 右袖长 | 61.9 |
| 12 | 前臀围 | 39.8 | 0.0 | 左袖长 | 62.3 |
| 13 | 后背宽 | 40.5 | 0.0 | 臀围2 | 26.4 |
| 14 | 左肩斜 | 20.4 | 0.0 | | |
| 15 | 左肩高 | 5.5 | 0.0 | | |
| 16 | 左袖长 | 57.3 | 3.0 | | |
| 裤子 | | | | | |
| 14 | 腰围 | 86.2 | 0.0 | | |
| 15 | 臀围 | 99.6 | 6.0 | | |
| 16 | 横裆 | 59.2 | 0.0 | | |
| 17 | 大腿围 | 50.3 | 0.0 | | |
| 18 | 中裆 | 43.2 | 0.0 | | |
| 19 | 小腿围 | 39.2 | 0.0 | | |
| 20 | 脚口 | 19.5 | 0.0 | | |
| 21 | 裤长 | 101.3 | 0.0 | | |
| 22 | 直裆 | 26.8 | 0.0 | | |
| 23 | 前低 | 数值为 | 0.0 | | |
| | | | | | |
| | | | | | |

体型图

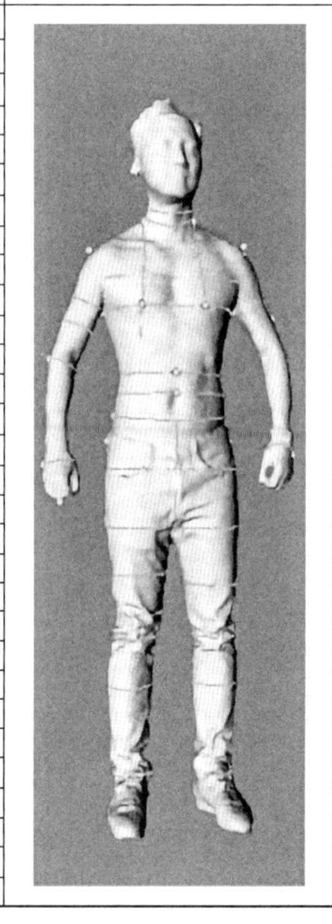

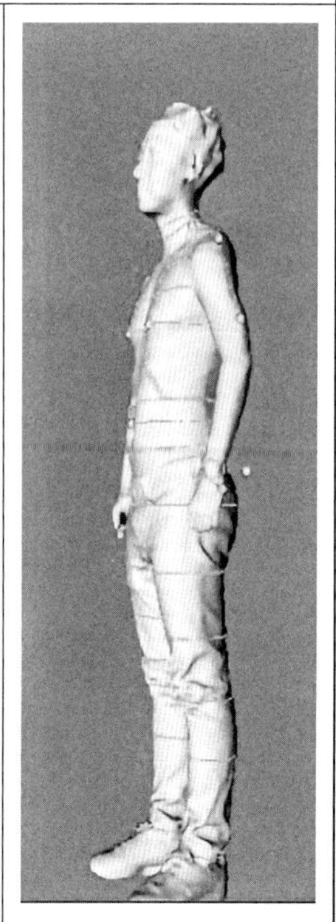

| 背驼度: | 驼背 | 微驼 | 正常 | 挺胸 | | |
|---|---|---|---|---|---|---|
| 肩斜度: | 溜肩 | 左低右高 | 左高右低 | 正常 | 耸肩 | 平肩 |
| 肚凸度: | 凸坠 | 凸肚 | 微凸 | 正常 | 平肚 | |
| 臀翘度: | 翘臀 | 微翘 | 正常 | 平臀 | | |

图9-1 三维人体扫描及其获取的数据

材料是实现服装从设计稿到成衣（成品）的载体。在数字化时代，智能型纺织品如雨后春笋般涌现，基于电子、生物、化学等多学科融合开发出的高性能、智能化纺织品，规避了普通纺织面料的缺点，其能根据消费者的需求和设计定位，展现出多种神奇功能（图9-2）。[1]

在板型绘制和处理方面，以往的服装生产、制作需要进行面料预处理、制板、裁剪，这些都需要通过人工或借助机械来完成。其弊端是，如果板型

[1] 如一些织物中被植入了能感应人体温度的芯片，其能根据外界气候和人体温度的变化调节织物温度。还有一些智能服装中加入了可反馈移动信息的芯片，其能实现GPS定位，为户外作业人员和旅游者提供定位和导航帮助。

尺寸出现误差，则会影响后续的裁剪、制作，势必浪费原料和人力、物力。然而，数字化技术，特别是服装CAD软件的出现，可以帮助解决该问题。在服装CAD软件中，可以创建三维人体模型，根据人体模型和成衣规格设定数值，即能生成相应部位的精准服装板型，并通过计算机传输至自动裁床系统，完成裁剪。如果后续需要调整板型，在计算机软件中对原有文件进行直接修改即可，非常方便。

图9-2　智能化纺织品样例

值得一提的是，随着互联网的普及和信息技术的发展，服装设计与生产制作部门的分离也成为一种趋势。特别是在大城市，其地价租金高昂，故在本地保留设计部门（设计部门无须占用太大空间，只需拥有计算机、软件、网络、打印机等基本设施即可），将生产、制作车间安置在较为偏远的、房屋租金较低的小城市是较好的选择。设计部门完成的图纸、设计方案可通过网络远程输送给制作车间，大大节约了租地成本和相关资源的消耗。

### 北京白领时装有限公司的服装数字化“设计—传输”体系

北京白领时装有限公司作为开展数字化、网络化技术应用的企业代表，其较早就开始采用设计与制作分离的生产模式。由于公司生产的服装类别多、数量少，导致板型的数量庞大，加上北京房租昂贵，公司便只在京保留了设计部门，而将生产制作部门设在南方某地。具体来说，公司运用服装CAD系统，在北京完成设计、制板、放码等工序，然后通过网络将这些数据传输至南方工厂，工厂技术人员可以根据实际情况对这些数据再次编辑、修改、输出并进行成衣生产制作。此模式极大地缩短了服装生产周期，节省了人力、物力、财力，企业的经济效益得到明显提高。

——摘自刘元风、胡月《服装艺术设计》，中国纺织出版社，2006年，第50页

在样衣和试衣方面，过去通常需要缝纫工制作一件样衣，请模特试穿，并根据试穿效果进行调整、修改。但由于人们体型的差异，该做法也不能完全解决服装不合体的问题，故此项工作一直困扰着服装企业。如今，服装虚拟仿真系统被开发出来。通过服装CAD软件，可对设计好的裁片进行假缝（即将每个裁片放置在与虚拟模特相对应的周围，设定好各裁片间的缝合点关系，然后通过虚拟缝合），即可完成一件虚拟服装的生成。由于

此服装是按照人体实际尺寸分析整合而成的样衣模型，其必然是精确无误的。特别是将系统生成的服装模型匹配虚拟模特穿着，可以全方位查看此服装的上身效果，免去了制作成衣、试穿、调整等步骤（图9-3）。此外，许多CAD软件还自带了不同风格的面料数据库（如牛仔布、丝绸、皮革面料等），设计师可根据所设计的服装风格及其面料属性进行选择、搭配和查看。

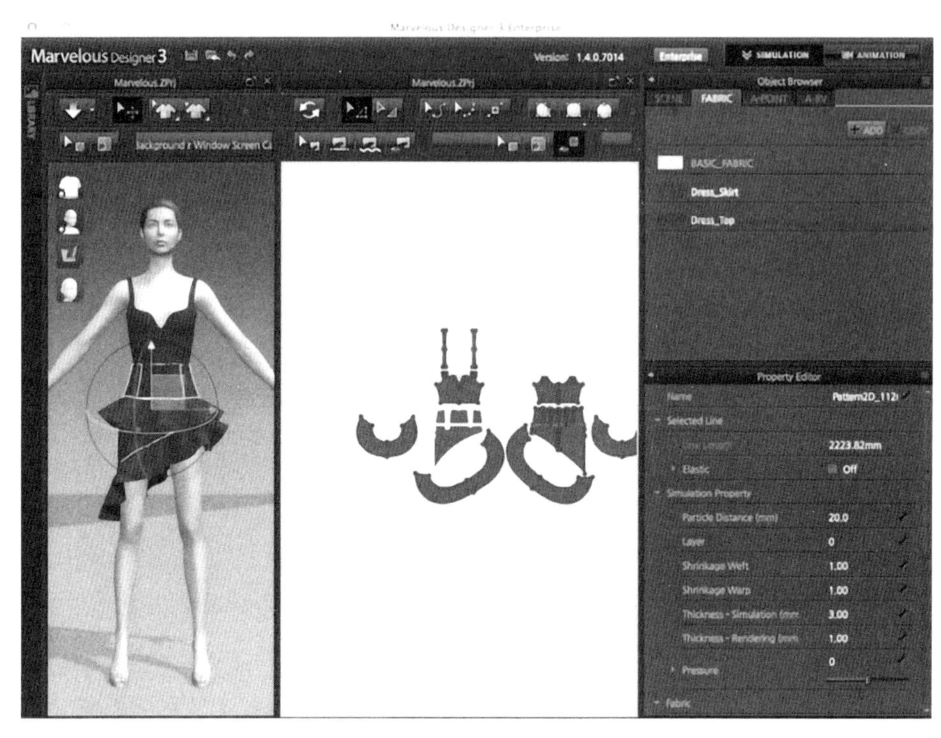


图9-3　某服装虚拟仿真设计软件界面

在服装展示方面，数字化技术也显现出极大的优势。特别是随着新冠疫情的暴发和蔓延，传统的线下时装发布会受到影响，虚拟时装发布会逐渐兴起，并得到了大众的认可。实际上，早在2007年，意大利服装品牌Diesel就将其春夏时装发布会秀场幻化为一个3D全息投影的试验场，让许多未能亲临现场的观众能通过屏幕感受到同样的精彩。2018年，数码设计师Cat Taylor通过三维建模技术将Nike的2018秋冬Tech Pack系列服装全部转化为虚拟服装进行展示。而时装品牌Hanifa更是直接将秀场搬到了Ins[1]上，以3D虚拟时装秀来进行展示。这种无须场地、模特、成衣的秀场让人叹为观止。特别是那

[1] Ins全称Instagram，是一款为适应移动终端使用而开发的社交应用软件，其能将用户随时抓拍的照片进行编辑、分享。同时，Instagram还能基于这些分享的照片建立微社区，在微社区，用户可通过关注、评论、点赞等操作与其他用户进行实时交流、互动。

图9-4 某品牌的虚拟时装展示

些高级定制服装，其独具匠心的设计、绚丽的色彩、特殊的材质都能通过虚拟技术得以完美展现（图9-4）。

质言之，虚拟秀场不仅为观众带来了全新的视觉体验，也给服装品牌带来了新的商业机遇。在虚拟情境下，新奇的交互体验方式和沉浸式品牌文化展示加强了消费者对于产品的理解，促进了消费者的购买决策。同时，虚拟秀场取代了以大量人力、财力打造出的奢华秀场，对于推动可持续时尚产业的发展具有积极意义。此外，虚拟服装展示为服装订货会和时装秀提供了线上解决方案，其打破了时间与空间的局限，为企业与用户对接提供了便利。

在服装销售环节，数字化、信息技术更是提供了丰富的销售模式与渠道。以往消费者购买服装时都需要亲临实体店进行试穿。如今，只需坐在计算机前或打开手机，动一下手指，不出家门便可完成购买。然而，许多消费者对于在电商平台购买服饰与收到实物后二者产生的误差也有所顾虑。于是，有公司开发了三维虚拟试衣购物系统，消费者只需在计算机或移动终端前打开摄像头，扫描自己的身体，身体各部位数据即可上传至购物系统数据库；当消费者在电商平台选购服装时，即能以数据库中自己身体数据创建的虚拟形象进行服装试穿，这样即能解决网购服装过程中遇到的尺寸不合身、外观与图片不符等问题。当选好满意的服装后，消费者还可通过人脸识别来完成钱款支付。

随着虚拟技术应用的不断深入，一些融入三维虚拟场景的服装搭配软件也应运而生，其解决了某些消费者不擅于服装搭配的问题。这些软件生成的搭配原理是，从现实中捕获相应的环境图片信息存入数据库。当消费者选好一件服装后，软件会提示与该服装最为匹配的其他单品，当整体搭配完成后，软件还会提供与该着装相对应的场景供消费者参考，并让消费者再次确定所选择的服装款式、风格、色彩等（图9-5）。[1]

---

[1] 如在软件中置入了多种场景模式(有会议、晚宴、户外等)以及根据这些场景特征、色彩环境给出的搭配方案。消费者能根据这些方案选择相应的服装及虚拟试穿，为最终选择提供参考。[参见梁惠娥，张守用.虚拟三维服装展示技术的现状与发展趋势[J].纺织导报，2015(3):72-73.]

图9-5 某服装搭配软件界面

模块化设计也是虚拟服装设计的一种延伸。通俗地说，模块化设计是在对产品进行一系列功能或性能分析的基础上划分并设计出一系列构成产品系统的子模块，再通过不同子模块的筛选和组合来实现新产品完整装配的方法。[1]模块化设计首先需要进行模块的分析、拆解，并创建相应数据库。一般来说，服装设计模块化数据库应包含款式模块、面料模块、色彩模块、图案模块、部件模块等，每个模块下还有更多的细分（如部件模块就含有领子、袖子等模块，领子模块下还有立领、翻领之分）。[2]设计师可以在模块数据库中选取相应模块，进行各种不同的组合搭配，以完成所需的服装创新设计（图9-6）。

图9-6 服装模块化设计样例

---

❶ Starr M K.Modular production—a new concept[J].Harvard Business Review, 1965:131-142.

❷ 模块是指具备相同要素及功能，同时规格、结构或性能不同却能进行相互替换的单元。模块化即是将某物进行分解和元素提取后再整合的过程。具体来说，通过将某产品划分为若干个独立的部分，每个组成部分就是一件模块，其结构和参数相互独立却又互相依赖。设计师可将这些模块进行拆分、替换、重组，从而完成新的产品设计。其中，标准化接口是使模块之间能够进行有效衔接的重要部位和方式。总的来说，模块化设计可以有效缩短产品的设计周期、提升设计研发效率。[参见郑鹏.模块化服装设计与生产模式的研究与应用[D].苏州:苏州大学，2018:9-19.]

总的来说，随着服装CAD软件、虚拟试衣系统、服装模块化设计等数字化软件、平台、理念的发展与成熟，时下的服装设计体系已趋于标准化、智能化、高仿真化。这从根本上改变了传统服装制造业中设计绘图、样衣制作、反复修改、大规模生产的固定模式与流程，能让服装企业在信息化、数字化的广阔平台创造更多的可能。[1]

数字化技术除了在上述服装设计、生产、展示、营销上显现出强大的优势外，在智能穿戴方面，其也发挥了独到作用。智能穿戴又名可穿戴设备，是对日常穿戴（如服装、手表、首饰等）进行智能化设计，以开发出可供人们穿戴的功能性设备的总称。其可被视为一种人机交互产品（模式），目的是让人们的生活更为智能化，并帮助解决生活中存在的某些实际问题。例如，智能穿戴设备能以其集成度高、体积小、实用性强的特点，在采集人体数据信息的基础上，提供视觉、触觉、听觉等多方面的交互体验。此外，一些智能穿戴设备还可实现消息提醒、健康检测、连接家电、娱乐服务等功能，为人们的生活提供诸多便利。

虽然智能穿戴的理念及产品形式最早出现在国外，但近年来，我国在该领域也取得了诸多成就。据“天眼查”商业查询平台的数据显示，截至2020年8月18日，我国共新增超2800家可穿戴设备相关企业，可穿戴设备市场在新冠疫情暴发后实现了较快复苏，而快速进入商业化阶段的可穿戴设备也带动了整个物联网产业链的商业化延伸，行业表现出强劲的增长态势。[2]

一般来说，可穿戴智能设备的核心技术在于材料研发、载体选择与信息交互等方面。

在材料方面，传统的天然纤维难以满足当前可穿戴智能设备的需求，而复合纤维导电性能不佳、力学性能不优、储能特性不强，也存在较多缺陷。于是，有科研人员研制出了一种新型二维过渡金属碳/氮化合物（MXene）复合纤维，MXene复合纤维具有良好的导电性，该性能可为人体神经系统进行信息传递。MXene复合纤维还能与纺织品进行无缝融合，应用在可穿戴智能设备中，可实现储存能量、信息传递和柔性传感等功能。[3]

寒冷的冬天，人们都渴望拥有一件保暖衣，发热面料的问世为我们提供了该服装的材料来源。发热面料具有主动产热、供热等性能，相较于传统保

---

[1] 张卓，丛洪莲.基于虚拟现实技术的服装3D仿真与应用[J].上海纺织科技，2021(5):23.

[2] 孙亚慧.可穿戴设备“智慧相随”[N].人民日报海外版，2020-09-02(8).

[3] MXene复合纤维的制备方法包括涂覆法、双辊法、静电纺丝法和湿法纺丝法等，其能作为可穿戴智能设备中一套完整的传感系统被广泛应用。［参见荣凯，樊威，王琪，等.二维过渡金属碳/氮化合物复合纤维在智能可穿戴领域的应用进展[J].纺织学报，2021(9):10-13.］

暖面料更为轻薄美观，如今被广泛应用于防寒保暖的服装设计中。此外，该面料还可用于防护急救、医疗保健和智能穿戴等领域（如其产生的辐射热量可用于制作理疗服装，辅助疾病治疗与人体保健等）。故有研究人员利用镀银导电纱制成电机织物，开发出针对女性痛经的热功能服，穿上后，该服装能在下腹部产生热量，可缓解疼痛。[1]此外，还有研究人员设计出了基于纳米增强远红外技术的理疗内裤，纳米增强远红外线能透过皮肤，对人体进行热敷按摩和辅助慢性疾病的治疗。[2]

在载体选择与信息交互方面，可穿戴智能设备还常以一些配饰的形式出现。例如，设计师李炎设计了一款智能手表，其内置有睡眠监测软件。手表能感应和判断用户是否已经起床，并通过对用户的睡眠情况、生活节律、所处位置等进行综合分析，帮助用户更好地了解自己的睡眠情况，并提供改进方案。此外，该智能手表还能通过内置的多个集成传感器，采集用户的心率、血氧、步频等信息，并通过长期的数据监测，提醒并分析用户可能存在的健康问题。

随着人们在户外运动的时间与频率增多，户外运动服装也搭上了数字化、智能化的“快车”。例如，有设计师就对骑行服进行了融合智能化的创新设计——安装在骑行服袖口的智能环扣能轻松控制手机接听电话，并为骑行者提供路线导航，满足了人们在骑行运动时的多元化需求，且提升了相应的运动审美体验。[3]

基于弱势群体安全考虑的智能穿戴设备也得到了诸多学者和设计师的关注。例如，江南大学沈雷教授及其团队基于NFC技术，将NFC芯片通过特殊工艺内置于服装纽扣之中，若老年人走失或摔倒，旁人将手机靠近纽扣即可产生信息感应，如自动报警并将摔倒位置发送给老人的紧急联系人。[4]还有一些学者针对弱势群体设计了配对服务平台。该平台对于儿童的丢失、老人的病症等提供了智能化解决方案。[5]一些设计师还在智能穿戴设备中融入了适老化的功能，如可穿戴心电衣、智能手环、智能袜子等，它们可以监控人体数据指标、记录行动轨迹。此外，以安全保护为目的的可穿戴智能设备，如防止

---

[1] ZHAO Y, LI L.Novel design of integrated thermal functional garment for primary dysmenorrhea relief: the study and customizable application development of thermal conductive woven fabric[J]. Textile Research Journal, 2020, 90(9-10):1002-1023.

[2] 洪文进，章鸥雁.基于纳米增强远红外技术的智能保暖理疗针织内裤设计[J].上海纺织科技，2018(2):50.

[3] 程宁波，吴志明，许晗.骑行服的时尚性与智能化设计[J].服装学报，2018(3):203.

[4] 沈雷，桑盼盼.防走失老年智能服装的设计开发[J].针织工业，2019(8):61.

[5] 朱琦，郑爽.基于弱势群体安全问题智能穿戴产品配对服务平台的设计研究[J].无线互联科技，2021(16):70-71.

老人摔倒的鞋、能弹出安全气囊的马甲、辅助老人行走的外骨骼机器人等都相继被研发出来。

智能穿戴服装还给爱美的女性带来了福利。对于女性而言，传统服饰仅仅只能对身体外表进行美化塑造，无法对身体内部机能进行调节与改善。随着智能科技与新材料的发展，该“梦想”也将成为现实。例如，我国已有科研人员从牛奶中提取出了蛋白纤维，通过将其与羊绒等纤维混纺，实现多种纤维的优势互补，加入一定的营养素后，这些有益因子可对人体皮肤进行滋养。❶还有科研人员研制出一种富含维生素的面料，他们将含有维生素C的维生素原引入纺织纤维中，再织成面料。这种携带维生素原的纤维与人体皮肤接触后会发生反应，生成维生素C。实验证明，用该纤维面料制成的一件T恤所产生的维生素C相当于2个柠檬中维生素C的含量，穿着这种T恤，人们即能通过皮肤来直接摄取维生素C了。❷

除了服装以外，许多服饰品也都具有智能化的特征和功能。众所周知，现代人们的工作强度和压力较大，往往忽视了劳逸结合。有设计师就发明了一种能感应身体情绪的手套，该手套面料中植入了情绪电子传感器，可感应佩戴者手部的温度、手腕的脉搏频率等。当手套监测到佩戴者手部的温度和脉搏频率有所异常时，便会通过灯管发出光亮。此时，佩戴者就应休息片刻，缓解压力和释放不良情绪，以便更好地投入下一阶段的工作中。

虽然智能穿戴设备具有诸多优势，但也存在着一些问题，如穿着舒适性不佳、耐水洗性及耐久性不良等。在具体的使用过程中，也有消费者反映，这些设备的收纳是一个痛点。例如，许多智能穿戴设备往往都内置有电子元件，如果收纳不当容易导致其内部电线破损、致使产品功能受到影响甚至产生漏电危险。由于续航能力不一，智能穿戴产品经常需要充电也是一个问题。由于这些产品佩戴方式的特殊性，很容易滋生细菌，且设备因造型的不同也受到诸多清洁方面的限制，导致清洁难度增加。因此，未来的智能穿戴设备研发要向着安全舒适、多功能集成化、降低生产成本、节约能源、绿色环保、模块化设计、可重复利用等方向发展。❸

在全球新一轮科技与产业革命的推动下，在“工业经济”向“数字经济”

---

❶ 牛奶蛋白纤维又称牛奶丝、牛奶纤维。它是以牛乳作为基本原料，经脱水、脱油、脱脂、分离、提纯，使之成为一种具有线型大分子结构的乳酪蛋白，再将其与聚丙烯腈纤维进行共混、交联，制备成纺丝原液，最后通过湿法纺丝成纤制成的。这是一种有别于天然纤维、再生纤维和合成纤维的新型动物蛋白纤维。因牛奶蛋白纤维中含有对人体有益的氨基酸等成分，以该纤维制出的织物具有保湿、保暖等特性，穿着牛奶蛋白纤维面料制成的服装便能对皮肤起到较好的保养作用。

❷ 刘元风，胡月.服装艺术设计[M].北京:中国纺织出版社，2006:192.

❸ 王朝晖，程宁波.智能服装的应用现状及发展方向[J].服装学报，2021(5):455.

发展转型的时期，我国各行业正在面临前所未有的数字化变革。这种变革已经渗入到经济社会的方方面面，形成了数字技术与经济发展融合的新浪潮。特别是在5G、大数据、云计算等蓬勃发展的背景下，以人工智能为代表的可穿戴技术将会更加普及。就如同数字时代的智能化服装设计，其更为注重大数据、人体工程学、心理学、人机交互的综合作用，并始终遵循以用户为中心的原则，根据用户的生活体验与使用环境，选取可实现的技术来打造一个又一个新颖的服装产品。❶

目前火热的3D服装打印技术即是如此。3D服装打印是利用数字化技术，借助相关软件进行虚拟服装模型建构，将建好的模型运用3D打印的方式打印出来，使其成为一件具体的可穿戴的服装实物的方式。3D打印可以满足不同人群的体型特征和个性需求，其解决了传统服装设计因款式、造型、色彩、面料等不能完全匹配和协调的问题，实现了独属于个人身体的时尚产品快速化生产模式（图9-7）。

图9-7　3D打印服装样例

已经举办了八年的全国三维数字化创新设计大赛（简称全国3D大赛）在2016年就以“3D设计助力工业互联，数字工匠支撑智能智造”为主题，以“发现3D数据工程师的秘密”为口号，希冀在全国范围内培养、选拔出一批可以率先进入数字化设计制造领域的创新应用型人才。在该主题下，“数字工匠”的身份显得格外突出。“数字工匠”的工作就是充分利用3D数字化技术来进行设计、制造和操控物理实体，用意识空间的智慧在数字空间中随心所欲地打造3D数字化产品和数字化模型，然后在物理实体世界形成真实的产品，并树立“一次做对，一次做优，一次达成”的理念，以满足消费者的需求。2021年，第14届全国3D大赛的主题设为“新零售·新设计·新制造”，大赛以“三维数字化”和“创新设计”为口号，旨在大力实施创新驱动发展战略，推动实体经济与数字经济的协同发展。

事实上，对于绿色生态环保纺织服装产业链来说，3D打印也能帮助解决

❶ 李剑炜.可穿戴智能设备的用户交互技术[J].电子世界，2021(22):151.

诸多问题。在过去，传统的纺织、印染等服装生产流程大多是以对自然的索取和环境的破坏为代价的，如染料污水的排放、废旧服装的丢弃，都对我们的生活环境造成了不同程度的影响。由于服装产业在我国国民经济中占有重要地位，传统服装生产模式、过程中产生的一些化学废料往往会对环境造成危害，致使绿色GDP❶在GDP中的比重降低。因此，以3D打印为代表的“绿色”服装设计、生产或能成为未来服装行业发展的主流。❷“绿色”服装主要涵盖三方面的内容：一是生产生态学，即服装在生产过程中不会或较少产生污染物；二是用户生态学，即服装在穿着过程中不会给使用者带来毒害问题；三是处理生态学，即服装在弃用后不会给环境造成负担。20世纪90年代，欧盟主要国家纷纷立法，对本国生产及进入本国市场的纺织品、服装实施环保认证，绿色环保概念服装在欧洲各国已蔚然成风。❸

综上可知，数字化及其产业模式已成为未来世界制造业的主要发展方向。数字化服装设计体现出一种科技之美，这种科技之美是借助新技术、新材料与新工艺融合创新的表达，它创造了人类高情感化、高智能化的数字美学图景和后人类的新兴生活方式，为人们的生活带来了更为便捷与轻松的智能化享受。智能化、数字化与环保、生态产业的结合也是21世纪全球纺织服装产业发展的新趋势。智能服装及穿戴产品无疑将会成为未来服装行业竞争的焦点。然而，智能化、数字化的服装研发单靠某一人或某个企业的“孤军作战”是不可能实现的，其更强调一种团队的协作精神，即需要众多部门、多种专业（如设计师、软件工程师、材料研发人员、电子设备制造商等）的通力合作才能实现。

## 第二节 虚拟经济时期服饰创造中的数字工匠精神

当下，世界整体的发展已进入智能时代，产品（如服装）设计的方式也由传统的实体造物转向虚实结合或以虚拟形式为主的设计、服务模式。

---

❶ 绿色GDP是从现行GDP中扣除由环境污染、自然资源枯竭、教育低下、人口数量失衡、管理不善等因素所导致的经济损失成本所反映出的结果(或指标)，它代表了国民经济增长的净正效应。绿色GDP在GDP中所占的比重越高，表明国民经济增长的正面效应越高。

❷ 如3D打印服装，其所用材料通常都是可降解的。即该服装在弃用后，其制作原料还可进行回收和还原处理，并用于循环打印生产，这势必能为绿色GDP的发展贡献力量。当然，3D打印服装目前还未全面普及，相信在不久的将来，其一定能被大众和市场接受，并获得推广。

❸ 刘元风，胡月.服装艺术设计[M].北京:中国纺织出版社，2006:93.

这亦加速了设计艺术融入大众生活、服务大众的进程。在全球经济新常态背景下，人们正在经历着审美泛化的影响，它包含了双向运动的过程：一方面是“生活的艺术化”，特别是“日常生活审美化”的形成，它要求当代的数字设计师与工匠们将生活中的物品作为艺术品来进行创造，让使用者随时感受到一种艺术体验与熏陶；另一方面是“艺术的生活化”，即艺术应该摘去头上的“光晕”逐渐向日常生活靠拢，形成“审美日常生活化”，它要求设计师与工匠们设计、制作的物品不再是为少数人服务的对象，而要真正体现出大众化与平民化，而这一切都离不开信息技术的发展与数字化的普及。

第四次工业革命以来，信息通信技术和网络空间虚拟系统、信息物理系统相结合，将制造业引向智能化的轨道中。而智能制造即是通过传感器、RFID（射频识别技术）等物联网标识，使生产设备与产品之间可以自动通信，将智能工厂（物理领域）的生产数据采集汇总到信息系统（信息领域）之中，然后，利用信息技术进行虚拟制造，可生产出与实体车间完全一致的产品。质言之，智能制造已成为推动高端工业（产品）设计跨越式发展的新引擎。[1]

具体来说，智能制造带来了几方面的影响：一是推动了制造业生产方式的变革。基于互联网、大数据、云计算等信息技术，使智能制造具有精准的感知、反馈、分析和决策能力，能为生产制造提供参考；二是创新全球供应链管理。智能制造将人机互动、智能物流、3D打印等智能技术应用于生产过程，使企业可以在全球范围内进行调配和资源优化；三是引领制造业服务的转型升级。智能制造贯穿制造业的整个流程，在此流程中，消费者甚至可以亲自参与设计和监督产品的加工制造、销售等环节，享受智能制造的个性化定制服务；四是加快推进产业基础再造。智能制造能使制造业的生产工艺和供应链管理效率提高，降低能源消耗，从而降低成本，提高企业利润。[2]

在服装领域，虚拟经济时期的数字化技术与高智能科技开创了服装的新功能与新用途，开启了服装、科技与人类生活的联姻与互动。其中最为显著的特点是当今纺织、服装行业的各环节都搭上了数字技术的高速列车。例如，成衣制作中的CAD、CAM，信息、管理技术中的ERP，再如数码印花技术和织花技术的运用均满足了消费者对于服装个性化定制的需求，其亦彰显了当今节约型社会所提倡的资源节约、适度消费理念。

---

[1] 王燕君.工匠精神对智能制造的助力作用研究[J].工会博览，2021(30):27.

[2] 常金玲，王跃.智能制造与工匠精神研究[J].创新科技，2016(12):50.

据前瞻产业研究院的调查数据显示，从2016~2019年，我国虚拟现实行业的市场规模不断发展壮大。2019年，我国虚拟现实行业的市场规模已达到398.4亿元。据该研究院预计，2020年，此行业市场规模可达556.3亿元，同比上升40%。虚拟技术将改变零售业的未来，特别是虚拟时尚的持续升级，对未来时尚品牌的商业模式具有较大影响。[1]

具体来说，纺织服装产业的数字化及其电子商务应用，让服装的“需求—设计—制造—消费”等环节发生了一系列质的变化。例如，消费者可在互联网平台与服装设计师进行交流，告诉他们自己的需求。设计师可根据消费者的身份、性格、年龄、职业等为其制订初步的服装设计方案。待消费者确认该方案后，可将利用三维人体扫描仪获取的身体各部位数值信息发送给平台，平台将寻找、匹配相关制板师、面料生产商、缝纫工进行对接，并组织快速生产。这种以消费者为主导的新型服装产业结构，将大大缩短传统“需求—设计—采料—制作—生产—消费”的流程与时间，为提高服装的设计及生产效率，降低服装的原料成本、减少能源消耗等提供了可能。[2]

数字化技术的发展及应用让服装企业得以转型升级，而转型升级后的企业对服装从业人员的职业素养和能力水平也提出了更高的要求。以服装制板工作为例，现代服装企业的制板师相较于传统的制板工匠，不仅要懂得服装设计的基本美学法则，面辅料的性能、特点，熟练掌握传统手工制板的方法，还须学会使用各类制板软件来进行制板、推板、排料等。如今，许多服装企业开设了“智造云工厂”和网上设计平台，拟通过这些平台来扩大生产规模，提高生产效率。面对此趋势，服装专业技术人员若还想着“吃老本”，必将被淘汰。因此，他需要悉心学习相关前沿技术，要勇于创新、敢于挑战，以坚守、专注、严谨的精神，推动企业的发展与实现自我价值。[3]

试想一下，曾经出现在QQ秀或游戏中的虚拟服装是否也能在我们的现实生活中出现呢？答案是肯定的。例如，“Iridescence”（中文译为“彩虹色”）

---

[1] 前瞻产业研究院.2016—2020年中国虚拟现实行业市场规模统计及增长情况预测[EB/OL].[2020-01-22].https://x.qianzhan.com/xcharts/?k=398.4.［戴雨仟，楼甜甜.虚拟时尚的发展现状研究[J].纺织科技进展，2021(3):30.］

[2] 如杭州森动数码科技有限公司创建的“3D互动虚拟试衣间”已成功落户海宁皮革城。该试衣间能获取消费者的身体数据信息，并创建相应的虚拟人体模型进行虚拟试衣。其原理是通过三维人体扫描和立体视觉呈现，将消费者的身体数据参数导入计算机进行运算，由计算机建构出和消费者体型匹配的三维虚拟人体模型进行虚拟服装的试穿。至此，消费者可通过试衣间电子平台的可视化界面，逐一选择不同的服装进行虚拟试穿，并查看效果，最终选购到合适的服饰。［参见刘浩，于海燕，等.虚拟试衣间网站设计[J].中国科技信息，2021(10):95-96.］

[3] 刘锦峰.高职学生工匠精神培育的价值意蕴、现实困境与实现路径——以跨境电商专业为例[J].当代教育论坛，2020(4):60.

就是历史上第一件NFT[1]时装（图9-8），它拥有未来感的迷幻光泽、完美的褶皱弧度、不会变形的结构，夸张又几近完美，在纽约拍卖会上以9500美元的价格被买走。

Iridescence的成功，让越来越多的时尚品牌和机构不断推出自己设计的虚拟时装产品进行销售。例如，Tribute Brand生产出的每款虚拟服装都充满未来感，售价从29到699美元不等，均是限量发售。[2] Tribute Brand推行的理念也十分有趣——无运费、无浪费、无性别、无尺寸。其设计绝不马虎，服装除了拥有大量科技感的金属光泽外，还运用了蕾丝、乳胶、金银线等虚拟材质。可以说，那些不太可能在现实生活中存在的效果和无需考虑穿着对象的设计，均能通过该虚拟服装得以呈现。

图9-8　Iridescence虚拟时装样式

虚拟服装究竟是如何做到“以假乱真”的？这实际上都应归功于数字化、信息技术的发展。具体来说，虚拟时装的产生，首先要构建相应的仿真模型，设置服装的基本造型、色彩、图案，选用材质，并要在不同的场景下处理服装的动态变化，如褶皱、结构等。其次，要添加服装穿戴和场景的交互、展示方式及特效的运用（以VR、AR、CG、全息投影呈现等），而虚拟服装与真实人体的接触、匹配，仿真的实时性，材质模拟等是其需要解决的核心问题。

虚拟时装的研发动力除了上述信息化、数字化技术的支撑以外，还与消费者的需求息息相关。如今，“Z世代”[3]成为社会中的主力消费人群——这

[1] NFT是Non-Fungible Token的缩写，中文名为“非同质化代币”，通常是指开发者在以太坊(Ethereum)平台根据ERC-721标准/协议所发行的代币。其特性为不可分割、不可替代、独一无二。简而言之，采用ERC-721标准/协议所发行的代币就称为NFT。在此背景下，无论是机构还是散户，都能进入NFT。NFT让人人都能在区块链上实现自由创作。目前，中国已有数千位艺术家与NFT签约，其还与100多所海内外画廊机构达成合作意向。2021年8月23日，在NFT中国交易平台，当代著名山水画家陶文元的作品在半小时内售罄，销售均价达50万元。仅三个月时间，“NFT中国”便迈进全球NFT交易平台的前三位。

[2] Tribute Brand是一个新晋线上时装品牌，其通过3D建模技术，以创建相应的虚拟服装为卖点。消费者可在其官网选购自己喜爱的虚拟服装，下单后一并上传自己的照片，Tribute便会将消费者选购的虚拟服装与其照片通过技术手段合成，据Tribute Brand统计的信息显示，其所有的虚拟服装产品上架之后，销售火爆，没过多久就已售罄。

[3] “Z世代”是指在1995~2009年出生的一代人。他们一出生就与网络信息时代无缝对接，广受数字信息技术、即时通信设备、智能手机等产品的影响，故又被称为“网生代”“互联网世代”“二次元世代”“数媒土著”等。

是伴随互联网成长起来的一代。他们熟练掌握着现实世界与虚拟世界之间的切换规则。特别是网络游戏和赛博空间（Cyberspace）[1]将他们带入梦幻般的虚拟世界之中——他们希望自己也能成为那个可以随时变身、获取各种超能力的主角。在此背景下，“Z世代”对于未来的生活有着新的诉求，这也成为推动虚拟时尚发展的重要因素之一。是故，借助5G、云计算等信息技术的发展，虚拟服装也乘势而起。“Z世代”们只需在官网选择、下单，发送本人的形象照片，经合成处理，便可拥有一件属于自己的虚拟服装。该服装可以在社交媒体平台展示，不同的滤镜能使其呈现不同的造型效果，非常个性、时尚。

与上述虚拟服装相似，但拥有“智慧”的可穿戴设备（服饰）或将成为未来人们日常生活中必不可少的物件。可穿戴智能设备犹如一个拥有思想和情感的主体，它可以与人进行对话、交流，其不仅能够感知外部环境及内部状态的变化，还可以通过反馈机制对这种变化做出反应。目前，可穿戴智能设备在军用、民用、娱乐、医疗等领域均获得了广泛应用。

在军用方面，随着现代科技的发展，各国对于军装功能的研究日益重视，许多高科技材料与技术均被用于军装的设计之中。特别是国际军备竞赛和军事化作战更呈现出智能化的趋势，军服作为重要的军备物资和人体保护工具，也逐渐体现出智能化特征。这种智能化主要存在于军装的材料和功能上，如一些新研制出的军服材料兼具保暖与透气性能；一些新型的防反光军服材料可以躲避敌人的监视；不同的迷彩军服材料可运用于平原、沙漠、丛林等不同的作战环境之中……

图9-9　某智能化军服样式

图9-9是一种能变色和隔离空气的智能化军服。此军服突破了以往军服色彩单一、固定的模式，选用融合了高感光材料的纤

---

[1] 赛博空间(Cyberspace)是控制论(Cybernetics)与空间(Space)两个词语的组合，是哲学和计算机领域中的一个抽象概念，特指在计算机及计算机网络中的虚拟现实。其最早由加拿大科幻小说家威廉·吉布森(William Ford Gibson)在1982年发表于*OMNI*杂志的短篇小说《全息玫瑰碎片》(*Burning Chrome*)中提出。此后，在小说《神经漫游者》(*Neuromancer*)出版后得到普及。

维面料制成，该面料能根据周围环境的不同变换色彩，起到保护穿着者的作用。在这种军服的面料中还嵌入了亲肤的柔性气敏传感器，传感器的电导率会随着空气中气体的浓度和种类变化而发生改变，从而产生反应并转换为电信号。[1]即该军服在平时穿着时透气舒适，而遇到毒害气体时就会发出警示并进行空气隔断。此外，一些智能化防弹服也开始出现。这些防弹服在平时穿着时轻巧柔韧，但遇到撞击时会在1/1000秒内变硬（即在高速运动时产生彼此连接的柔韧分子链），其原理类似于汽车在潮湿的沙地上行驶——慢速行驶时，车会下陷，但车速很快时，沙粒就会稳固地粘在一起，托住车，使其不往下陷。[2]

在民用方面，良好的身份形象便于我们获得他人与社会的认可，人人都希望通过服饰来增添自己的个性魅力。基于此，有设计师设计了一款"情绪香薰服装"，该服装的纤维面料中置入了香薰散发剂，纤维面料能感知人体体表的温度（体表温度与人的情绪变化有关）。当人体某个部位的温度发生变化时，该部分的纤维面料就会产生反应并触发香薰散发剂，散发出迷人的清香，带给身边的人嗅觉的愉悦。

在娱乐方面，有研究人员研制出了一款音乐时装，该音乐时装的面料为硬质透明纱，其中置入了多组微电路声道系统，而音乐的播放源是一个电容器，穿着者只需通过配备的遥控按钮即可"指挥"衣服播放音乐。当连接到无线网时，还可以下载更多音乐或收听广播，真正实现了"音乐随身带"的休闲娱乐体验。

在医疗方面，由于智能穿戴设备能对医疗监护服务产生革新性影响，故医学领域与医疗设备中也融入了智能穿戴设计的理念。例如，最近出现的一种"医护衬衣"，其附带有监控设备与触觉芯片，能对患者的体温、心率等进行实时感知与监控，并能将这些监测信息、数据传递至发放该衬衣的医疗机构或患者家属的智能终端设备中，以便其更好地了解患者的身体情况。

值得一提的是，未来的智能化、数字化服装还将与智能家居、智能交通等组合成智能化生活服务系统（图9-10），它们不仅能为大众提供更为舒适、便捷的身体化审美感受，还能在工作、休闲、娱乐、健康管理等方面提供诸多实用和精准的信息（如帮助人们处理生活中的琐事、事件提醒、进行垃圾

[1] 温雯，方方.智能纺织品中的柔性传感器及其应用[J].服装学报，2019(3):225.

[2] 刘元风，胡月.服装艺术设计[M].北京:中国纺织出版社，2006:192.

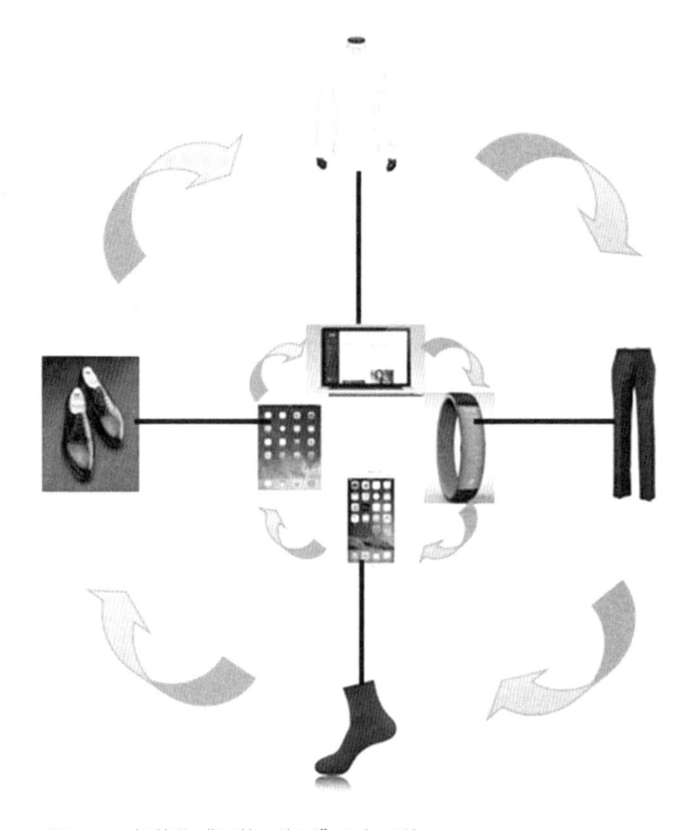

图9-10　智能化“服装—生活”服务系统

分类等），让人们的生活变得更加美好。[1]

此外，随着虚拟现实技术（VR）、增强现实技术（AR）的蓬勃发展，智能穿戴设备还能帮助我们增强某种感受或提供某种深度体验。例如，在3D电影、虚拟作战游戏中，人们戴着3D眼镜就能进入如同电影情节中的“真实”环境，电影院的座椅也会根据影片情节和环境的变化上下左右摇摆，让我们身临其境的感觉更为强烈。特别是在一些对抗、作战的游戏中，体验者戴上

[1] 当前，新一轮科技革命和产业变革正在全球兴起，工业技术体系、发展模式和竞争格局面临重大调整。欧美发达国家均出台了以先进制造业为核心的“再工业化”战略，如美国开启了以“工业互联网”和“新一代机器人”为主导的战略布局；德国“工业4.0”通过智能制造重塑竞争力；欧盟“2020增长战略”提出以智能制造技术为核心的先进制造业发展方向。可见，智能制造已成为欧美发达国家制造业发展的重要方向和发展先进制造业的制高点。［参见吕铁，韩娜.智能制造:全球趋势与中国战略[J].人民论坛·学术前沿，2015(11):6-13.］为适应全球工业化进入后期阶段的发展需求，积极应对新一轮科技革命和产业变革带来的挑战，我国审时度势，于2015年出台了《中国制造2025》战略性文件，文件强调：“坚持走中国特色新型工业化道路，以促进制造业创新发展为主题，以提质增效为中心，以加快新一代信息技术与制造业深度融合为主线，以推进智能制造为主攻方向，……促进产业转型升级，培育有中国特色的制造文化，实现制造业由大变强的历史跨越。”［参见国务院.国务院关于印发《中国制造2025》的通知[EB/OL].[2015-05-19].http://www.gov.cn/zhengce/content/2015-05/19/content_9784.htm.］

虚拟现实眼镜、穿上战服、拿着道具，好似穿梭在真实的丛林、山地中。他们越过高山、迈过草地和“敌人”殊死搏斗，此种“真实”的体验让人无比兴奋（图9-11）。事实上，这些智能穿戴设备都是不同领域的数字工匠在不断地联合研究、探索中开发出来的新产品，其创造了“身体—技术—艺术—体验”的有机融合，引发了未来人工智能在万物互联、类脑计算等技术的支撑下，从智能走向智慧、走向人机交互的发展趋势。[1]

图9-11　虚拟作战游戏体验场景

如今，消费社会的形成与大众传媒的发展使数字技术的表现日益丰富。在数字经济时代，人人都能进行创新、创意。正如当代著名分析哲学家兼文艺评论家阿瑟·C.丹托（Arthur C. Danto）提出的“艺术终结论”，我们也可以说，那些传统的需要专业人士才能完成的设计类别（项目）已经越来越少了，取而代之的是一种自发的、自由的、开放的设计模式，这是时下大众创业、万众创新的显著表征。随着微博、微信、抖音等新兴自媒体平台的兴起，人人都能借助这些媒体工具创造出新颖的内容并进行传播。例如，时下流行的网络直播带货，就是借助网络、信息化渠道和平台，宣传及销售不同产品的营销方式。人们或许不再过于关心直播的人是谁，而是关注其推荐的物品是否够新颖、时尚，宣传方式是否足够吸引眼球。是故，那些网络上的表情包、QQ头像被置入服饰中作为图案，或是被开发成玩偶、公仔时，其设计主体已被我们忽略——消费者关注的是该物品所传达出的潮流与时尚。质言之，当代的数字化创意具有无规律、无中心、反权威的特质，它通过对个人主体潜能的发掘，以创新为宗旨，最终实现对个体主体的情感关照和参与者多元的审美体验。因此，数字时代的工匠精神必然要呼唤数字、信息技术与艺术设计的协同发展，要引导和强化工匠创新者为大众服务的理念，因为，无论是在实体设计行业还是虚拟数字行业，每一条数据、信息的处理和校准都需要严谨、专注的态度和精神。数字工匠的工作就需要体现出对产品、服务、细

[1] 黄欣荣.新一代人工智能研究的回顾与展望[J].新疆师范大学学报(哲学社会科学版),2019(4):86.

节精益求精、执着专一的精神。[1]

事实上，早在中国古代，先哲们就对工匠精神提出了自己的见解。在墨子看来，工匠技术有无价值，取决于该技术能否为国计民生带来帮助。例如，墨子提出“饥则食之，寒则衣之”，超过这一限界就是淫巧，就是对技术的滥用。工匠的技术是要为广大人民群众服务的，一种技术有无价值或有多少价值的衡量标准是要看其对人民大众有没有用处或有多大用处。从此意义来看，那些为残疾人、老年人或其他弱势群体开发的可穿戴智能设备就是符合墨子思想的具有实际价值和意义的物件。因此，工匠精神融入不同的器物创作之中，在各个时代均有不同的表达与呈现形式。所以，“工匠精神”是一种文化的存在，即使过去的工匠们已离我们远去，但他们的“工匠精神”还依然存在。[2]这种精神从显性知识演变为隐性知识，其内在于心，世代相传。是故，如何进一步激发数字工匠群体的创造力与工匠精神，让其尽快成为建设创新型国家的“栋梁”，是值得我们思考的。

尽管在纺织、服装数字化领域，我们已取得了诸多成绩，但相较于欧美国家，我们仍存在着一定差距。这一方面是由于欧美国家民众对于新型纺织品、服饰的需求较为强烈，另一方面也由于这些国家拥有先进的周边电子、通信、计算机软件等工业的相互支持与配合。许多纺织、服装产业巨头也希望通过高科技、智能型、数字化服装的研发为不太景气的传统纺织工业注入一股新鲜血液。可以说，我国在智能服装及智能穿戴设备方面的研究还处于起步阶段。当前，我国更面临着“消费—投资”失衡和产业结构转型升级缓慢的瓶颈，特别是服装产业作为劳动密集型产业的局面还未得到有效改善，智能化、信息化设备在一些中小企业还未得到普及。然而，智能化、信息化数字技术又是虚拟经济时代的引擎。所以，积极发展智能化、数字技术产业对于传统实体经济的转型升级具有重要作用。特别是在数字化时代，一个国家可以通过技术引进和学习实现工业化的快速赶超，以缩短工业化进程，这都需要依靠“数字工匠”的助力。

数字工匠不同于工业经济时期的机械工匠，更不同于自然经济时期的手艺工匠。他们具有深厚的专业理论知识、新颖的视角、大胆的思维、开阔的胸襟，能将那些不可能转化为可能；他们通过自身所具备的数字化知识技术和团队协作的力量，成为推动传统工业与互联网经济融合发展及产业转型升级的先锋。

---

❶ 林嘉雯.超越“符号化”:“数字工匠精神”对当代大学生培育的启示[J].成都中医药大学学报(教育科学版),2020(2):31.

❷ 曹前满.新时代工匠精神的存在逻辑:载体与形式[J].暨南学报(哲学社会科学版),2020(2):121.

总的来说，数字技术是一个新的时代出现的标志，其承载着人们对于美好生活的向往和追求应运而生。数字技术在与自然科学、社会科学、人文科学的交互融合中，不断刷新着人们的观念与视野，革新了我们的日常生活方式，也影响了未来时尚产业的发展格局。特别是其与材料科学、科技美学、设计艺术等专业的联姻，为我们营造了一种超越传统局限的时尚审美感知。这种时尚感知通过个人主体感性经验的合法性存在，确立了从审美体验到生活美学再到主体价值实现和推动社会发展的逻辑框架。[1]服装服饰等智能穿戴设备借助数字技术的进步获得推广，创造了新颖的交互美学范式，为我们立足现实世界，获取新艺术、新工艺、新科技、新材料、新文化等带来的丰富审美体验提供了条件。在未来，随着数字技术的日趋成熟，相关数字化产品将与身体、时尚、美学结合得更为紧密，给我们带来更多值得研究的课题。



---

❶ 杨家海.反思中国大众文化语境下的生活美学[J].长江大学学报(社会科学版),2013(10):182-184.

# 第十章
## 传统服饰手艺工匠精神与造物文化的当代创新转化

工匠精神是人类文明史上一种特有的人文范式，它以专注、守信、精造等人文理性凸显了工匠群体对于职业坚守及其自身社会价值的意义。但随着工业化进程下工匠手作边界的模糊与精神尺度的消解，以及工匠作坊、组织结构与手作制度的进一步瓦解，工匠精神的技术理性对其人文价值理性的批判性销蚀俨然成为新的历史处境，这导致了对工匠精神的人文价值理性传承与发展的威胁。因此，技术理性或成了工匠人文精神危机产生的社会根源，消解工匠手作的技术理性是当下重构被遮蔽的工匠精神的关键。[1]服饰手工艺是中华优秀传统工艺及造物文化中的一部分，对传统工艺的保护传承与创造性转化是实现中华文化复兴的重要内容，亦是对接当代文化创意、时尚产业发展的新趋势。

曾经一段时间，我国的服饰设计趋向、审美理念都以国外为导向——中国设计师们不由自主地跟着西方的主流服饰文化在创造，相对忽视了对传统的、本土的、地域性的服饰文化及工艺的创新利用。文化根基不深、文化内涵不足成了中国服装设计发展中的痛点。近年来，国家加大了对于传统文化保护传承与民族民间工艺的扶持、振兴力度，并制定了一系列政策、措施，这为传统服饰手工艺的创造性转化与创新性发展，并为其对接时尚文化、创意产业提供了契机。如今，“中国创造”已成为国内各行各业发展的目标，“中国创造”不仅需要依靠强大的科技支撑，还需依托深厚的文化软实力。传统

---

[1] 王景会，潘天波.工匠精神的人文本质及其价值——时空社会学的视角[J].新疆社会科学，2020(1):100.

工匠精神及造物文化中的技艺、经验都能在新时代发挥作用，推动我国社会主义经济文化的繁荣发展。

# 第一节 新时代传统服饰手艺工匠精神的复兴

过去有段时间，我国工艺美术行业遭到严重破坏，这其中就包含以手工艺为载体的各种造物方式。直至1949年中华人民共和国成立后，在全国范围内才开展了一系列艺人归队的工作，并帮助有条件的中小型工艺美术企业恢复生产。与此同时，国家还通过举办手工艺展览、行业普查、寻访民间艺人，挖掘、搜集和整理工艺美术珍贵史料的方式以协助完成工艺美术品种的登记工作。

改革开放前夕，国家又开始加大对于工艺美术行业的投入，即按照“保护、发展、提高”的六字指导方针，通过一系列扶持措施，使不少改行转业和流散的工艺美术艺人归队。至此，一些停产的特种工艺美术行业得以恢复，那些失传的工艺美术品种得到了重生。1978年2月，在北京中国美术馆举办了一次“全国工艺美术展览”，共展出工艺美术作品一万多件（套），累计参观的观众达一百多万人。这是我国工艺美术行业首次面向国内外举办的公开展览活动，其对于传统工艺美术的保护、发展和提高起到了积极的促进作用。此外，本次展览也触及传统工艺美术行业在机械化生产来临之际的转型问题。例如，进入工业化时期，一部分手工业生产必然被机械生产所取代，虽然这使工艺产品的制作更为快捷、效率也得以提高，但如何保持手工艺造物的本质和特色也成为摆在大家面前的现实问题。

可以说，工艺美术作为传统手工艺造物的表征，其遭遇的情况反映出我国传统手工艺的“生存境况”。1978年，“改革开放”政策开始实施，由于受到国外科技、文化、艺术思潮的影响，“工艺美术”一词逐渐被“艺术设计”取代。艺术设计更为强调创意和创造的过程，其不但保留了工艺美术的某些特征，还融入了一些新颖的创作方式和思维理念。自此，艺术设计逐渐进入人们社会生活的各个领域，并成为20世纪造物活动的新观念。

相较于传统的工艺美术，艺术设计的涵盖范围更广，其亦成为加速市场繁荣、振兴经济、改善民众生活的重要力量。然而，脱胎于工艺美术的艺术设计又始终不能抛开工艺美术而独立发展，因为工艺美术能为艺术设计提供诸多的灵感来源和素材。在此背景下，一些专家学者开始提倡保护与传承工艺美术，并加大对民俗、民艺的研究和推广力度。1997年5月至2007年5月，国家有关部门发文，制定了工艺美术保护、传承与发展工作的具体指导方针。就在这十年间，传统工艺美术行业的大多数企业在国家政策的有力引导下，进入转制、转型期——民营、个体企业逐步成为工艺美术行业的主体，形成了自中华人民共和国成立以来工艺美术生产与发展的新格局，其品种日渐丰富、产量不断提高。与此同时，我国的艺术设计也根据国情和社会现实不断调整，并获得了新的发展，其特点表现为新形式、新技术和新思维的结合，且更加贴近民众的需求。

从纺织服饰领域来看，我国传统纺织技艺与服饰造物文化历史悠久。自先秦至明清，在数千年的历史演进中，形成了具有不同时代风貌的染织工艺、图案样式和服饰特征，其既世代相传，又屡屡创新，并逐步发展演变为极富中国特色的文化艺术瑰宝。一直以来，纺织服装行业都是我国传统且重要的国民经济支柱行业，即便是在近代百余年的工业化进程中，其仍然是我国传统的优势产业，当然这与纺织服饰行业作为一种劳动密集产业的因素分不开——我国大量的人口为该行业提供了源源不断的劳动力。如今，随着科技的进步、信息化的普及和经济结构的调整，纺织服饰行业也面临着诸多机遇与挑战。

作为艺术设计专业的一个方向和分支，服装设计也成为推动服装产业发展的重要一环。服装设计的发展与服装行业的进步离不开技术的支撑。在全球化背景下，国外新颖的设计思维、优良的纺织材料、先进的制衣设备纷纷涌入我国，为我国纺织服装产品的生产提供了资源条件。同时，我国的科研人员也在不懈努力，他们研发机械设备、新式工艺、新颖面料等，为传统纺织服饰行业注入了新鲜的血液。事实上，一个行业的发展除了需要依靠技术的进步、材料的革新与观念的转变以外，文化内涵的融入也是极为重要的。这里的“文化”可以理解为我们常说的传统文化——中华民族拥有五千多年不间断的优秀文化，这是其他任何国家和地区都无法比拟的。

2017年，中共中央办公厅、国务院办公厅联合印发了《关于实施中华优秀传统文化传承发展工程的意见》，提出“要把中华优秀传统文化全方位融入思想道德、文化知识、艺术体育、社会实践等教育各环节中”“实施中华节庆礼仪服装服饰计划，设计制作展现中华民族独特文化魅力的系列服装服饰”。[1]同年，文化和旅游部、工业和信息化部、财政部联合下发了《中国传统工艺振兴计划》，提出要在尊重地域文化特点、尊重民族传统、保护文化多样性的

[1] 新华社.中共中央办公厅　国务院办公厅印发《关于实施中华优秀传统文化传承发展工程的意见》[EB/OL].[2017-01-25].http://www.gov.cn/zhengce/2017-01/25/content_5163472.htm.

基础上，立足中华优秀传统文化，学习借鉴人类文明优秀成果，发掘和运用传统工艺所包含的文化元素和理念，以推动民族民间工艺的创造性转化与创新发展。

服饰手工艺是中华优秀传统文化中的瑰宝，它在民众的集体劳动实践中产生和发展起来，体现了国家主流文化的导向及民众的审美经验、习惯和趣味。中国古代服饰造物文化通常体现为“纺、染、织、绣”等步骤的紧密结合，特别是在宫廷贵族服饰中，由于是“物勒工名”下的产物，这些技艺表现得颇为精湛，而在民间自用服饰体系中，由于是“闲适自用”的造物方式，服饰往往显得朴素且自然。

### 将中华传统文化元素与民族工艺融入服装设计的典型案例

谭燕玉或许是较早开始尝试将中国民族文化元素融入现代服装设计的设计师，她自1990年开创时装品牌Vivienne Tam以来，就确立了将中华传统文化元素与西方时尚相结合的设计理念。事实证明，该理念不仅获得了服装时尚界的认可，也为她成为著名的服装设计师奠定了基础。谭燕玉认为，中国文化虽然博大精深，但一成不变的古老文明很难让年轻一代接受，更难以将之推向世界。于是，她深入研究中国传统文化，从中撷取灵感，并将其转化为新的设计潮流。她特别擅长在面料和图案上创新，如对面料进行不同风格的改造，她设计的蕴含中国文化元素的服饰一经推出就吸引了不同年龄层次、不同种族的人群关注。如今，在瑞典、日本、德国、巴西、意大利、新加坡等地均开设有Vivienne Tam品牌店，谭燕玉为中国传统文化的海外传播贡献了自己的力量。

——摘自刘元风、胡月《服装艺术设计（第2版）》，
中国纺织出版社有限公司，2019，第47页

郭培也是善于运用中国传统文化与工艺进行时装创意的设计师之一。2015年，郭培以青花瓷为元素创作了一系列高级时装，随后，又以中国传统服饰中的云肩、袍服、刺绣等为灵感，设计了大量新颖、唯美的服饰，并登上了巴黎时装周的舞台。郭培将现代审美观念、时尚潮流与中国传统服饰元素、造物技艺相结合的方式，取得了绝佳的艺术效果，也赢得了大众的赞誉。

除了以汉族为主体的中华传统服饰造物文化及工匠精神外，在我国少数民族还存在大量的造物活动与造物文化。在广袤的中国大地上，分布有55个少数民族，各民族还有众多分支，每个族群均形成了自己独特的服饰文化与

制作工艺——它往往就地取材，因材施艺，保留着最为质朴的民族风格（图10-1）。从不同的工艺表现形式来看，中国传统民族服饰制作工艺及造物文化主要包含纺织技艺、印染技艺、刺绣工艺、编织技艺、镂刻工艺、锻造技艺等。其中不少民族服饰的制作技艺甚至传承和延续了上千年，已成为重要的非物质文化遗产项目（图10-2）。具体来看，少数民族服饰的制作技艺十分复杂，从纺纱、织布、染色、刺绣、镶边、拼缀到一件服装的成型往往需要经历数月甚至数年的时间，这些繁复的手工技艺及呈现形式不仅是工匠精神、民族文化的表征，其更能成为当下服饰创新设计的资源与素材。[1]美国科学史学家乔治·萨顿（George Sarton）在《希腊黄金时代的古代科学》中指出："在那时像在现在一样，最出色的专家既不是博学之士也不是语言大师，而是手艺人——铁匠、制陶工、木匠和皮革工等，他们也许掌握了相当丰富的经验和民俗知识。"[2]也正是这些通过长期累积起来的技艺与经验，在手艺人的代代传承、延续之中成了当今工匠精神的源泉。在我国的一些民族神话中，各类工匠神形象也都占据着重要的位置。例如，哈尼族的创世史诗《十二奴局》中这样写道："没有头人寨子不稳，没有贝玛（巫师）天

图10-1　精美的少数民族服饰

图10-2　侗族织锦及其织造过程

❶ 如侗族织锦就是用于侗族民众服饰、生活物品制作的一种重要原料。侗锦的编织一般在专门的织机上进行，编织者会预先在脑海中形成相应的图案，然后将丝线一根根排列在织机的竹条上，织造时，用脚踩压经棒牵动综线提经开口，按顺序取出竹签，使经线上下分离，再用手工提梭挑织，通经通纬。用此方法织出的侗锦在正反两面形成互补的图案，色彩相反，风格粗犷，双面都可使用。如今，以侗锦为灵感、素材开发出的文化创意产品、时尚产品(如包袋、首饰、家居产品等)逐渐丰富起来，得到了不同人群的喜爱。［参见肖宇强.城市化影响下通道侗族织锦面临的挑战与机遇[J].城市学刊，2015(4):52-54.］

❷ 乔治·萨顿.希腊黄金时代的古代科学[M].鲁旭东，译.郑州:大象出版社，2010:173.

地不宁，没有工匠百业不兴。”[1]

在工业化、机械化生产模式下，服装成衣的表现多千篇一律，但人们对于美的追求又是多样和个性化的。进入21世纪，民族风格、田园风格等逐渐兴起，设计师利用民族民间元素设计出的新颖服饰往往能得到消费者的青睐。例如，当今的一些中式服装借用了传统服饰中的款式元素，或采用了天然草木汁液染成的面料，或融入了“非遗”刺绣等工艺，显得新颖而特别，故得到了消费者的喜爱。[2]究其原因，或许是生活在都市中的人群整天被程式化的生活与物品左右，他们渴望看到那手工艺的造物方式及其透露出的丝丝温情，希望在这些传统物件中寻找那一份别样的情怀。

正因如此，传统手工艺的复兴和传统工匠文化的传承已被提上日程。正如方李莉教授所认为的，中国社会目前正在涌现出一股传统文化复兴的潮流——品茶、焚香、赏花、弹琴、作诗、论字画、把玩瓷器，还包括收藏古物、穿中式服装、摆中式家具等，这种生活方式已经在中国的白领阶层形成了一股风尚，亦成为陶冶性情的一种手段。正是这一新的风尚，复兴了许多中国传统手工艺行业，也提供了许多新的创业、就业机会，其在改变国人“生活样式”的同时，也在推动中国经济结构的转型与文化模式的变迁。此种基于民族民间传统文化的复兴正是激发中华传统优秀文化创造性发展的重要方式。[3]

特别是在乡村振兴战略背景下，乡村手工艺人已成为乡土文化、民俗文化的主要传承者与传播者。传统工艺振兴亦离不开乡村手工艺人的支持，这些手工艺人创造的当地特需生活物品具有浓郁的地方特色，展现出独特的乡土文化内涵。而手工艺及其造物方式是人类文化多样性的表征，在今天仍然具有旺盛的生命力。因此，要给予这些手工艺人资金、政策的扶持，让他们将毕生积累的各种手工技能世代相传。而对传统手工艺文化进行创造性转化与创新发展亦是当代社会赋予我们的责任与使命。[4]正如费孝通先生曾提道：“我们的学问是要从历史里面出来的，也就是要从旧的里面长出新的东西来，这就是传统与创造的结合的问题，……就像生物学里面要研究种子，要研究遗传因子，那么，文化里面也要研究这个种子，怎么才能让这个种子一直留

---

[1] 张福三.原始工匠神形象的浮沉[J].云南民族学院学报，1986(3):30.

[2] 其中的典型案例是:在世纪之交，民族风兴起，中国风盛行，众多传统元素(如刺绣、编结、流苏、钉珠、拼布等)成了流行时装设计中的亮点，特别是在两次APEC会议上亮相的新唐装、新中装，都将中国传统服饰元素的应用推向了一个新高潮。

[3] 方李莉.在中国传统文化基础上走出生态文明之路[N].中国文化报，2017-09-22(3).

[4] 路建彩，李潘坡，李萌.乡村振兴视域下乡村工匠的价值意蕴与分类培育路径[J].教育与职业，2021(1):92.

存下去，并且要保持里面的健康基因。也就是文化既要在新的条件下发展，又要适合新的需要，……工匠们往往是艺术的真正创造者，但历史却常常不承认这些工匠，……文化的定义有两层，我们不能只管一层，经济不发展，不发展大众艺术，精英艺术就出不来。因为艺术是从生活里出来的，精英艺术又是从大众艺术里出来的。”❶

如今，在国家文化政策的推动和引导下，诸多传统文化正在以一种新的方式得以“复兴”。这类复兴最初是由旅游业，后来又是由非物质文化遗产的生产性保护来驱动的，但无论如何，其都代表着未来文化创新发展的方向。例如，“传统手工艺”在当代已不再是一个被动地保持“静态的过去”，而是作为一个“社会的行动者”开始进入人们现代化的生活，成为重构当今社会和未来社会的可开发和利用的资源，甚至是当代及未来文化发展的基础。❷

在近代，我国工匠制作的器物已为西方时尚带来了新的风格。例如，彼时由中国生产的箱子、柜子及屏风等器物由东印度公司涉海万里运往欧洲，在经过印度科罗曼丹上岸时，涂上了一层当地所产的科罗曼丹漆（并被称为“科罗曼丹屏风”），得到了西方人的关注。实际上，这些屏风是在中国湖南生产制作出来的，工匠们对屏风壁板数次上漆，在表面抛光、打磨，再经手工雕刻花纹、上色镶金才能完成，工序十分繁杂。国际著名时装设计师香奈儿女士（Gabrielle Bonheur Chanel）在法国的一家古玩店中偶然发现了这批科罗曼丹屏风，对其产生了极大兴趣，并陆续收藏了三十多面，她将这些屏风作为背景装饰，在屏风前留下了大量的珍贵影像（图10-3）。

图10-3　香奈儿和科罗曼丹屏风

如今，科罗曼丹屏风已成为香奈儿品牌（Chanel）的宝贵文化遗产。香奈儿品牌第二代设计师卡尔·拉格菲尔德（Karl Lagerfeld）不仅根据这些屏风设计了多款新颖的高级女装，还将屏风元素融入腕表表盘、珠宝首饰等时尚产品的设计中。2005年，一款名为“东方屏风”的眼影在香奈儿品牌实验室中诞生，该产品将中国

❶ 费孝通.费孝通论文化与文化自觉[M].北京:群言出版社，2007:252-254.

❷ 方李莉.传统手工艺的复兴与生态中国之路[J].民俗研究，2017(6):6.

屏风的造型、色彩、图案元素融入眼影质料的装配盒中，十分巧妙（图10-4），并作为“明星产品”被推向市场，受到了大众的青睐。❶

图10-4 “东方屏风”眼影产品

综上所述，我们有必要再去追溯过往，去找寻那些已被我们遗忘的文化资源与文化符号来塑造今天的文化主题与文化形象。这不但能激活宝贵的传统文化基因，亦能让当代世人牢记我们祖先创造的辉煌。

## 第二节 传统服饰造物文化及工匠精神的当代传承与创新

曾经，由于一味地强调工业化发展、城市化建设，导致许多传统文化、手工技艺失去了“生存”的境地。而传统服饰造物工艺中饱含丰富的艺术审美法则、文化理念、工匠精神，是当今服装设计创新与产业发展的动力之源。事实上，在每年的国际时装周上，我们都能感受到世界著名时尚品牌及其服饰作品中散发出的浓郁的传统文化气息，国外设计师对于传统文化的重视程度可能是我们想象不到的。例如，在近代西方，手工技艺的社会化已逐渐形成一种趋势，特别是滥觞于19世纪下半叶，在欧美大地兴起的工艺美术运动（The Arts & Crafts Movement）就极为强调手工创造的价值。❷

2022年6月，文化和旅游部、教育部、科技部、国家知识产权局、国家乡村振兴局等部门联合印发了《关于推动传统工艺高质量传承发展的通知》，通知提出：“坚持守正创新，正确把握保护与利用、传统与创新的关系，激发广大手工艺者的创新创造活力，找到传统文化和现代生活的连接点，推动传统工艺的传承发展、长久保护和永续利用，……支持开展各民族优秀传统手工艺创新交融研究，加强传统工艺传承人、企业和行业组织代表间的交流与合作，……设立专门的手工生产线，进行开发创新，提高手工价值，丰富产品品类，培养高端品牌，满足不同消费需求，……鼓励互联网平台设立传统工

---

❶ 香奈儿品牌曾在媒体公告中提到了17世纪中国工匠的卓越才能，并盛赞东方屏风高超的制作技艺，正是借鉴了这些技艺、素材，香奈儿品牌才能将眼影质料、容器以屏风风格进行表达，成功再现东方屏风之美。［参见奥博利·马蒂，谈佳.吸纳消费者的想象:17世纪中国工匠赋予高档品牌香奈儿的灵感[J].中国纺织，2008(10):68-70.］

❷ 高兵强.工艺美术运动[M].上海:上海辞书出版社，2011:1-3.

艺产品销售专区，支持传统工艺进商场、进超市、进场站，通过线上线下结合的方式销售推广传统工艺产品。”[1]在此背景下，将传统服饰手工艺工匠文化与当代科学技术、设计艺术相结合，是实现传统文化与工匠精神创造性转化的有力举措。具体来说，可从以下三个方面展开。

## 一、以科技助推传统服饰手工艺的保护与传承

传统服饰手工艺若得不到有效的保护与传承，就不能转化为当今的时尚资源融入服饰设计与服装产业之中。正如，科技能促进服饰设计的发展与变革一样，我们也需要借助科技的力量来推动传统服饰手工艺的保护与工匠精神的传承。首先，应根据中国古代服饰造物手工艺（或民族工艺）的类别，进行归纳整理，选择合适的科技手段，如利用虚拟技术，还原古代纺、染、织、绣等手工艺的操作流程，让那些已不复存在的古代服饰全貌得以重现。其次，可借助数字化技术，以摄像、摄影的方式记录那些濒临失传的民族服饰手工艺制作流程，建立影像数据库（图10-5），必要时，可将这些数字化资源公开展示、传播与推广，为相关设计人员提供参考素材。最后，可向传统服饰手工艺制作传承人进行采访和口述史的记录，获取这些宝贵的传统工艺制作经验，以叙事性的研究素材进行再创作。同时，还可利用3D影像技术，将一些复杂难懂的服饰制作工艺、技法流程制成影像短片，配上解说词，或将其改编成有趣的动画故事片，推介到各博物馆、艺术馆、文化

图10-5　笔者创建的花瑶传统手工艺资源数据库

---

[1] 文化和旅游部，等.文化和旅游部 教育部 科技部 工业和信息化部 国家民委 财政部 人力资源社会保障部 商务部 国家知识产权局 国家乡村振兴局关于推动传统工艺高质量传承发展的通知[EB/OL].[2022-06-28].https://zwgk.mct.gov.cn/zfxxgkml/zcfg/gfxwj/202206/t20220628_934244.html.

教育馆进行展播，势必能吸引青少年，让他们喜欢上这些生动有趣的传统工艺，树立起保护与传承传统文化的决心。

## 二、以创新引领传统服饰手工艺的时尚化转向

创新是一个民族进步的灵魂，亦是实现传统服饰手工艺创造性转化的重要途径。在当今时尚风格民族化的趋向下，以创新引领传统服饰手工艺的时尚化转向是一个值得关注的议题。进一步来说，那些传统服饰手工艺、民族工艺由于年代久远或隐藏深山，鲜为人知，如何将其进行转化、演绎，并推向大众生活，都需要依靠创新。就如同古代（民族）服饰中那些盘扣、刺绣、扎染等工艺（元素）至今已广为大众知晓，就是因为其较早地被设计师利用，并创新成了现代服饰上的独特装饰，故得到了大众的认可和青睐（图10-6）。此种手工艺文化（遗产）的创新转化可被视为未来服装设计的发展方向之一，因为时尚产品的开发宗旨就是寻求创新和标新立异。由于我国古代服饰文化体系庞大，少数民族众多、分布较广、分支很细，还有许多传统服饰手工艺文化或内容未被挖掘出来。若能将这些鲜为人知的手工艺形式转化为当代服饰创新资源或文创产品，势必能为其他工艺门类的创造性发展与创新传承树立典范。此外，创新还需与市场相结合，要创建现代化的电子商务平台，加大传统服饰手工艺及创新产品的互联网营销与市场推广，如目前火热的网络“直播带货”形式就能为传统服饰手工艺及其创新产品的宣传、推广、销售提供绝佳平台。

图10-6　扎染工艺在现代服装中的创新应用

## 三、以设计提升传统服饰手工艺造物文化的创新表达

设计是推动传统服饰手工艺文化创造性转化的具体手段。具体来说，设计师可以深入挖掘传统服饰手工艺、造物形式中的文化内涵，对其造型、工艺、色彩、材质进行分析，并依据形式美法则对其展开新的设计与创意。例如，近年来广受赞誉的故宫文创产品就是在提取故宫博物院馆藏经典文物造型、纹饰、色彩、制作技艺等元素的基础上，将其融入美妆、时尚产品创新设计所形成的。同时，设计师还可运用不同的设计语言和方法，对传统服饰手工艺造物内容或元素进行再度创作。例如，传统服

饰中的刺绣图案由于太过具象，如果直接运用在现代服装中会显得突兀，是故，设计师可以利用计算机软件对这些具象图案进行处理，将其转换为几何形、波点、马赛克等形式的纹样，再应用在现代服装设计中，或许就会相得益彰。此外，设计师还可根据民族服饰制作就地取材的特点，将一些原生态的材料融入设计之中，以满足不同消费者的个性化需求。例如，曾有设计师将民间竹编技艺用于现代包袋设计中，那自然古朴的竹编工艺与现代立体几何式的包袋外形相结合，十分巧妙（图10-7）。可以说，这些创新设计需要设计师深入了解传统服饰文化及民族工艺的特质，体会工匠精神的内涵，并对日常生活进行仔细观察，对未来生活方式进行勇敢探索，方能实现。

图10-7　融入竹编技艺的包袋设计

## 第三节 融入中华优秀传统文化及工匠精神的高校服装设计创新人才培养

传统造物文化与工匠精神是中华优秀传统文化的代表，是我们屹立于世界民族之林的强大自信来源。中国古代造物文化与工匠精神蕴含物质实体与精神思想两个方面。物质实体主要包括各种实际存在物，如园林建筑、生活器具、服装服饰、交通工具等，也即人们根据生活所需创造出来的各种有形物件；而中华传统文化中的精神思想则是以轴心时代为起始的诸子百家争鸣所形成的思想观念及后世对其的传承与发扬，如以孔孟为代表的儒家学派、以老庄为代表的道家学说，以及其他在中国思想史上占有重要地位的学派。[1]这些精神思想左右着古代的造物文化，至今仍对我们的生活、行事具有极大影响，如形神兼备、情景交融、虚实相生、美善相乐、文质彬彬等造物观念均是指导我们当今艺术设计活动的宝贵思想；中华传统文化中那孜孜不倦、精益求精的“工匠精神”对于当代设计艺术教学改革和创新人才培养亦具有

❶ 赵东海，梁伟.中国传统文化精髓述略[J].内蒙古大学学报(哲学社会科学版)，2011(1):62.

重要意义；中华传统民族民间艺术中的祈福辟邪、吉祥寓意图示等更成为当代设计艺术创作值得借鉴的优秀素材。2017年，中共中央办公厅、国务院办公厅联合印发了《关于实施中华优秀传统文化传承发展工程的意见》，提出“要把中华优秀传统文化全方位融入思想道德、文化知识、艺术体育、社会实践等教育各环节中，贯穿于启蒙教育、基础教育、职业教育、高等教育、继续教育各领域”，这为我国优秀传统文化融入教育教学提供了参考，更为当今各学科领域创新人才的培养指明了方向。

事实上，许多国家对于本国的“匠人精神”都极为重视，并将此精神贯穿、融入到教育教学、社会生产、艺术设计的方方面面。借鉴国外的做法与经验，我们或能得到相关启示。

谈到“匠人精神”与设计艺术教育，不能不提日本。日本作为一个岛国，其国土面积狭小，资源匮乏。但如今，日本的制造业举世瞩目，经济发达，这都离不开设计的支持和工匠精神的助力。具体来说，整个日本政府、国家都特别重视教育，提出了“科技兴国，教育立国”的口号。日本设计师传承有序、梯队紧凑，他们都很注重自己的民族文化，且有一种为事业献身的奉献精神和职业操守。日本设计师能将传统工艺中的造物方式与工艺思想结合起来，在秉承匠人精神的同时，结合从欧美学来的先进理念，做到“不破而立”。[1]例如，许多日本设计师极其善于创作融合日本传统文化又极具现代风格的设计作品（图10-8）。秋山利辉曾提道：“无论技术多么优秀，但仅仅只有技术，将很容易被超越，而精神无法很快被模仿。如果精神一流，技术肯定是一流。”[2]这种工匠精神代代传承，并深深融入了日本的各级教育之中。例如，在日本的小学美术课程中，教师会引导孩子们体验和学习传统烧窑、版画、雕刻等艺术创作；在东京艺术大学、金泽美术工艺大学、女子美术大学的设计学科中，更开设有传统服饰制作、木质工艺、金属工艺等传统工艺课程。日本民艺之父柳宗悦就极力倡导本国传统手工艺及其造物精神，并将其称为“民众的工艺”，[3]这种“民众的工艺”及其精神的创造性转化促

图10-8　日本设计师野口勇设计的灯具

---

[1] 刘晶晶.关于日本设计和设计教育的亲历与恳谈[J].装饰，2015(12):36-42.

[2] 秋山利辉.匠人精神:一流人才育成的30条法则[M].陈晓丽，译.北京:中信出版社，2015:131.

[3] 柳宗悦.工艺文化[M].徐艺乙，译.桂林:广西师范大学出版社，2006:85.

成了日本成为世界设计强国、创造强国。

在韩国，“工匠精神”被化作了真、善、美等理念，融入高校的艺术设计教育中。例如，以女性人才培养为特色的梨花女子大学就力求为学生提供一种融合知识与智慧、品德与情感的教育模式，该教育理念始终贯穿于其校训——“真、善、美”之中。“真”就是求真的态度，“善”为良好的品德，“美”是求美的天性。在梨花女子大学的造型艺术学院下设绘画、陶瓷、雕塑、服装与纺织品设计等专业，这些专业的开设充分考虑到女性在艺术方面的先天优势，并将韩国的传统文化与工匠精神逐一融入，以培养具有优良品德、兼具时代洞察力与创新能力的女性美术家和设计师。

德国的设计艺术教育也举世瞩目。作为一个西方工业强国与创新制造强国，德国设计、制造业的发展与其教育体制及工匠人才培养模式密切相关。德国的大学分为综合性大学、应用技术大学、技术学校等。德国的“工匠”社会地位很高，并受人尊重，所以绝大多数学生愿意进入应用技术大学或技术学校成为一名优秀工匠。在应用技术大学中，学生首先在校学习与本职业有关的专业理论知识，然后前往企业或单位接受职业技能方面的培训（学生在校的理论学习时间只有1/3，其余2/3的时间均要在企业从事实践活动）。在此背景下，学生可以提前了解行业规范与社会所需，企业里“师傅”传授给学徒的也都是在生产一线最为实用的新知识、新技术。经过这种“双元制”的教育培养，学生即能成为独当一面的优秀工匠人才。

在美国，工匠精神过去常与国家大开发及科学家精神联系在一起，后逐渐融入教育理念之中。美国的工程教育强调在动手实践过程中培养学生的创新兴趣及解决实际问题的能力。例如，杰佛·图利（Jeff Tully）创办的工匠学校通过让学生在真实的环境下创造实物来培养他们的匠心。从设计艺术专业教育来看，不同高校的图书馆（博物馆）均藏有较早时期反映美国文化艺术发展和科学家轶事的文献（文物），如罗德岛设计学院（Rhode Island School of Design）就藏有美国各历史时期的传统艺术品、艺术创作及著名工匠的图书资料，设计艺术类学生可在此了解本国历史与传统文化艺术的发展变迁历程，并将某些理论运用到自己的创意设计中；蒙特霍利约克学院（Mount Holyoke College）则非常注重学术责任的教育培养，其对教师的理论基础、技艺水平、创新能力、学术规范等提出了较高要求，认为只有优秀的教师才能培养出优秀的学生……这些举措都为工匠精神引领美国成为“创新者国度”提供了保障。

英国曾一度推行“现代学徒制”，该制度不仅重视技能培训，还十分注重精神的培育（这亦可被视为一种“软技能”培训）。英国政府在1987年4月颁布的《高等教育——应对新的挑战》中提出："受过高等教育的学生不仅要接受学术的、专业的和职业的教育，他们在毕业时，还要具有有助于复兴经济所需的能力、技能、态度和价值。"[1]19世纪下半叶，英国兴起了一场"工艺美术运动"（也称"艺术与手工艺运动"），该运动的主要发起人——约翰·拉斯金和威廉·莫里斯在目睹工业革命后，大批量工业化生产造成产品设计水准急剧下降的情况下，倡导传统手工艺的复兴，力图重建手工艺的价值，认为手工艺能提升产品设计的内涵。在当代英国的设计艺术教育体系中，其专业设置、课程内容都紧紧围绕国家与社会的需求展开，并不断强化学生对于本国优秀历史文化的学习。"工艺美术运动"时期重视手工艺及匠人精神的理念在当代设计教育中得到了传承。

此外，法国、意大利、瑞士等文化教育强国在传统手工艺、匠人精神与设计教育、人才培养的结合方面也体现出本国的特色。我们可以从这些国家的传统文化对接当代设计教育模式中得到启发，形成中国特色"创新型工匠设计人才"教育与培养的新思路。具体来说，即要将中华优秀传统文化中的思想精髓融入设计教育的办学理念、培养目标、专业建设、课程内容、实践教学、校园文化等各方面，开创中国特色创新型设计教育与人才培养的新局面。

青年是祖国的未来，是民族的希望。因此，将中华优秀传统文化、工匠精神融入教育教学体系，培养青年学生树立起正确的思想价值观、掌握扎实的专业技能，是当代教育者需要思考的。对此，笔者提出以下几点举措。

## 一、将中华优秀传统文化及工匠精神融入教学理念

所谓教学理念，即有关教育教学方法的观念。这是教育主体在教学实践过程中形成的对"教育应然"的认识与理解，也是一所学校、一个专业的教学目标及指导思想，其对于教师的教育观念、学生的专业认同、人格培养均具有重要意义。在中华优秀传统文化及先哲的思想中就含有诸多宝贵的教育理念，如儒家提出的"仁义礼智信"，即是为人树立良好品性的箴言；《中庸》亦强调："博学之、审问之、慎思之、明辨之、笃行之，笃行之……"，勤奋的学、思、行的一致，既是求学之道，也是为人之道。艺术设计（如服装设计）的目的是为人造物、为人们创造更加美好的生活。其设计出的物品要满足人们实际生活与精神的需求，而非仅仅只是徒有外表的浮

[1] 姜勇.从"自在整体性"走向"自为整体性"——"碎片化"世界工匠精神培育的现代性困境与中国方案[J].职业技术教育，2020(22):29.

夸装饰。孔子在《论语·雍也》中也提道："质胜文则野，文胜质则史，文质彬彬，然后君子"，他强调文采与内涵不可偏废，二者有机结合、相得益彰才是完美的。对于设计活动来说，即要做到形式与内容的有机统一。庄子提出"朴素而天下莫能与之争美"（《庄子·天道》）、"既雕既琢，复归于朴"（《庄子·山木》），论述了自然状态下的质朴才是美的，美的事物是内在良好本质与外在适当修饰下结合而成的。墨子提出"为衣服之法，冬则练帛之中……故圣人之为衣服，适身体和肌肤而足矣"（《墨子·辞过》），他强调，造物活动是以人的使用感受为目的的，这与物的奢华程度无关。在服装设计专业的教育理念中融入中国优秀传统思想与伦理精神，能让学生树立起对中华优秀传统文化、造物理念与工匠精神的敬重心理，对于完善他们的世界观、人生观、价值观及引导其正确学习专业知识具有重要意义。在此教学理念中，还应强调以行业劳动模范、工匠大师为榜样，让学生认识到劳模精神、工匠精神对于促进社会经济文明发展所起的巨大作用。[1]

## 二、将中华优秀传统文化及工匠精神融入教学内容

服装专业教育工作者要善于梳理我国传统服饰造物活动中"匠人精神"与中华优秀传统文化之间的源流关系。例如，从古代典籍中提炼、界定"工匠精神"的概念与思想内核，将这一精神的表达、传承形式与当代服装设计教学方法、内容相结合。要辨析中国传统伦理、美学观念对古代服饰造物风格、行为的影响；挖掘传统服饰造物手工艺文化及其类别（纺织类、印染类、缝制类、刺绣类、绘画类等）和工匠精神的表达。具体来说，可将传统服饰造物活动中言传身教的教育方式与高校服装与服饰设计专业教学工作室模式相结合；将传统服饰造物中那追求卓越、精益求精、专业敬业的工作态度、创新精神融入服装与服饰设计专业的教学方法理念之中；将不同的手工艺造物方式纳入服装设计专业课程的教学内容中，让学生体会到"匠人精神"对于做好、设计出一件优良服饰物件的重要性。此外，在专业理论课程中，还要加强引导学生对于中国传统服饰史论和工艺论著的学习，如将《舆服志》《考工记》《绣谱》等列为必读书目，让这些传统文化经典继续发挥作用，以提升当代大学生的文化内涵。

[1] 张麦秋，刘三婷.培育弘扬劳模精神和工匠精神 培养高素质技术技能人才[J].中国高等教育，2019(21):62.

## 三、将中华优秀传统文化及工匠精神融入实践教学

实践教学是除了理论教学之外的其他各种类型的教学方式，它突破了以书本知识为中心、以教师为中心、以课堂教学为中心的“三中心”范畴。[1]针对服装与服饰设计这一注重实践与动手能力的专业，培养学生的实操技能尤为重要。一方面，可以借鉴德国教育体系中的“双元制”模式，结合各校具体情况，以学校为技艺理论学习的场所，以企业为技艺实践操作的基地，校企双方对接合作，共同制定人才培养方案，并针对行业标准及市场需求开发核心技能课程，还可聘请企业一线“工匠”担任兼职导师或技能师傅，推行“大师（企业技术师傅）+教师（学校教师）”的联合教学模式。[2]另一方面，学校还应开展产教融合，积极探索“创新创业教学实践”模式，依托大学生创新创业实践基地，开设创新创业课程，搭建创客空间等平台，让实践教学务实、落地。[3]

进一步来说，教师可以申请一些校企合作项目，邀请学生参与，还可带领学生走访企业车间并参观服装生产流程，让他们深入体会到这些项目的实际意义及服装产品制作规范。田野考察对于学生了解我国民族服饰文化及手工艺工匠精神也具有重要意义，尤其是许多少数民族的传统服饰制作技艺、织锦技艺、染织技艺、锻造技艺等都已成为非物质文化遗产，教师可以利用采风课程带领学生前往这些民族地区考察，让学生跟随手工艺人、传承人学习相关的纺织、印染、服装制作技艺。此外，学校和教师还可将传统服饰造物中的工艺类别和匠人精神作为毕业设计主题，引导学生对其进行创新、创作。例如，以传统印染工艺为主题的服装（服饰）毕业设计创作、以传统刺绣工艺为主题的服装（服饰）毕业设计创作、以传统纺织（编织）技艺和面料再造为主题的服装（服饰）毕业设计创作均能让学生主动掌握这些独特的工艺技法（图10-9）。在毕业季，学校可将这些主题毕业设计创作进行联合展演或与相关美术馆、博物馆、文化艺术馆展出进行对接，作为教学成果向社会汇报，这不但能有效展现、传播传统服饰文化与手工技艺，还能帮助学生树立起民族自信、文化自信。

---

[1] 杨寿堪.从教与学的关系看大学创新人才的培养[J].北京师范大学学报(人文社会科学版)，2002(3):110.

[2] 杨红英，潘俊.论传统手工艺企业师徒传承[J].经济与管理，2020(1): 83.事实上，在古代，职业技能教育是一种全程化的教育模式，即师徒一起生活、学习、探讨、钻研技术。师父通过自己示范和在指导徒弟的过程中传授技术经验，以具体事例说明行业规范，学徒则对工师做好的模板(“立样”)进行模仿、学习，直至掌握具体器物制作的标准和规范(“程准”)，最终成为“不肃而成”“不劳而能”的匠人。同时，他们还能在此过程中不断创造新的技法、样式和风格，这势必能为当代专业技能教育提供参考。[参见薛栋.论中国古代工匠精神的价值意蕴[J].职教论坛，2013(34):96.]

[3] 曹胜强.中国匠心文化赋能新时代应用型人才培养研究[J].国家教育行政学院学报，2020(4):39.

图10-9　融入少数民族织锦工艺元素的服装毕业设计作品效果图

## 四、将中华优秀传统文化及工匠精神融入校园环境

校园文化环境能通过校园的一草一木、建筑景观、橱窗内容、文化活动等对学生进行熏陶，潜移默化地影响他们的语言习惯、行为方式、价值观念。是故，将中华优秀传统文化及工匠精神适宜地融入校园文化环境建设中尤为重要。例如，校团委、宣传部等部门可以定期举办不同类型的中华传统工艺美术、民俗文化、"非遗"技艺进校园活动（图10-10）；在学校多媒体平台、宣传栏和文化墙中播放、展示中华优秀传统文化、工匠精神的节目内容（如中华传统思想典籍介绍、工艺美术类型介绍等）；还可以择机宣传工匠、劳模故事，展示能工巧匠、大国工匠及高素质劳动者的先进事迹和光辉形象，以增强学生们对于大国工匠的崇拜之情。此外，学校还可通过校园文化节和非物质文化遗产日等活动，邀请著名文化学者、企业家、艺术家、传承人等来校讲学、讲座，让校园成为传播与传承中华优秀传统文化及工匠精神的"宝地"。

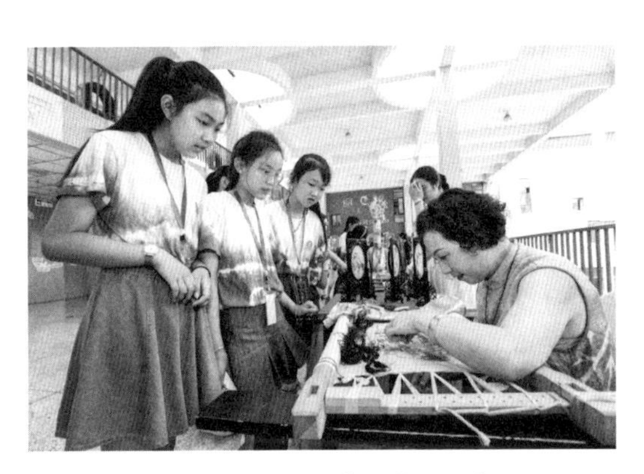

图10-10　某校举办的"非遗"进校园活动

总的来说，传统服饰造物文化是中华优秀传统文化中的瑰宝，特别是传统服饰手工艺制作中那细致入微、孜孜不倦的“匠人精神”正是中华工匠精神的缩影。这种“匠人精神”是当代青年一代必须加以学习和传承的。同时，传统服饰手工艺造物文化中的物化形态、美学特质、创作方式与当今服装与服饰设计专业的课程建设、教学内容等具有一定的契合性。目前，我国正在努力创建创新型国家，创新型国家的建设需要更多的创新型人才，艺术设计专业作为创新型人才培养的“摇篮”，理应肩负起这一使命。在国家倡导对于中华优秀传统文化学习、传承，以及大力弘扬“工匠精神”的时代背景下，将传统文化、工匠精神和专业教学融会贯通，是推进中国特色“创新型工匠服装设计人才培养”的有力举措。

# 第十一章 迈向未来的大国工匠精神与服饰设计

“工匠精神”作为一种工作方式、一种职业信仰、一种处事态度，已成为推动人类社会发展的重要引擎，在人类社会的过去、现在发挥了至关重要的作用。[1]如今的“匠”也超越了字面上的意义，演变成技艺精湛、精业敬业、德艺双馨、造诣高超的代名词，其在任何领域、行业都适用。[2]“大国工匠”是各历史时期工匠造物文化典型化的体现，其对于国家强盛和人类社会福祉具有重要意义。可以说，经济的每一步发展、科技的每一场变革、社会的每一次进步都与工匠精神的延续与传承息息相关。各历史时期的工匠创造了彼时丰富多彩的造物文化，满足了人们日益增长的物质与精神需求，推动着人类社会与文化的发展进步。特别是在科技迅猛发展、全球化进程不断加速的时代背景下，我们需要广泛吸纳并融合世界不同文化中的“工匠精神”，以“设计强国”“创新发展”的理念与行动助推中国经济的腾飞，为实现中华民族的伟大复兴而努力。

## 第一节 迈向未来的大国工匠精神是各历史时期典型工匠精神文化的有机融合

工匠精神既是个人的，也是民族的。说它是个人的，是因为工匠是一个

❶ 邹其昌.“中华工匠文化体系及其传承创新研究”的基本内涵与选题缘起——中华工匠文化体系系列研究之五[J].创意与设计，2017(3):10.

❷ 谭璐.基于多主体协同的“工匠精神”培育机制构建[J].天津中德应用技术大学学报，2021(1):79.

个具体的人，工匠精神是通过一个个生产环节、一件件产品体现出来的；说它是民族的，是因为所有的工匠都是在一个国家和民族文化中成长起来的，这些工匠及其精神的积淀汇聚，能成就一个国家的物资、工业发展，铸成"当惊世界殊"的大国重器。在这些"大国重器"的设计、制造中，凝聚着工匠的心血，凝聚着民族性的匠人精神。[1]至此，"大国工匠"的概念得以形成。"大国工匠"是指在国家的发展与建设中，在各行各业、各领域涌现出的一批拥有专业技能和高超技艺的匠人，他们在自己的工作领域通过不断地学习与长期的经验积累形成了爱岗敬业、精益求精的职业理念与工作态度，这一精神不仅在本国叫得响、具有影响力，而且还能在世界范围内被广泛赞誉和传播。

具体来说，"大国工匠"的服饰设计应包含各历史时期的工匠造物文化与精神内涵。首先，它应体现传统手艺工匠造物文化中那孜孜不倦的劳作精神——注重细节，追求卓越和完美，不惜花费更多的时间与精力，对物件进行反复修改与完善；其次，应显现机械工匠造物文化中那诚心正意、术业有专攻、靠质量取胜的钉子工匠精神——打造没有瑕疵、最为精良和优质的产品；再次，应融入数字工匠造物文化中那科学、智慧、高效的工匠精神——以用户的需求和审美体验为导向，立意创新，在产品的人性化服务上做足文章，在工艺和技能上挑战诸多的"不可能"。

有了上述不同类别工匠造物文化与精神内涵的融入，未来的服装很有可能是这样一种形态：当气候发生变化，你无须担心穿多穿少的问题，因为服装能随着外界的温度进行自我调节，始终让人体感受到最舒适的温度；你也无须喷洒香水，因为服装能根据你的体温和情绪变化散发出不同的香味；甚至你能将自己运动所产生的动能通过服装中的特殊传感器转化为电能，给身上携带的手机、电子设备充电……

《中国制造2025》提出的战略任务之一就是要通过利用智能制造技术对传统产业进行改造升级。服装业作为一种传统产业，其欲在未来取得更好的发展，就必须与材料科学、电子信息、计算机技术、美学设计等"联姻"，要利用高科技、智能化、数字化技术来自我革新。是故，传统服装行业的竞争将会不断加剧，未来智能化、数字化服装设计与产业必将引领潮流。

对此，中国纺织服装界的工匠们已经意识到了这一点，他们展开了多方面研究，如一些纺丝用的、比头发丝还细的、直径只有约0.06毫米的微孔加工器被开发出来，此加工器可用来生产更为精细的纤维，这些纤维织成的面料

[1] 李砚祖.工匠精神与创造精致[J].装饰，2016(5):13.

性能堪比天然蚕丝，甚至更为细腻，其制成的服装体感也极为舒适。

图11-1 “和美”纯银丝巾果盘造型

2014年，APEC峰会在北京举办时，我国将30块“和美”纯银丝巾果盘作为国礼送给了外国领导人的夫人，果盘上的纯银丝巾让她们误以为这是一条真的丝巾（图11-1）。实际上，这是“非遗”——“金银细工制作技艺”的当代创新运用，其出自唐山遵化的匠人之手。制作时，需在一整块银板上，使用平錾、浮雕錾、丝錾、镂錾等手法，将丝巾细节之处的缕缕丝线和竹篮的藤条肌理效果展现出来。此果盘上的“丝巾”就采用挤、压、靠、采、抬等技法先錾出形状，再用极其细致的丝錾工艺做出经纬线，利用经纬线不同的折光方向使花纹显现，从而形成丝织品的真实质地效果。[1]另外，中国的工匠们还在进行有关人因工程、高性能面料、服装数字化试衣系统、智能穿戴设备的研究（图11-2），他们将服装的舒适性、功能性与审美性有机融合，以为人类提供更好的服装装备而努力。

图11-2 智能穿戴设备互联系统

艺术美学研究专家高尔太曾说过：“社会科学、人文科学同自然科学相结合，这是当前伟大的时代潮流”，[2]这也是未来社会发展与产品创新的必由之路，它需要依靠大国工匠及其工匠精神来参与。

当下，我国在经济产业领域提出了“中国创造”“大国制造”“创名牌、出精品”等口号，这是供给侧结构性改革的重要内容，也是全面提升产品质量与服务水平的总体目标。

“大国工匠”精神的核心是爱岗敬业、精益求精的职业理念、工作态度和创新精神，也是以“治事”与“安身”作为实践规范的每个公民应该奉行的行为准则，更是跨文化、跨地域的人们在工业化进程中共同认可和践行的道德理念。现代“工匠精神”的培育需要构建正确的价值观、合理的职业回报机制，通过专业标准的规约与榜样人物的引领，以提升工匠们的社会荣耀感

[1] 李如意.遵化金银细工技艺:银丝国礼传“和美”[N].北京日报，2020-09-04(15).

[2] 高尔太.现代美学与自然科学[C]//钱学森，刘再复.文艺学、美学与现代科学.北京:中国社会科学出版社，1986:378.

与社会责任感。[1]

“让世界变得更美好”是全人类共同企盼并为之努力的目标。作为世界上人口最多的国家和最大的经济体之一，中国有责任和义务为人类社会谋福祉、为世界的良好有序发展贡献力量，而这种力量的来源和实现需要我们将传统工匠精神与当代工匠精神有机融合，并在可持续发展的前提下，在技术伦理的规约下，在教育教学的传承中不断推进。

## 第二节 融入大国工匠精神的未来服饰设计对于促进社会文明发展具有重要意义

在后现代语境下，消费社会已成为一种新常态，“大国”作为一种经济和文化意义上的国家形式，必然要在世界经济和文化领域树立起自己的话语权，这就是工匠精神的“民族志”。从服装与服饰设计领域来看，未来的大国工匠不仅要具备扎实的设计能力，掌握先进的智能制造技术，还需了解目标用户的实际需求，联合不同部门进行相应服装产品的设计。

正所谓，当前新一代信息技术正在与制造业联姻、联动，并促成了新的生产方式、产业形态和商业模式。“工业”与“互联”两个关键词的叠加，在全球范围内引发了深远的产业变革。正如《三体智能革命》中提到的“三体智能模型”，即“物理实体”“意识人体”“数字虚体”三体之间的相互作用与融合，正在影响工业体系的转型升级、智能制造的发展变革，并改变我们生存的世界。[2]事实上，除了人类本身外，似乎所有的人造设备、系统都将插上“智能化”翅膀。例如，目前已出现的数字化制衣设备、虚拟卖场、智能机器人等。未来的数字化生产系统不仅可以一改往日成本较高、能耗较高、周期过长的传统服装工业生产模式，还能通过大数据、智能化等实现全社会知识与服务的共建、共享。

可以预见，未来的社会发展将会在一种文化包容、共生共享的形态中展开。未来的服饰设计与造物文化也将在道德与伦理、理性与感性、科学与人文之间的融合中产生，在主体间性的平等对话中延续。而在虚拟经济、信息化、数字化、网络化及全球化的时代背景下，社会关系的进一步契约化、法

---

❶ 刘自团，李齐，尤伟.“工匠精神”的要素谱系、生成逻辑与培育路径[J].东南学术，2020(4):80.

❷ 胡虎，赵敏，宁振波，等.三体智能革命[M].北京:机械工业出版社，2016:12-15.

治化，精神生产的进一步非神圣化和平民化，人们之间交往、交流的进一步平等化正预示着此种新的文化形态的诞生。是故，虚拟现实技术、增强现实技术、混合现实技术、无人驾驶、智能穿戴等高科技产业的发展会将人类文明推向一个更高的山峰。

同时，在以“大国工匠”为导向，树立“工匠精神”的整体目标中，不得不考虑国家设计策略与文化创新发展的制度问题。例如，芬兰、日本等国都将“设计”作为国家政策予以扶持，甚至将“设计”提升到国家政治的层面，让设计创新成为服务国计民生和推动国家强盛发展的引擎，这对于我国设计政策的制定和工匠精神的延续具有积极的参考意义。

芬兰是依靠“设计立国”实现成功转型的国家之一。芬兰政府长期以来将设计视为一项国家品牌工程来建设，其认为“设计具有知识转移器的作用，……在合作与竞争同在的系统中，能与系统各组成要素间产生良好互动。”[1]这种高度重视和支持设计的态度，造就了芬兰成为举世公认的创新型国家。芬兰的设计政策实施由中央政府进行监督和指导，同时保证各机构独立行使职能和跨部门合作，相关部门根据各自的能力与资源寻找施行该方案的手段——这即从立法的层面保证了作为国家政策的设计策略的实施以中央政府为统一领导，以多部门、跨领域、多学科联动的方式来推进，为实现“运用设计增强国家竞争力”战略提供了有力保障。此外，芬兰还通过国家科学院对设计基础研究进行资助，设立国家技术创新基金对设计技术研究进行奖励，并对企业的设计研发活动进行扶持与成果转化。[2]其措施包括：“支持开展设计研究标准的制定；鼓励企业在产品研发和经营战略中的设计推广；扶持本土设计公司的发展并增强其服务运作能力；在教育和研究机构增设设计专业，并对本国不同类别的设计院校人才培养目标进行明确分工等。”[3]芬兰政府认为，在既有的工业基础上，国力的增强来源于知识的创新，制定“设计国策”的目的就是要通过设计教育、培训、研究与实践对接融合，促进国家创意创新体系的健全与发展。为此，他们提出应对设计教育的内容、质量和定位进行评估，区分大学和职业技术学院在人才培养过程中所起的不同作用。例如，大学类高校应强调并突出其研究型设计教育和设计管理教育的人才培养模式；综合性工艺学校应谋划不同设计门类和专业导向

---

❶ TEUBAL M. What is the systems perspective to Innovation and Technology Policy (ITP) and how can we apply it to developing and newly industrialized economies?[J]. Journal of Evolutionary Economics, 2002, 12(1): 233-257.

❷ 陈朝杰，方海.芬兰新旧国家设计政策的对比研究[J].装饰，2016(8):118-120.

❸ 陈朝杰，方海.基于可持续发展理论的芬兰设计政策的研究[J].包装工程，2014(6):69-71.

的教育体系；职业学校和工业艺术学校应培养拥有过硬技术并能协助设计师进行工作的匠人。[1]如此一来，各级、各类教育机构都能发挥出他们的特色与优势。

综上，我们能感受到“工匠精神”在芬兰国家设计政策中的体现，即“工匠精神”是有着不同定位的：在大学级别或层次的教育体系中，工匠精神就应与设计理论、人文社科研究相结合，要紧扣当今世界文化艺术与设计发展的脉搏，用前瞻性的思想来引导工匠造物文化的发展和知识技能水平的提升，这样能保持设计始终充满活力且成为可持续发展的战略手段；而在职业技术学院和应用科技大学的教育体系中，工匠精神就需“接地气”，要与本国设计产业和大众实际生活需求相结合，倡导教师对学生设计实践与动手能力的培养，让工匠精神落地、务实，真正服务于民、造福于民。

鉴于此，我们可以重新定义“工匠精神”，并将工匠精神提升到国家顶层设计的高度来论证。[2]国家是由不同社会人所组成的集体，社会是一个庞大的开放系统，各种行业、各类职业将人们的工作和生活紧密地联系起来，把人与人之间的关系直接或间接地勾连起来，形成了一种动态的、可持续的社会生产关系。依据马克思关于“生产力与生产关系”的论述可知，先进的、有活力的社会关系或生产关系能促进生产力的发展，这对于整个国家的进步亦具有不可言喻的意义。而大国工匠精神凝练并渗透到社会关系或生产关系之中，作为上层建筑和意识形态的一部分，就能作用于影响生产力的关键因素——每一个社会人。如果每一个社会人都能在自己的岗位上不断进取、奋发图强，形成“人人为我、我为人人”的态度与奉献精神，那么，一些服务国计民生的行业就能为人们提供更为优质的产品与服务。这样一来，每个人工作的态度都是极为认真负责和精益求精的，人与人之间的关系也是相互信任与和睦友好的，“中国制造”也便能经由“中国创造”转变为“大国创造”，包含服饰产业等在内的各行各业就能为社会发展提供源源不断的动力，为国家的建设添砖加瓦。

### 一个普通农民身上的“工匠精神”——大豆蛋白纤维的研制

一直以来，以涤纶、锦纶、黏胶为代表的各种化学纤维最早都由国外科

---

[1] 王所玲，方海.芬兰政府在设计方针上的重要规定(一)[J].家具与室内装饰，2003(3):82-86.

[2] 2019年，中华人民共和国国务院《政府工作报告》提出了一系列系统培育工匠人才的举措，如“实施职业技能提升行动、从失业保险基金结余中拿出1000亿元，用于1500万人次以上的职工技能提升和转岗转业培训、健全技术工人职业发展机制和政策、加快发展现代职业教育等”。

研人员研制出来，国外也在这些技术中取得领先地位。然而，2005年，一种“植物蛋白质合成纤维及其制造方法”分别被中国国家知识产权局和联合国产权组织授予“中国专利金奖”和“世界发明专利金奖’，这是自我国设立专利奖以来唯一被授予的个人发明金奖。该技术的发明者是我国河南的一位普通农民——李官奇，李官奇研制出的新型植物蛋白质改性纤维简称“大豆蛋白纤维”，其以轧油后的大豆废料为原料进行纤维提取，生产出的纤维具有天然蚕丝的优良性能，又具有合成纤维的某些特征，是不折不扣的“绿色纤维”。用大豆纤维面料制成的服装等产品不仅舒适、美观，而且还具有免烫、保健等优势（图11-3）。该纤维后被国际纺织界称为全球“第八大人造纤维”，它实现了世界化纤史上我国原创技术“零”的突破。

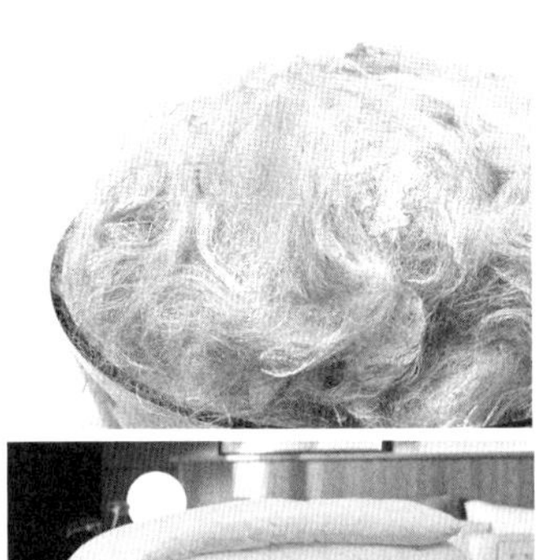

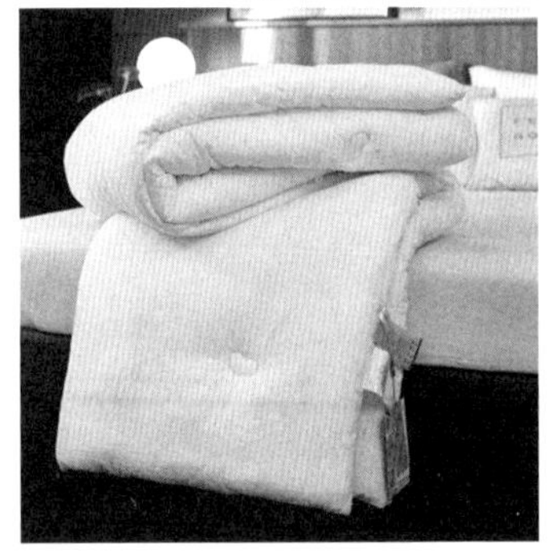

图11-3　大豆蛋白纤维及其制品

作为一直在田野中劳作的普通农民，李官奇发现大豆豆粕等农作物废料如果就这样焚烧，实在可惜，于是，他思考能否将这些废料再次利用。从1991年开始，李官奇就开始钻研、试验，尝试利用大豆豆粕等农作物废料提取蛋白质，制作纺织纤维，经过十余年艰苦的研制，终获成功。该项技术也为我国自主开发、研制成功并投入工业化生产的化纤制品树立了典范，具有极高的产业效益与经济价值。

——摘自刘元风、胡月《服装艺术设计（第2版）》，

中国纺织出版社有限公司，2019，第163页

在承认工匠文化及工匠精神对于国家富强、人民幸福和社会进步的积极作用基础上，应确立工匠应有的社会地位，要通过社会宣传，营造一种“技术立身、劳动光荣”的正能量氛围。国家一方面应鼓励工匠在本行业刻苦钻研，提高技术水平与服务质量，为人民提供满意的产品和服务，另一方面要把高级工匠当作不可多得的人才，尊重他们的劳动成果，给予他们突出贡献的奖励。将这两方面有机结合所形成的良好社会氛围才能使大国工匠愉快地工作、舒心地生活，并创造出更多的辉煌。如此一来，社会上各行各业的工匠就会自然而然地后继有人，其匠人精神也就能世代相传、发扬光大。在此意义上，我们的工匠精神就站在了人类精神文明的制高点，它以国家的富强为己任、以人民的幸福为宗旨，必将成为一种超越时空的时代精神获得永存。

不得不说，在当今世界科技导向、美学范式与设计转型的时代背景下，以严格的工艺技巧、执着的奋斗目标、创新的开拓精神为基底的中国工匠文化正在崛起。这是从概念术语、理论范畴到逻辑架构等层面形成的一套中国人的行为处事原则，其不仅融入在航空航天、船舶舰艇等国之重器的制造中，还渗透进服装服饰、智能产品等日常生活事物中。这种造物文化与工匠精神是中华工匠文化的整体性诠释，是中华优秀传统文化的创新演绎。我们有理由相信，作为“工匠文化”的独特存在及价值根源——“工匠精神”，必将在开放创新、兼容并蓄、严谨务实的国度中永存，为提升中国造物品质、发展中国服务创新、助力中国创意设计提供源源不断的动力，为实现中华民族的伟大复兴和社会主义文化大繁荣贡献力量。

# 附　录

中国传统服饰融入了博大精深、兼收并蓄的中华文化。笔者在高校服装与服饰设计专业授课十余年，近年来，将中华优秀传统文化引入课程，取得了良好的成效：一方面，随着中华传统文化的复兴（如中国传统服饰在当今社会的热度）被提上日程，青年学子对于传统文化表现出浓厚的兴趣，他们试图对这些经典的传统服饰进行改良创新；另一方面，让学生对我国古代经典服饰进行审美分析、文化研究和元素提炼，能让他们更为深入地了解我国传统服饰中蕴含的工匠精神与文化内涵，并在创新设计中提升艺术表达能力。

以下展示的是笔者在《服装设计基础》课程中，引导学生选取中国传统服饰中的经典服饰形制，运用点、线、面等元素和五大形式美法则（对称与平衡、对比与调和、比例与分割、节奏与韵律、变化与统一）对其进行创新设计的作品，希冀能为传统服饰的当代创新演绎和设计教学改革提供参考。

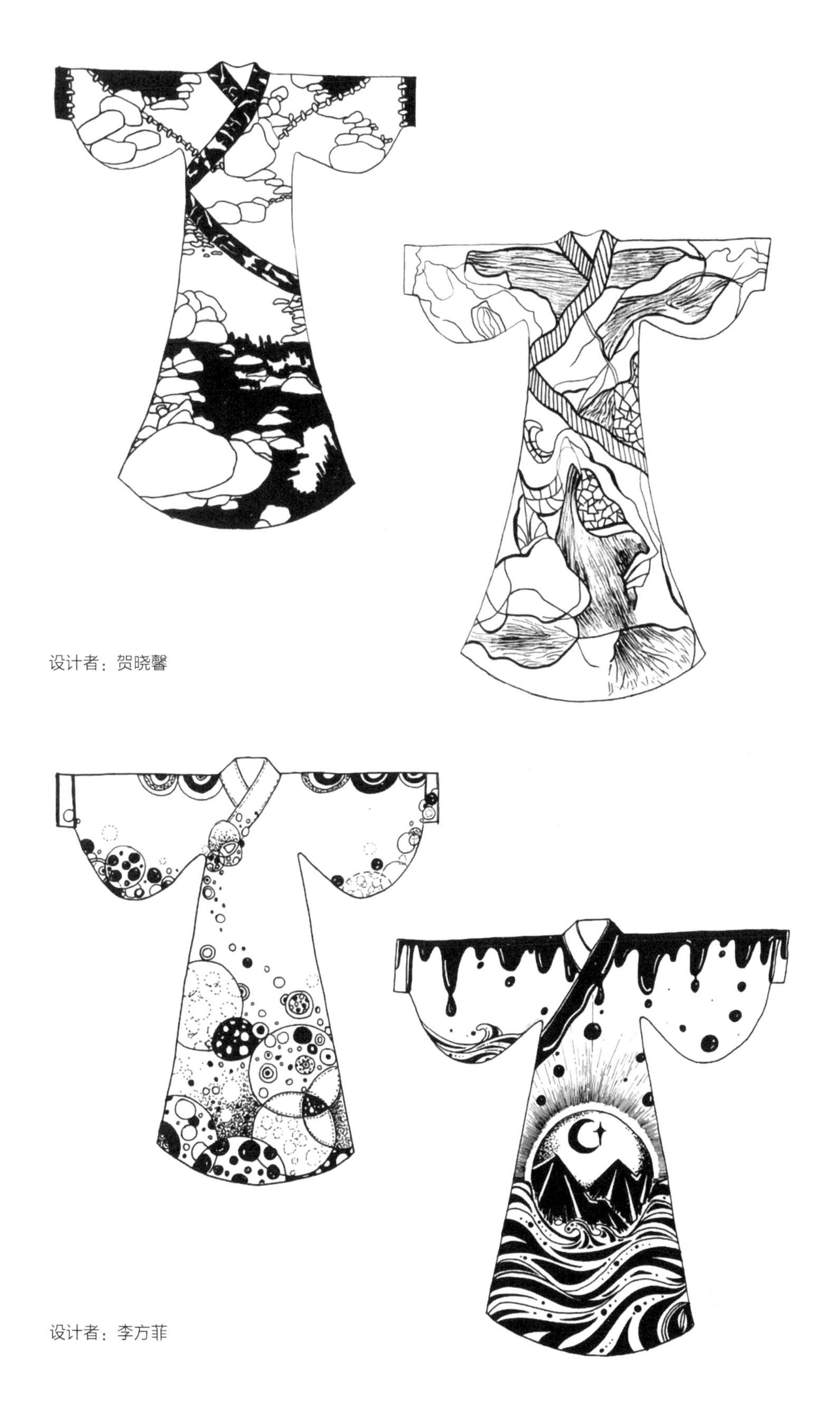

设计者：贺晓馨

设计者：李方菲

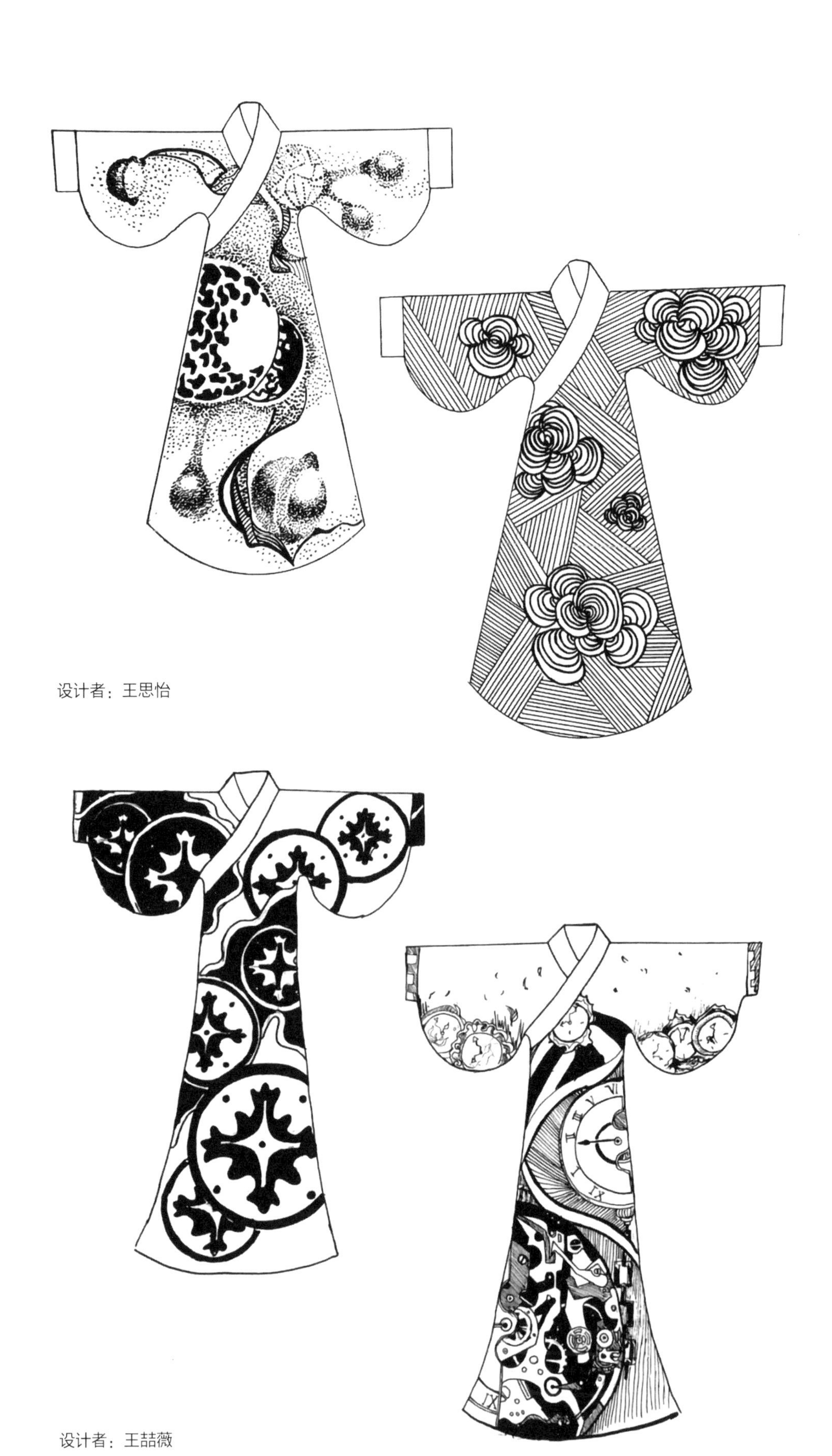

设计者：王思怡

设计者：王喆薇

设计者：顾娟

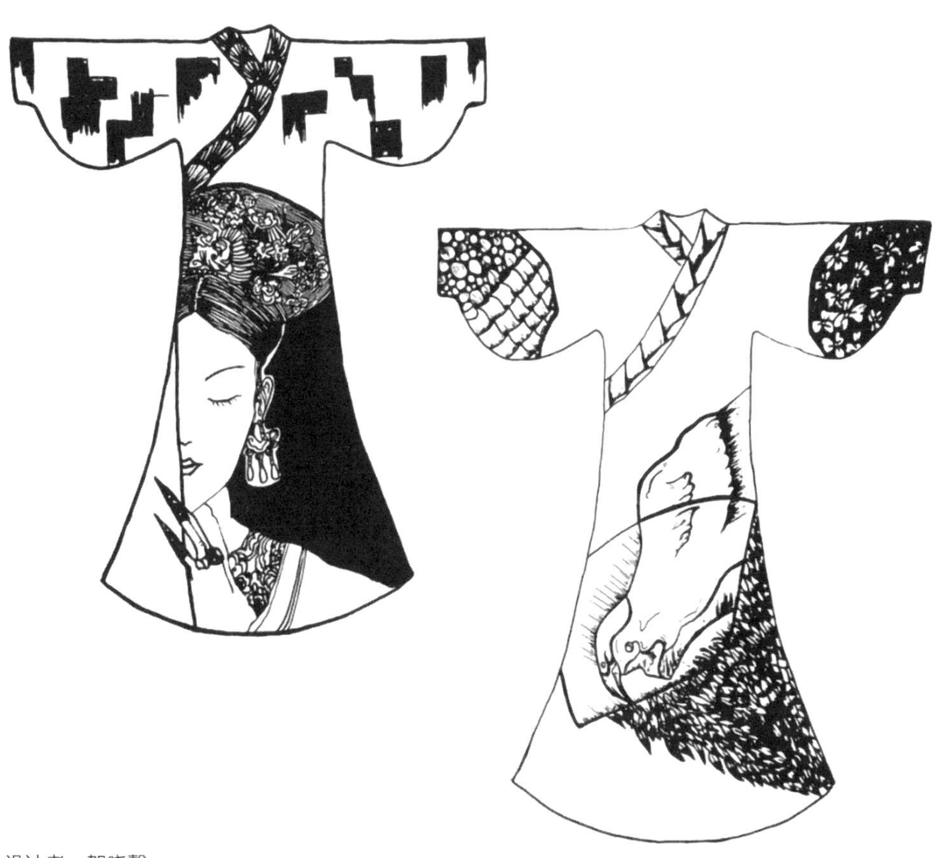

设计者：贺晓馨

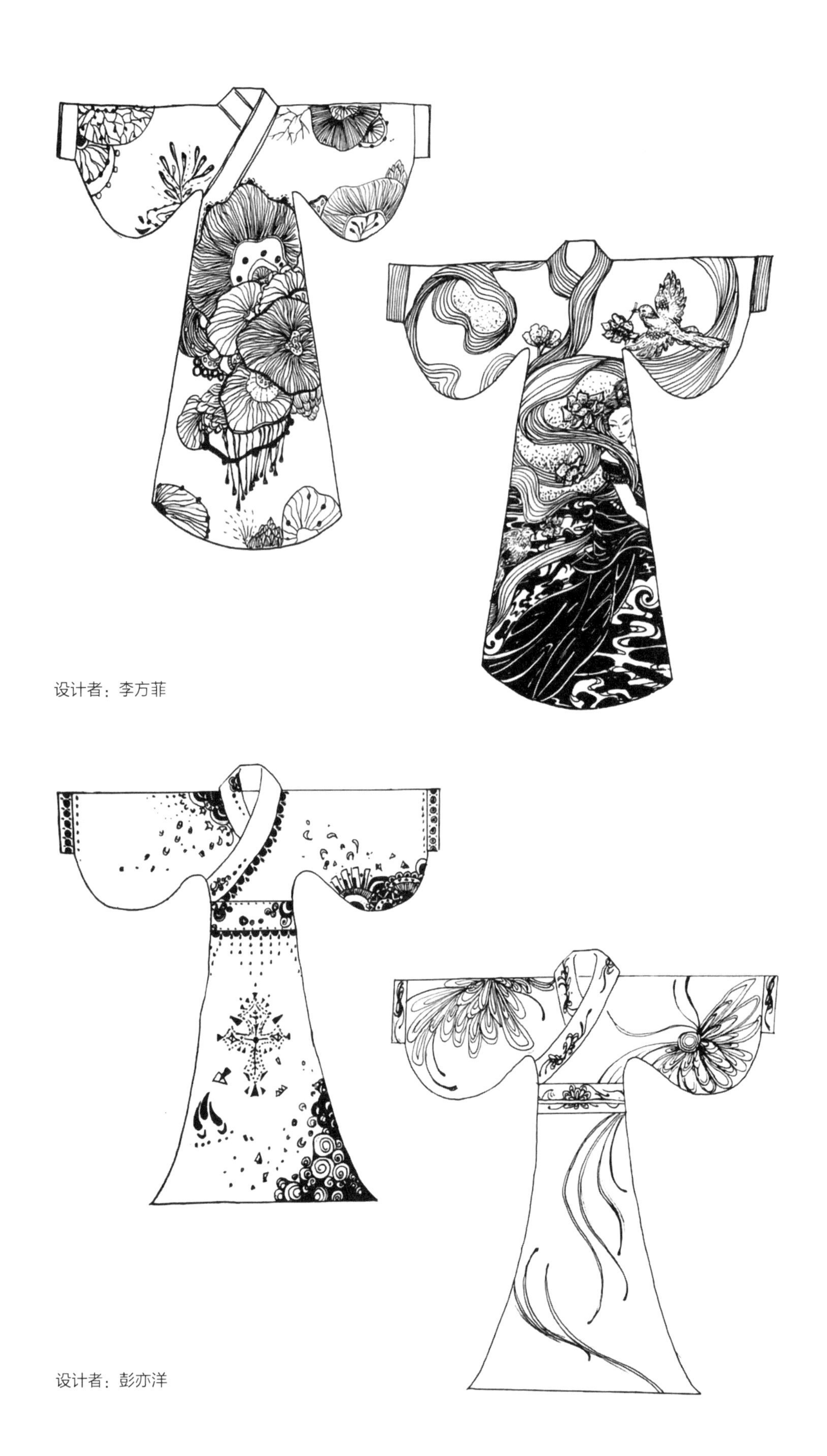

设计者：李方菲

设计者：彭亦洋

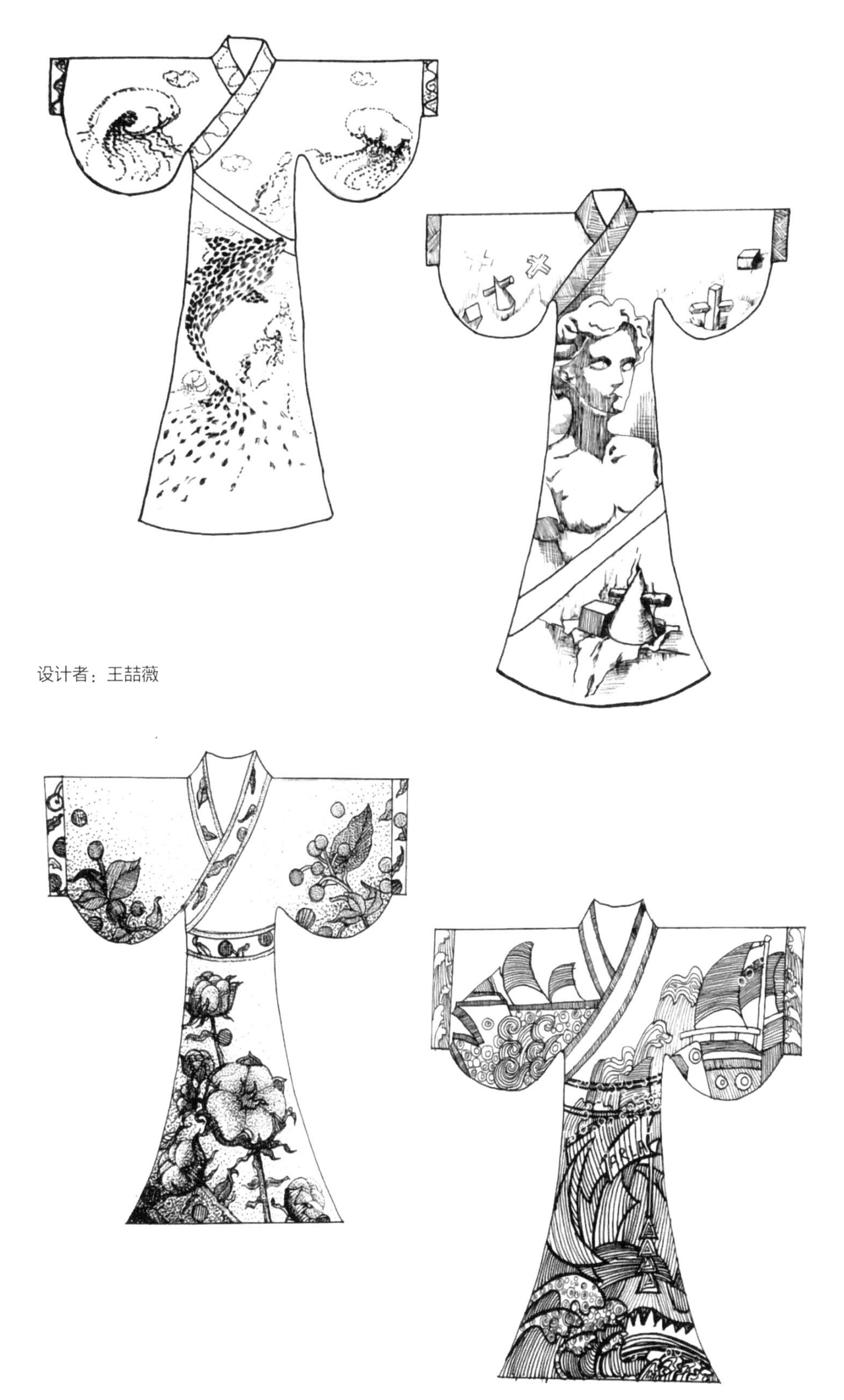

设计者：王喆薇

设计者：张燚

设计者：侯薇

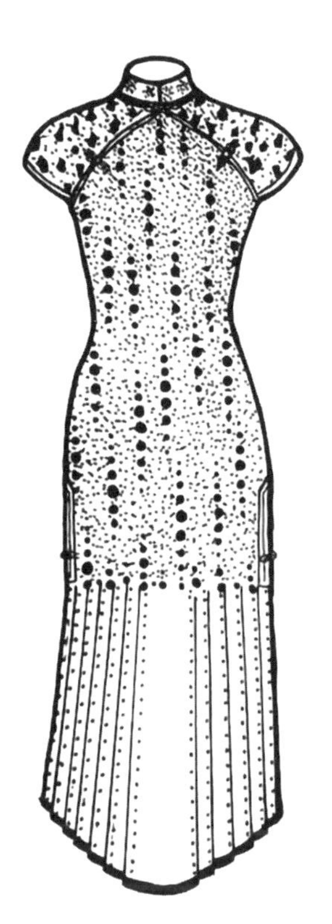

设计者：李欢

设计者：王宇

设计者：杨晨

设计者：杨丽芳

设计者：张彩彩

设计者：侯薇

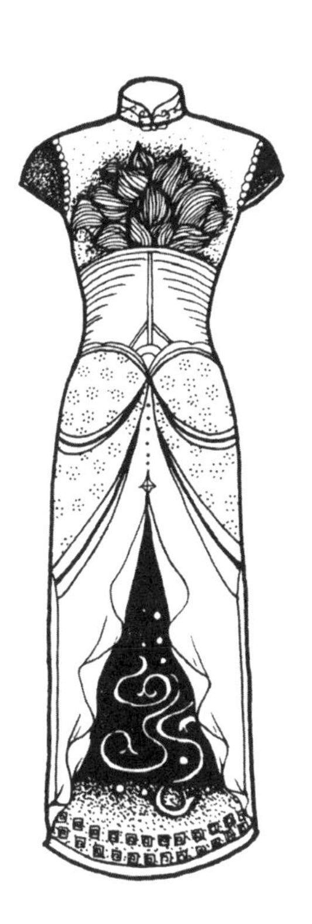

设计者：李欢

设计者：张彩彩

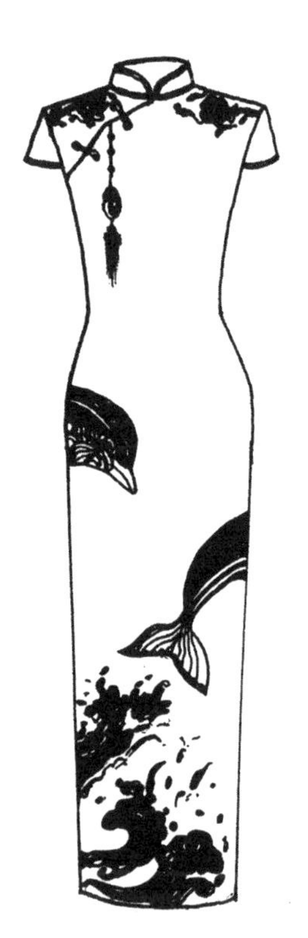

设计者：张伊素

# 后 记

本著作系笔者于2018年立项的教育部人文社会科学研究青年基金项目“中国古代服饰造物中的工匠精神及其当代传承研究（项目批准号：18YJC760103）”的最终成果。在2016~2019年的我国《政府工作报告》和党的十九大报告中均提出要大力培育与弘扬“工匠精神”。2017年，中共中央办公厅、国务院办公厅联合印发了《关于实施中华优秀传统文化传承发展工程的意见》，让笔者认知到中华优秀传统文化及“工匠精神”对于我国社会主义文化建设、经济发展的重要意义，亦给予笔者从本专业领域来探讨“工匠精神”内涵及其传承、创新的启发。

中国被誉为“衣冠王国”，服饰造物文化异常丰富。作为一名服装领域的学者，笔者自大学开始就十分喜爱研读服装史——在服装史中可以学习先人的造物思想、审美理念，还可以了解诸多传统服饰的制作技艺与文化内涵。众所周知，我国古代服饰造物活动可以分为“纺、染、织、绣”等过程和环节，不同过程、环节中均有相应的工匠参与，他（她）们在日复一日、年复一年的劳作中促进了“工匠精神”的形成，这种“工匠精神”是“工匠文化”的内核，是“工匠文化”得以延续和发展的动力。通过梳理、分析中国古代服饰造物的特征、类别与工匠精神之间的关联，挖掘古代服饰造物活动中工匠精神的内涵，对于完善我国传统服饰文化及工匠造物理论体系，指导当下服装服饰设计行业中工匠精神的传承与创新发展具有重要意义。

基于上述理念和目标，笔者对本著作的内容进行了不断充实与完善，即以中国古代服饰造物文化及其工匠精神的表达、联系、发展为切入点，探讨了自上古至明清时期，在自然经济背景下的我国服饰造物活动与手艺工匠精神。接着，以不同的时代特征为线索，依次阐述了工业经济时期的服饰制造与机械工匠精神、虚拟经济时期的服饰创造与数字工匠精神、传统服饰手艺工匠精神与造物文化的当代创新转化。最后，落脚于“迈向未来的大国工匠精神与服饰设计”。为了能广泛、全面地搜集有关素材资料，笔者跑遍了所在城市及高校的图书馆、博物馆，并到服装企业、面料市场、设计公司进行考察调研，了解当今服装企业的智能化生产流程及管理制度，以获取一手资料。但2020年初，一场突如其来的新冠疫情打乱了笔者的考察计划，许多考察调研活动不得不中断，这也导致本著作的完稿时间一再推迟。

在本著作撰写的过程中，得到了工作单位中山大学、湖南女子学院，学习单位中南大学诸多同事、老师、同学的帮助和支持；父母、家人亦提供了无微不至的照顾，让我能集中精力写作；中国纺织出版社有限公司的编辑老师们为本著作的编辑、出版工作付出了辛劳，在此一并表示感谢。

最后，需要说明的是，中国古代服饰造物形式多样、技艺复杂、内涵丰富，若要逐一探寻其工匠精神并非易事。好在前辈学人筚路蓝缕的开拓，为本著作提供了宝贵的参考素材（特向被本著作援引或借鉴的国内外文献、图片、作品的作者们致以崇高的敬意和衷心的感谢）。然而笔者虽竭尽所能，但对相关资料的梳理、总结和实地考察、调研可能未尽全面。更重要的是，由于自身学识浅薄，对一些问题的探究还不够深入，且难免发生疏漏，诚请各位专家、读者批评指正！

肖宇强

2023年3月于中山大学中文堂